面向新工科的电工电子信息基础课程系列教材
教育部高等学校电工电子基础课程教学指导分委员会推荐教材

信号处理仿真实验
第二版

许可 王玲 万建伟 编著

清华大学出版社
北京

内 容 简 介

本书分为两篇：算法篇主要介绍信号分析与处理的基础理论和算法，包括信号处理仿真实验的基础知识、离散时间信号与系统、数字滤波器的设计与实现、功率谱估计、自适应滤波以及信号检测；案例篇主要介绍三大类共21个信号处理的工程案例，这些案例都不局限于验证某个知识点，而是尽可能地以实际应用为背景，兼顾信号处理的完整流程。

本书可作为高等院校电子信息类专业研究生和高年级本科生信号处理实验教材，也可供相关技术人员参考。

本书封面贴有清华大学出版社防伪标签，无标签者不得销售。
版权所有，侵权必究。举报: 010-62782989, beiqinquan@tup.tsinghua.edu.cn。

图书在版编目(CIP)数据

信号处理仿真实验/许可，王玲，万建伟编著. —2版. —北京: 清华大学出版社，2020.5(2021.8重印)
面向新工科的电工电子信息基础课程系列教材
ISBN 978-7-302-55149-2

Ⅰ. ①信… Ⅱ. ①许… ②王… ③万… Ⅲ. ①信号处理—系统仿真—实验 Ⅳ. ①TN911.7-33

中国版本图书馆CIP数据核字(2020)第050327号

责任编辑: 文 怡
封面设计: 王昭红
责任校对: 梁 毅
责任印制: 丛怀宇

出版发行: 清华大学出版社
网　　址: http://www.tup.com.cn, http://www.wqbook.com
地　　址: 北京清华大学学研大厦A座　　邮　编: 100084
社 总 机: 010-62770175　　邮　购: 010-83470235
投稿与读者服务: 010-62776969, c-service@tup.tsinghua.edu.cn
质量反馈: 010-62772015, zhiliang@tup.tsinghua.edu.cn
课件下载: http://www.tup.com.cn, 010-83470236

印 装 者: 三河市铭诚印务有限公司
经　　销: 全国新华书店
开　　本: 185mm×260mm　　印　张: 19.25　　字　数: 469千字
版　　次: 2018年12月第1版　2020年6月第2版　　印　次: 2021年8月第2次印刷
印　　数: 2001~3000
定　　价: 59.00元

产品编号: 084437-01

第2版前言

FOREWORD

  本书第 2 版仍然保持原有架构，将全书内容分为算法篇和案例篇两大部分。与第 1 版相比，第 2 版的改进主要在于：在算法篇增加了第 6 章"信号检测"，在案例篇新增了 7 个案例，同时修订了第 1 版使用过程中发现的若干文字、公式和代码错误。

  增加的第 6 章主要介绍信号检测理论，包括简单假设检验、复合假设检验和多元假设检验。本章通过多个例题和程序演示了检测概率、错误概率等数值的理论推导和仿真验证方案。

  新增 7 个案例后，案例篇共给出 21 个信号处理案例，与本书第 1 版保持一致，这些案例仍然可以划分为三大类：第一类案例介绍信号处理的一些基本知识点（案例 1～7），第二类案例介绍一维信号处理的仿真实验（案例 8～16），第三类案例介绍二维信号处理的仿真实验（案例 17～21）。

  在本书第 2 版的修订过程中，罗鹏飞教授、张文明教授、安成锦副教授、朱家华博士、罗成高博士、游鹏博士，以及博士生张一帆、徐国权，硕士生顾尚泰等提出了大量宝贵建议；在教学实践中，2017 级本科生李嘉俊、李义丰，2018 级本科生王泽夫对书中的源代码和文字错误进行了修正和补充，在此一并表示感谢。老同学邓彬为本书题写了书名，在此表示感谢。清华大学出版社文怡编辑与作者进行了大量的沟通，在此表示诚挚的谢意。

  限于作者本身的学识和经验，本书仍难免有错误和疏漏之处，恳请广大读者和专家不吝赐教。

作 者

于长沙·德雅村·国防科技大学

2020 年 4 月

  注：扫描上方二维码，可获得全书所有源代码。扫描正文中二维码，可以查看对应的彩色版图例。

第1版前言
FOREWORD

本书主要在《信号处理仿真技术》(国防科技大学出版社,2008年3月第1版)的基础上进行改写。与原版相比,新版的改进主要在以下四个方面:

第一,将本书分为算法篇和案例篇两部分。算法篇主要介绍信号处理仿真实验的基础理论、基本方法和常用算法;案例篇以实际应用为背景,介绍完整的信号处理流程,并比较和探讨不同算法的应用。

第二,对原版的主要内容进行了合并和精简。算法篇不再介绍MATLAB的一些基本操作,将算法部分精简为信号处理仿真实验基础、离散信号与系统、数字滤波器的设计、功率谱估计和自适应滤波这5章。

第三,对原版的实验部分进行了提升和扩充。案例篇不再介绍信号的表示、运算、卷积、傅里叶变换等基本操作,而是以具体的工程应用为背景,介绍了三大类共14个独立的信号处理案例。

第四,算法篇中补充了若干课外知识点。主要对一些容易混淆或不易理解的信号处理知识点进行了专门的讲解(如四种傅里叶变换的关系,补零位置对频谱估计的影响),同时还介绍了一些MATLAB的实用工具(如随机数的产生、FDATool和SPTool)。

正如原版指出的,信号处理是信息与通信工程学科中的一个重要研究领域,它的理论基础涉及众多学科,其成果为通信、航空航天、雷达、声呐、地震勘探、生物医学等应用领域的发展起着加速器的作用。随着信息科学的飞速发展,信号处理的理论也得到了迅速的发展,新理论和新算法层出不穷。对应用系统的分析和仿真不再限于理想模型,而是要充分考虑各种实际因素,提高系统的鲁棒性,对系统的性能做出科学评估,要求信号处理的理论和应用结合得更加紧密。

本书的出发点是信号处理的理论和算法,落脚点是各种实际应用,而连接理论和应用这二者的桥梁就是信号处理仿真实验,即力图用计算机仿真的方式对实际系统进行建模和逼近,并反过来改进各种信号处理算法。

本书的信号处理仿真实验大多以MATLAB为软件仿真平台,这是因为MATLAB功能强大,交互性好,集成度高,易于上手,是目前最流行的仿真软件之一。尤其是MATLAB集成了很多信号处理的工具箱,为各个子函数给出了非常丰富的演示范例,其帮助文档也非常规范和完善,这使得利用MATLAB验证各种信号处理算法非常方便和高效,我们可以把大部分精力都用在信号处理算法本身,而不会过于陷入编程调试的细节之中。

本书共分算法篇和案例篇两大部分,算法篇共5章,其内容安排如下。

第1章主要介绍信号处理仿真实验的基础,包括数字信号处理的概述、确定性信号与系统的基础,以及随机信号处理的基础,最后给出两个课外知识点:介绍随机数的产生,以及单位冲激和单位脉冲的区别和联系。

第2章主要介绍离散信号与系统,包括信号的采样与重建、离散时间傅里叶变换(DTFT)、离散傅里叶变换(DFT)、快速傅里叶变换(FFT),最后给出两个课外知识点:归纳和比较四种形式的傅里叶变换,以及补零位置对频谱估计的影响。

第3章主要介绍数字滤波器的设计,包括无限冲激响应(IIR)滤波器的基本概念和设计,完全滤波器设计,有限冲激响应(FIR)滤波器的基本概念和设计,并对IIR滤波器和FIR滤波器的特点和应用进行比较,最后给出一个课外知识点:利用MATLAB自带的FDATool工具设计数字滤波器。

第4章主要介绍功率谱估计,包括功率谱估计方法的分类,常见的功率谱估计方法(间接法、直接法(周期图法)、改进的周期图法以及一些其他方法),最后给出两个课外知识点:通过短时傅里叶变换法(STFT)估计功率谱,以及利用MATLAB自带的SPTool工具估计功率谱。

第5章主要介绍自适应滤波器,包括自适应滤波器的基本原理、最小均方误差(LMS)自适应滤波器、递归最小二乘(RLS)自适应滤波器,以及自适应滤波器的一些应用。

本书的案例篇一共给出了14个信号处理案例,这些案例可以划分为以下三大类:

第一类案例介绍信号处理的一些基本知识点,包括周期信号的分解与合成(案例1)、测试滤波器的幅频特性(案例2)、利用离散傅里叶变换区分两个单频信号(案例3)、产生特定功率谱的随机数(案例4)、基于自适应滤波的系统辨识(案例5)。

第二类案例介绍一维信号处理的仿真实验,主要应用背景为声信号处理和雷达信号处理,包括基于DTW的阿拉伯数字语音识别(案例6)、用MATLAB演奏音乐(案例7)、电话拨号音仿真(案例8)、听拨号音识别号码(案例9)、卡尔曼滤波在机动目标跟踪中的应用(案例10)。

第三类案例介绍二维信号处理的仿真实验,主要应用背景为图像信号处理,包括数字图像直方图均衡(案例11)、基于图像模式识别的多元假设检验(案例12)、汽车号牌自动识别(案例13)、手写数字的智能识别(案例14)。

总的来说,本书有如下特点:

(1) 本书不局限于数字信号处理算法的仿真,而是推广到随机信号分析与处理、统计信号处理、自适应信号处理等领域。本书中所有信号处理仿真的理论和应用,不仅研究了确定性信号,更探讨了信号的统计特性,即着重考虑传输噪声、概率密度、均方误差性能等实际因素。

(2) 本书兼顾了信号处理理论和计算机仿真二者的平衡。本书不是一本信号处理教材,因此许多重要的知识点和理论都是直接给出结论或原理框图,省略了详细的推导过程;本书也不是一本MATLAB的学习手册,因此也没有给出MATLAB的安装、设置和基本操作等内容。对于信号处理的理论以及MATLAB的基础知识,本书都给出若干参考文献和资料。

(3) 本书专门给出了案例篇。每个案例都有明确的应用背景,给出完整的信号处理流程,包括信号的采样、处理、反馈和输出等过程。给出案例的基本原理、实现框图、MATLAB

源代码等,可操作性强,并对实验结果进行分析和比较。本书的所有案例都不是为了介绍一个独立的知识点,而是诸多知识点的综合应用。

(4) 每个具体应用都提出多个实现方法。对于每个案例而言,一般都通过多个算法来实现,并给出每个算法的参考文献,客观比较不同算法的性能和优劣,便于学有余力的学生进行思考和改进。

(5) 在正文中尽量给出案例实现的 MATLAB 源代码。给出完整的源代码,主要目的是帮助读者尽快验证本书的结论,提高学习兴趣,让读者学会举一反三,对本书提供的源代码进行适当的修改就可以很快用于新的领域或研究之中。这样做归根到底是为了让读者把精力用在信号处理算法本身,而不过分纠缠于代码编写过程。对于那些篇幅较大的 MATLAB 源代码,本书正文中仅给出实现的原理框图,完整的代码可扫描随书二维码获得。

还需要说明的是,运行正文中的 MATLAB 源代码,得到的结果不一定和书上的图例完全一致,不同之处主要在于线条的颜色和线型等。一个原因是 MATLAB 的版本不同,得到的图示结果就会有细微差别(本书的结果大部分都是基于 MATLAB 2008 版本得到的),还有一个重要原因是本书的编程习惯。本书给出的源代码中,一般都是采用最简单的绘图命令,对于线条的颜色(color)、线型(line style)、标记(marker)等,倾向于在运行得到的图例(figure)上面直接修改(Tools→Edit Plot)。这样可以做到"即改即看,即看即改",不用掌握太多的绘图命令,最终目的还是把精力用于算法本身,而不是编程。

本书可作为高等院校电子信息类专业研究生实验教材,也可作为高年级本科生学习信号处理课程以及本科毕业设计的教学参考书,亦可供信号处理领域工程技术人员参考。

本书采纳了许多同行优秀教材中的经典例子,以及多届选课研究生的宝贵建议。本书的部分案例和参考代码,还得益于许多新闻报道、论坛跟帖、个人网站、微信公众号等丰富的互联网资源。

博士研究生陈沛铂、敖宇、禚江浩,以及硕士研究生张一帆、徐亚波、熊正大、连梓旭、葛浪、张立文、钟丹梅等参与了程序编写和验证、教材图形和文字整理工作,在此一并表示感谢。教材编写过程中,清华大学出版社编辑与作者进行了大量的沟通,并提出了许多宝贵建议,在此表示诚挚的谢意。

由于信号处理理论和应用日新月异,加之作者本身学识有限,书中难免有错误和疏漏之处,恳请广大读者和各位专家不吝赐教。

作 者
于长沙·国防科技大学
2018 年 8 月

目录
CONTENTS

算 法 篇

第 1 章 信号处理仿真实验基础 ········· 3
- 1.1 概述 ·················· 3
  - 1.1.1 数字信号处理的基本概念 ·········· 3
  - 1.1.2 数字信号处理的特点 ····· 4
  - 1.1.3 数字信号处理的一般形式 ·········· 5
- 1.2 信号与系统基础 ············ 6
  - 1.2.1 连续时间系统的时域分析 ·········· 6
  - 1.2.2 傅里叶变换 ······· 8
  - 1.2.3 拉普拉斯变换 ······ 11
- 1.3 随机信号处理基础 ············ 13
  - 1.3.1 典型随机变量的概率密度 ·········· 13
  - 1.3.2 随机过程的统计描述与估计 ·········· 16
  - 1.3.3 随机过程的功率谱密度 ··· 20
- 1.4 课外知识点：随机数的产生 ····· 22
- 1.5 课外知识点：单位冲激和单位脉冲 ·················· 25
- 1.6 课外知识点：单位阶跃信号和单位阶跃序列 ·············· 27
- 1.7 参考文献 ············· 29

第 2 章 离散时间信号与系统 ·········· 31
- 2.1 基本概念 ·············· 31
- 2.2 信号的采样与重建 ·········· 34
- 2.3 离散时间傅里叶变换 ········ 40
- 2.4 离散傅里叶变换 ··········· 41
- 2.5 快速傅里叶变换 ··········· 43
- 2.6 课外知识点：几种形式的傅里叶变换 ············· 47
- 2.7 课外知识点：补零位置对频谱估计的影响 ············· 50
- 2.8 参考文献 ··············· 54

第 3 章 数字滤波器的设计与实现 ···· 55
- 3.1 IIR 滤波器的基本结构 ········ 55
- 3.2 IIR 滤波器的设计 ············ 61
  - 3.2.1 模拟原型滤波器设计 ······ 61
  - 3.2.2 频率变换 ············ 66
  - 3.2.3 滤波器的映射 ············ 71
- 3.3 完全滤波器的设计 ············ 79
- 3.4 FIR 滤波器的基本结构 ········ 81
- 3.5 FIR 滤波器的设计 ············ 86
  - 3.5.1 窗函数设计法 ············ 86
  - 3.5.2 频率采样设计法 ·········· 93
- 3.6 IIR 和 FIR 滤波器的比较 ··· 101
- 3.7 课外知识点：滤波器设计与分析工具 FDATool ··········· 102
- 3.8 参考文献 ················· 106

第 4 章 功率谱估计 …… 108

- 4.1 概述 …… 108
- 4.2 间接法（BT 法）…… 109
- 4.3 直接法（周期图法）…… 110
- 4.4 改进的周期图法 …… 110
  - 4.4.1 Bartlett 法 …… 110
  - 4.4.2 加窗 Bartlett 法 …… 112
  - 4.4.3 Welch 法 …… 114
- 4.5 其他谱估计方法 …… 115
  - 4.5.1 多窗口法 …… 115
  - 4.5.2 最大熵估计法 …… 117
- 4.6 短时傅里叶变换 …… 119
- 4.7 课外知识点：信号处理工具 SPTool …… 124
- 4.8 参考文献 …… 128

第 5 章 自适应滤波 …… 130

- 5.1 自适应滤波基本原理 …… 130
- 5.2 最小均方误差自适应滤波 …… 131
- 5.3 递归最小二乘自适应滤波 …… 132
- 5.4 自适应滤波器的应用 …… 133
  - 5.4.1 自适应干扰抵消 …… 133
  - 5.4.2 自适应预测 …… 136
  - 5.4.3 自适应信号分离器 …… 138
  - 5.4.4 自适应图像去噪 …… 141
  - 5.4.5 自适应信道均衡 …… 142
- 5.5 参考文献 …… 143

第 6 章 信号检测 …… 145

- 6.1 简单假设检验 …… 145
  - 6.1.1 简单假设检验 …… 145
  - 6.1.2 判决准则 …… 146
- 6.2 复合假设检验 …… 157
  - 6.2.1 贝叶斯方法 …… 157
  - 6.2.2 一致最大势检验 …… 159
  - 6.2.3 广义似然比检验 …… 161
- 6.3 多元假设检验 …… 163
- 6.4 参考文献 …… 164

案 例 篇

- 案例 1 周期信号的分解与合成 …… 169
- 案例 2 测试滤波器的幅频特性 …… 177
- 案例 3 利用离散傅里叶变换区分两个单频信号 …… 186
- 案例 4 产生特定功率谱的随机数 …… 191
- 案例 5 基于自适应滤波的系统辨识 …… 196
- 案例 6 时域信号的插值重构 …… 200
- 案例 7 频谱泄漏的动态演示 …… 209
- 案例 8 基于 DTW 的阿拉伯数字语音识别 …… 214
- 案例 9 用 MATLAB 演奏音乐 …… 218
- 案例 10 电话拨号音仿真 …… 226
- 案例 11 听拨号音识别号码 …… 230
- 案例 12 卡尔曼滤波在机动目标跟踪中的应用 …… 239
- 案例 13 倒车雷达 …… 244
- 案例 14 Turbo 迭代解码 …… 249
- 案例 15 提取水声目标的 GFCC 特征 …… 255
- 案例 16 基于 LOFAR 谱的水声目标检测 …… 262
- 案例 17 数字图像直方图均衡 …… 267
- 案例 18 基于图像模式识别的多元假设检验 …… 271
- 案例 19 汽车号牌自动识别 …… 277
- 案例 20 手写数字的智能识别 …… 285
- 案例 21 人脸朝向识别 …… 292

算 法 篇

第1章

信号处理仿真实验基础

1.1 概述

将现实世界映射到计算机世界就是建模与仿真的过程[1,2]。建模主要研究实际系统与数学模型之间的对应关系,目的是用更加准确、简便的模型对现实世界进行逼近;仿真主要研究如何利用计算机程序对数学模型进行检验和改进,目的是帮助我们更好地认识和理解客观世界。建模与仿真的关系如图1.1所示。

本书主要介绍信号处理仿真的各种概念和方法,即对连续信号(实际系统)进行采样后的处理。通过对这些离散的、有限长的信号样本进行处理和分析,力图认识和改进实际系统。

目前比较流行的仿真软件包括MATLAB、Mathematica、LabVIEW、Maple等,以及在工程实践中常用到的VC(微软公司的Visual C++)、CCS

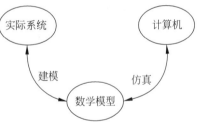

图1.1 建模与仿真的关系

(Code Composer Studio,TI公司的DSP开发软件)、Visual DSP(ADI公司的DSP开发软件)等。本书主要介绍基于MATALB的各种信号处理仿真技术。

1.1.1 数字信号处理的基本概念

20世纪60年代以来,数字信号处理是随着信息科学和计算机科学的高速发展而迅速发展起来的一门新兴学科。它将信号变换成数字或符号表示的序列,然后通过计算机或专用数字信号处理设备,用数值计算的方式处理这些序列。它可以对信号进行滤波、变换、估计、识别、谱分析等。处理的目的可以是估计信号的特征参数,也可以是把信号变换成更符合人们要求的形式。

时域离散线性时不变系统理论和离散傅里叶变换是数字信号处理的理论基础。数字滤波器和数字谱分析是数字信号处理的核心。数字滤波器从系统上可分为无限长单位脉冲响应(IIR)数字滤波器和有限长单位脉冲响应(FIR)数字滤波器两大类;在内容上,包括滤波器的数值逼近问题、综合问题和硬件或计算机软件宏观实现问题。频谱分析是研究信号特征、信号处理的重要内容。高效的快速离散傅里叶变换(FFT)算法的出现[3]，对促进数字信号处理的发展起着决定性的作用，它不仅用于实际谱分析技术，还可用于实现 FIR 数字滤波器。

数字信号处理的核心是用数学术语来描述信号处理算法，而硬件和软件是信号处理算法实现的支撑环境，算法、硬件和软件这三者的结合就构成了数字信号处理系统。

数字信号处理的主要对象是数字信号，采用运算的方法达到处理目的，因此其实现方法不同于模拟信号的实现方法，基本上可以分成两种实现方法，即软件实现和硬件实现。软件实现是指按照设计好的原理和算法，自己编写程序或者采用现成的程序在通用计算机上实现；硬件实现是指按照具体的要求和算法，设计硬件结构图，用乘法器、加法器、延时器、控制器、存储器以及输入/输出接口部件实现的一种方法。显然，前者灵活，只要改变程序中的参数就可以达到设计目的，但是运算速度慢，一般达不到实时处理要求，因此这种方法适合于科研和教学；后者运算速度快，可以达到实时处理要求，但是不灵活。

用单片机实现的方法可以称为软硬结合。现在单片机发展很快，功能也很强，配以数字信号处理软件，既灵活，速度又比软件方法快，这种方法适用于数字控制等。采用专用的数字信号处理芯片(DSP 芯片)是目前发展最快、应用最广的一种方法。因为 DSP 芯片较之单片机有更为突出的优点，它结合了数字信号处理的特点，内部配有乘法器和累加器，结构上采用了流水线工作方式以及并行结构、多总线，且配有适合数字信号处理的指令，是一类可实现高速运算的微处理器。目前各种功能、各种配置的 DSP 芯片正在高速发展，其速度快、体积小、性能优良，价格也在不断下降。可以说，用 DSP 芯片实现数字信号处理，已经成为工程技术领域中的主要方法。

1.1.2 数字信号处理的特点

由于数字信号处理的直接对象是数字信号，处理的方式是数值运算的方式，使它相对模拟信号处理具有许多优点，归纳起来有以下几点。

1. 可重编程能力

数字域：DSP 可以非常快地完成编程和再编程过程，同样的硬件可以完成不同的任务，系统调试方便，开发周期短，DSP 的灵活性使得产品升级换代变得非常容易。

模拟域：模拟系统是为某一具体应用设计的，因此不具备灵活性。为了完成"再编程"的过程，必须重新配置整个系统。

2. 稳定性

数字域：DSP 对系统工作的环境和器件的容差不敏感，温度的漂移、器件的容差和使用时间对 DSP 系统不会造成影响，只要在规定的工作范围内和器件的寿命期内，不同的环境温度和经过长时间的运行，DSP 系统的性能仍然保持不变。

模拟域：温度对模拟器件的影响非常大，模拟器件(如电阻、电容等)的工作性能随温度的不同而发生变化；同时，随着时间的推移，器件会不断老化，其性能指标也会逐步下降。

3. 可预测性、可重复性

数字域：可重复性是数字器件的内在本质。因此，很容易对 DSP 系统进行模拟，这样可以大大缩短开发时间，而且一般来讲，只要设计符合指标的要求，所有的产品都将具有同样的性能。

模拟域：由于模拟器件所给出的性能指标都有一个容许的范围，不同器件的性能是有所差别的，因此，即使是由同一设计做出的不同单元，其性能指标也有或多或少的差异。

4. 精度

数字域：通过控制字长、定点或浮点格式等，系统的精度需求可以得到很好的控制。

模拟域：由于噪声是所有器件所固有的，模拟系统的信噪比非常有限。同时，由于模拟器件的差异性，模拟信号处理系统的精度很难控制。

5. 数据存储和传输

数字域：非常容易存储，且不会造成系统退化或使系统失去灵活性。

模拟域：在模拟域存储数据是非常困难的，且往往以牺牲系统的灵活性为代价。

6. 其他特点

(1) 处理过程/算法的复杂性：DSP系统允许实现非常复杂的算法和处理过程，如自适应滤波等。

(2) 检错/纠错：DSP系统可以很容易地对传输数据进行检错和纠错。

(3) 特殊功能：DSP系统可以实现那些在模拟域显得非常昂贵或不现实的特殊函数，如非线性函数，线性相位滤波，二维滤波，电视系统中的画中画、多画面、各种视频特技等，同样地，只有DSP才能实现无失真的数据压缩。

(4) 费用：随着VLSI技术的不断发展，DSP系统的集成度也在不断提高。因此，在一般的应用场合，采用DSP系统性价比更高。

正是由于以上的优点，数字信号处理的理论和技术一出现就受到人们的极大关注，经过几十年的发展，这门学科已基本形成了一套完整的理论体系，其中包括各种快速的和优化的算法。随着各种电子技术及计算机技术的飞速发展，数字信号处理的理论和技术还在不断丰富和完善，新的理论和技术层出不穷。可以说，数字信号处理是应用最快、成效最显著的学科之一，是目前各种高新技术和重大工程的强力基础，目前已广泛应用在语音、雷达、声呐、地震、图像、通信、控制、生物医学、遥感遥测、地质勘探、航空航天、故障检测、自动化仪表等领域。

1.1.3 数字信号处理的一般形式

图1.2给出了数字信号处理系统的一般形式，模拟输入信号经过放大和防混叠低通滤波后，送到模/数(A/D)转换器转换成数字信号，再将数字信号送到DSP中进行必需的算法处理，待处理完成后，可根据任务需要将处理结果转换成模拟信号，同时，数/模(D/A)转换器的输出还须经过防镜像滤波和放大后才能得到最终所要求的模拟输出信号。

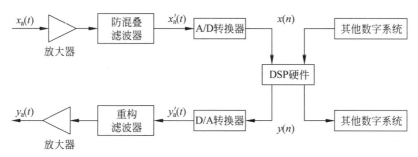

图1.2 数字信号处理系统的一般形式

对于某些实时应用,输入数据已经是数字形式,而输出数据也不必再转换成模拟信号。例如,要处理的数字信号已经存放在计算机的存储器中以备后用,或者运算结果可以用图形显示出来,或者 CDMA 系统的随机数产生器等。

1.2 信号与系统基础

1.2.1 连续时间系统的时域分析

系统的时域分析是指在给定的激励作用下,通过不同的数学方法求解系统的响应。为了确定一个线性时不变系统对给定激励的响应,需要建立描述这个系统的微分方程或差分方程,并求出满足一定初始状态的解。

微分方程的解包括齐次解和特解两个部分。齐次解的函数形式只与系统本身特性有关,常称为系统的自然响应,记作 $y_n(t)$;特解的形式由系统的外加信号决定,常称为系统的强迫响应,记作 $y_f(t)$,所以系统的全响应 $y(t)$ 为[4]

$$y(t) = y_n(t) + y_f(t)$$

齐次解即系统特征方程的根,与输入函数无关,在 MATLAB 中用 roots 函数计算特征根,然后可以通过待定系数法求出齐次解[4]。

特解即系统函数在给定激励信号作用下的输出,在 MATLAB 中用 lsim(sys,u,t) 求系统特解。其中,sys 表示该系统的状态模型;u 表示激励信号输入;t 表示仿真时间;输出值表示系统对激励信号的强迫响应。下面通过一个例子来演示 lsim 函数的功能。

例 1.1 已知某线性时不变系统的微分方程为

$$\frac{d^2}{dt^2}y(t) + 3\frac{d}{dt}y(t) + 2y(t) = \frac{d}{dt}x(t)$$

输入为 $x(t)=10e^{-3t}u(t)$,$y(0^-)=0$,$y'(0^-)=-5$,求系统的零输入响应和全响应。

解:下面给出 MATLAB 源代码(见 chp1sec2_2.m),实验结果见图 1.3。

```
% chp1sec2_2.m 演示 MATLAB 求解连续系统的零输入响应和全响应
clear;
clc;

% d^2y(t) + 3dy(t) + 2y(t) = dx(t)
a = [1 3 2];
b = [0 1 0];
sys = tf(b,a);
t = 0:0.1:3;

% 零输入响应
yzi = dsolve('D2y+3*Dy+2*y','y(0)=0','Dy(0)=-5');
yzi = eval(yzi);
y1_t = -5*exp(-t)+5*exp(-2*t);                    % 理论结果
subplot(2,1,1); plot(t,yzi,t,y1_t,'o');grid on;
legend('MATLAB 计算','理论结果'); title('零输入响应');

% 零状态响应
```

```
yz_0 = [0 0];                                              % 初始状态 [0,0]
x02 = 10 * exp(-3 * t);
y2 = lsim(sys,x02,t,yz_0);
y2_t = -5 * exp(-t) + 20 * exp(-2 * t) - 15 * exp(-3 * t); % 理论结果
subplot(2,1,2); plot(t,y2,t,y2_t,'o'); grid on;
legend('MATLAB 计算','理论结果');title('零状态响应');
```

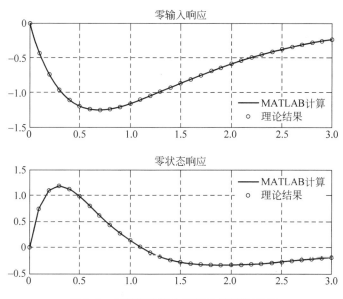

图 1.3 系统的零输入响应和零状态响应

经分析计算可求出系统零输入响应的解析表达式为 $(-5\mathrm{e}^{-t}+5\mathrm{e}^{-2t})u(t)$，零状态响应为 $(-5\mathrm{e}^{-t}+20\mathrm{e}^{-2t}-15\mathrm{e}^{-3t})u(t)$，与 MATLAB 计算结果一并绘出。

如果分别用冲激信号和阶跃信号作为激励输入，lsim 函数还可以仿真系统的冲激响应和阶跃响应。在 MATLAB 中专门提供了 impulse 函数和 step 函数来直接产生 LTI 系统的冲激响应和阶跃响应。调用格式基本一致，分别为[y,t]=impulse(sys)和[y,t]=step(sys)，其中输入为系统的状态模型，输出为冲激(阶跃)响应 y 及其对应的仿真时间。

例 1.2 系统的微分方程同例 1.1，求系统的单位冲激响应和单位阶跃响应。

解：下面给出 MATLAB 源代码(见 chp1sec2_3.m)，实验结果见图 1.4。

```
% chp1sec2_3.m 演示 MATLAB 求解单位冲激响应和单位阶跃响应
clear;
clc;

% d^2y(t) + 3dy(t) + 2y(t) = dx(t)
a = [1 3 2];
b = [0 1 0];
[A B C D] = tf2ss(b,a);
sys = ss(A,B,C,D);

[y_impulse,t1] = impulse(sys);                   % 单位冲激响应
[y_step,t2] = step(sys);                         % 单位阶跃响应
```

```
subplot(2,1,1);
plot(t,y_impulse);grid on; title('单位冲激响应');

subplot(2,1,2);
plot(t,y_step);grid on;title('单位阶跃响应');
```

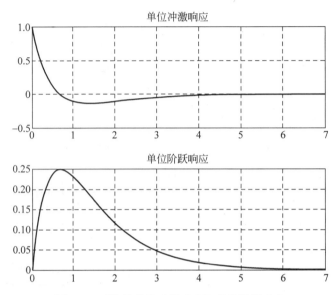

图 1.4　系统的单位冲激响应和单位阶跃响应

1.2.2　傅里叶变换

时域上的周期信号，只要满足狄利克雷(Dirichlet)条件，就可以将其展开为三角形式或指数形式的傅里叶级数。由于三角形式的傅里叶级数物理意义比较明确，在此主要介绍三角形式的傅里叶级数。

假设一个周期为 T 的时域信号 $x(t)$，可以在任意一个完整周期 (t_0, t_0+T) 内将 $x(t)$ 分解为三角形式的傅里叶级数，即

$$x(t) = a_0 + \sum_{k=1}^{\infty}\left[a_k\cos(k\omega_0 t) + b_k\sin(k\omega_0 t)\right]$$

其中，$\omega_0 = \dfrac{2\pi}{T}$ 称为基波频率；$a_0 = \dfrac{1}{T}\int_{t_0}^{t_0+T}x(t)\mathrm{d}t$，$a_k = \dfrac{2}{T}\int_{t_0}^{t_0+T}x(t)\cos(k\omega_0 t)\mathrm{d}t$ 和 $b_k = \dfrac{2}{T}\int_{t_0}^{t_0+T}x(t)\sin(k\omega_0 t)\mathrm{d}t$ 分别表示信号的直流分量、余弦分量和正弦分量振荡幅度。

将同频率的正弦、余弦合并，可以进一步得到

$$x(t) = c_0 + \sum_{k=1}^{\infty}c_k\cos(k\omega_0 t + \varphi_k)$$

其中，$c_0=a_0$ 仍然表示信号的直流分量，$c_k=\sqrt{a_k^2+b_k^2}$，$\varphi_k=\arctan\left(-\dfrac{b_k}{a_k}\right)$。当 $k=1$ 时，称此为一次谐波或基波；当 $k=2$ 时，称此为二次谐波，以此类推。φ_k 表示 k 次谐波分量的初始相位。可以看出，任何一个周期信号都可以表示为直流分量和诸多余弦分量之和

的形式。

例 1.3 已知周期矩形信号的幅度 $E=1$,周期 $T=1$,脉冲宽度为 $\tau=0.5$,试求该周期信号的傅里叶级数。

解:

$$a_0 = \frac{1}{T}\int_{-T/2}^{T/2} x(t)\mathrm{d}t = \frac{1}{T}\int_{-\tau/2}^{\tau/2} E\mathrm{d}t = \frac{E\tau}{T}$$

$$a_k = \frac{2}{T}\int_{-\tau/2}^{\tau/2} E\cos\left(k\frac{2\pi}{T}t\right)\mathrm{d}t = \frac{2E\tau}{T}\mathrm{Sa}\left(\frac{k\pi\tau}{T}\right)$$

$$b_k = \frac{2}{T}\int_{-\tau/2}^{\tau/2} E\sin\left(k\frac{2\pi}{T}t\right)\mathrm{d}t = 0$$

于是周期矩形信号的傅里叶级数为

$$x(t) = \frac{E\tau}{T} + \frac{2E\tau}{T}\sum_{k=1}^{\infty}\mathrm{Sa}\left(\frac{k\pi\tau}{T}\right)\cos(k\omega_0 t)$$

代入幅度 $E=1$,周期 $T=1$,$\tau=0.5$,可得

$$x(t) = 0.5 + \sum_{k=1}^{\infty}\frac{\sin(k\pi/2)}{k\pi/2}\cos(2k\pi t)$$

从理论分析可以看出:周期矩形信号的正弦分量振幅为 0,且偶数阶余弦分量的振幅为 0。

用 MATLAB 编程进行验证,源代码如下(chp1sec2_4.m),实验结果见图 1.5。

```
% 验证周期矩形脉冲信号是余弦信号之和,占空比 0.5
% chp1sec2_4.m
clear;
clc;
t = -2:0.01:2;

temp = 0;
% 前 3 项之和
for k = 1:3
    temp = temp + sin(0.5 * pi * k) * cos(2 * k * pi * t)/(0.5 * k * pi);
end
x = 0.5 + temp;
subplot(2,2,1);plot(t,x);title('前 3 项之和');

% 前 4 项之和
temp = 0;
for k = 1:4
    temp = temp + sin(0.5 * pi * k) * cos(2 * k * pi * t)/(0.5 * k * pi);
end
x = 0.5 + temp;
subplot(2,2,2);plot(t,x);title('前 4 项之和');

% 前 10 项之和
temp = 0;
for k = 1:10
    temp = temp + sin(0.5 * pi * k) * cos(2 * k * pi * t)/(0.5 * k * pi);
end
x = 0.5 + temp;
```

```
subplot(2,2,3);plot(t,x);title('前 10 项之和');

% 前 20 项之和
temp = 0;
for k = 1:20
    temp = temp + sin(0.5 * pi * k) * cos(2 * k * pi * t)/(0.5 * k * pi);
end
x = 0.5 + temp;
subplot(2,2,4);plot(t,x);title('前 20 项之和');
```

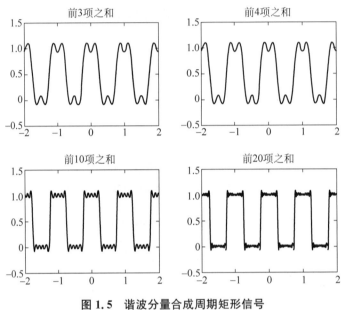

图 1.5 谐波分量合成周期矩形信号

从结果可以看出:周期矩形信号是由无限多个余弦分量相加得到的,在仿真实验中,余弦分量数量越多,对周期矩形信号的逼近就越精确。此外,前 3 项之和与前 4 项之和的波形是相同的,验证了"偶数阶余弦分量的振幅为 0"这个理论结果。

从前面的分析可知,任何满足狄利克雷条件的周期信号都可以展开为三角形式或指数形式的傅里叶级数。当周期 $T→∞$ 时,周期信号将过渡到非周期信号,此时可得该非周期信号的傅里叶变换

$$X(j\omega) = \int_{-\infty}^{\infty} x(t) e^{-j\omega t} dt$$

对应的逆变换为

$$x(t) = \frac{1}{2\pi} \int_{-\infty}^{\infty} X(j\omega) e^{j\omega t} d\omega$$

上式表明,一个非周期信号,可以分解为定义在 $-\infty < \omega < \infty$ 范围的无穷多个正弦信号的连续和(积分),各频率分量连续地分布在区间 $[0, \infty)$ 上的一切频率上。振幅 $\frac{|X(j\omega)|}{\pi} d\omega$ 是无穷小量,但无穷多个无穷小量可以合成一个振幅有限的信号。

MATLAB 中提供了符号函数 F=fourier(f)和 f=ifourier(F)来求函数的傅里叶变换和逆变换,f 表示时域函数,F 表示频域函数。

例 1.4 计算函数 e^{-x^2} 的傅里叶变换和函数 $e^{-|\omega|}$ 的傅里叶逆变换。

解：求正变换，在命令行输入：

```
>> syms x
>> f = exp( - x^2);
>> fourier(f)
```

输出：

```
ans =
exp( - 1/4 * w^2) * pi^(1/2)
```

求逆变换，在命令行输入：

```
>> syms w real
>> g = exp( - abs(w));
>> ifourier(g)
```

输出：

```
ans =
1/(1 + x^2)/pi
```

1.2.3 拉普拉斯变换

傅里叶变换是以虚指数信号 $e^{j\omega t}$ 为基本信号，将信号 $x(t)$ 分解成具有不同频率的虚指数分量之和的形式，但并不是所有信号都存在傅里叶变换（如指数增长信号），而且傅里叶变换只能分析初始状态为零的系统响应。通过引入复频率 $s=\sigma+j\omega$，以复指数信号 e^{st} 为基本信号，将信号 $x(t)$ 分解成具有不同复频率的复指数分量之和的形式，这即是信号 $x(t)$ 的拉普拉斯变换[4]

$$X(s) = \int_{-\infty}^{\infty} x(t) e^{-st} dt$$

对应的逆变换为

$$x(t) = \frac{1}{2\pi j} \int_{\sigma-j\omega}^{\sigma+j\omega} X(s) e^{st} ds$$

与傅里叶变换类似，MATLAB 中提供了符号函数 L=laplace(F) 和 F=ilaplace(L) 来求函数的拉普拉斯变换和逆变换，F 表示时域函数，L 表示 s 域函数。

例 1.5 计算函数 e^{-at} 的拉普拉斯变换和函数 $\frac{1}{s^2}$ 的拉普拉斯逆变换。

解：求正变换，在命令行输入：

```
>> syms a t
>> f = exp( - a * t);
>> laplace(f)
```

输出：

```
ans =
1/(s + a)
```

求逆变换，在命令行输入：

```
>> syms s
>> f = 1/s^2;
>> ilaplace(f)
```

输出：

```
ans =
t
```

拉普拉斯变换可以将时域微分方程变换为复频域中的代数方程，可以极大简化微分方程的求解过程，这种在复频域的输入输出数学模型就是传递函数。传递函数也可以定义为：在零初始条件下，系统输出量的拉普拉斯变换和输入量的拉普拉斯变换之比。下面通过一个典型的 RLC 滤波电路进行演示。

例 1.6 已知 RLC 滤波电路如图 1.6 所示，试建立该电路的传递函数。

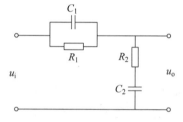

图 1.6 RLC 滤波电路

解：根据传递函数的定义以及串并联电路的规律可得

$$\frac{U_o(s)}{U_i(s)} = \frac{R_2 + \dfrac{1}{C_2 s}}{R_2 + \dfrac{1}{C_2 s} + R_{R_1 // C_1}}$$

其中，$\dfrac{1}{C_2 s}$ 表示电容 C_2 的容抗；$R_{R_1 // C_1} = \dfrac{R_1 \dfrac{1}{C_1 s}}{R_1 + \dfrac{1}{C_1 s}} = \dfrac{R_1}{R_1 C_1 s + 1}$ 表示电阻 R_1 和电容 C_1 的并联。可得传递函数为

$$\frac{U_o(s)}{U_i(s)} = \frac{R_2 + \dfrac{1}{C_2 s}}{R_2 + \dfrac{1}{C_2 s} + \dfrac{R_1}{R_1 C_1 s + 1}} = \frac{(R_1 C_1 s + 1)(R_2 C_2 s + 1)}{(R_1 C_1 s + 1)(R_2 C_2 s + 1) + R_1 C_2 s}$$

在复频域表示容抗和感抗非常方便，电容 C 的容抗值为 $\dfrac{1}{Cs}$，电感 L 的感抗值为 Ls。

分析 RLC 滤波电路的特性,还可以使用 MATLAB 提供的 RLC Circuit Analysis 工具。在命令行中输入 rlc_gui 即可调用这个交互式工具,可直接分析 RLC 电路的波特图、零极点图、阶跃响应和奈奎斯特图[6],还可以设置 RLC 电路的结构和元件取值(见图 1.7)。

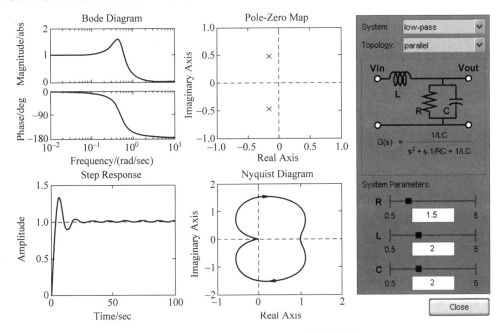

图 1.7　RLC Circuit Analysis 软件界面

1.3　随机信号处理基础

1.3.1　典型随机变量的概率密度

设随机变量 E 的样本空间为 $S=\{e\}$,如果对于每个 $e \in S$,都有一个实数 $X(e)$ 与之对应,这样就得到一个定义在 S 上的单值函数 $X(e)$,称 $X(e)$ 为随机变量,简记为 X。X 的取值可以是离散的,也可以是连续的,根据 X 取值的不同,可以分为离散型随机变量和连续型随机变量。

离散随机变量的全部可能取值为有限个或者无限可数个,一般用概率质量函数(PMF)描述它的概率分布情况,下面介绍几种典型的离散随机变量。

1. (0,1)分布

设随机变量 X 的可能取值为 0 和 1,其概率分布为

$$P(X=1)=p, \quad P(X=0)=1-p, \quad 0<p<1$$

称 X 服从(0,1)分布。对于投掷硬币的试验,假设出现正面用 1 表示,出现反面用 0 表示,用 X 表示投掷结果,那么 X 的可能取值就是 0 和 1,此时 X 是一个离散随机变量,且服从(0,1)分布。

$$P(X=1)=P(X=0)=0.5$$

2. 二项式分布

设随机试验 E 只有两种可能的结果 A 及 $\bar{A}$,且 $P(A)=p$,$P(\bar{A})=1-p=q$,将 E 独立

地重复 n 次,这样的试验称作伯努利(Bernoulli)试验,那么在这 n 次试验中事件 A 发生 m 次的概率为

$$P_n(m) = C_n^m p^m q^{n-m}, \quad 0 \leqslant m \leqslant n$$

由于上式正好是二项式 $(p+q)^n$ 展开后的第 $m+1$ 项,故得名二项式分布。

3. 泊松分布

设随机变量 X 的可能取值为 $0,1,2,\cdots$,且概率分布为

$$P(X=k) = \frac{\lambda^k e^{-\lambda}}{k!}, \quad k=0,1,2,\cdots; \quad \lambda > 0$$

则称 X 为服从参数为 λ 的泊松分布。

对于连续随机变量,一般用概率密度函数(PDF)描述它的概率分布情况。下面介绍几种典型的连续随机变量。

4. 正态分布

若随机变量 X 的概率密度函数为

$$f(x) = \frac{1}{\sqrt{2\pi}\sigma} \exp\left[-\frac{(x-m)^2}{2\sigma^2}\right]$$

则称 X 服从正态分布(也称为高斯分布),记作 $X \sim N(m,\sigma^2)$,其中 m 为均值,σ^2 为方差。均值为 0、方差为 1 时的正态分布为标准正态分布。

5. 均匀分布

如果随机变量 X 的概率密度函数为

$$f(x) = \begin{cases} \dfrac{1}{b-a}, & a < x < b \\ 0, & \text{其他} \end{cases}$$

则称 X 在区间 (a,b) 上服从均匀分布。

6. 瑞利分布

如果随机变量 X 的概率密度函数为

$$f(x) = \frac{x}{\sigma^2} \exp\left(-\frac{x^2}{2\sigma^2}\right), \quad x \geqslant 0$$

称 X 服从瑞利分布,其中 σ 为常数。

7. 指数分布

如果随机变量 X 的概率密度函数为

$$f(x) = \frac{1}{\mu} \exp\left(-\frac{x}{\mu}\right), \quad x > 0$$

称 X 服从指数分布,其中 μ 为常数。

除了上面介绍的这几种,连续型随机变量还包括韦伯分布、对数正态分布、K 分布、拉普拉斯分布等。MATLAB 中用 Y=pdf(name,X,A)计算各种类型概率密度函数,其中 X 表示横坐标,Y 表示纵坐标,name 为分布类型,A 表示该分布的参数,更详细的用法及示例请参阅 MATLAB 帮助文档。

当 name 取值分别为 norm、exp、unif 和 rayl 时,分别对应的是正态分布、指数分布、均匀分布和瑞利分布。下面给出了这四种分布的 MATLAB 绘图结果(源代码为 chp1sec3_1.m),实验结果见图 1.8。

```
% chp1sec3_1.m
% 当 name 取值分别为 norm、exp、unif 和 rayl 时
% 分别对应的是正态分布、泊松分布、均匀分布和瑞利分布
clear;
clc;

subplot(2,2,1);
p = pdf('norm', -2:0.01:2,0,1);      % 正态分布
plot(-2:0.01:2,p);
axis([-3 3 0 0.5]);
title('标准正态分布');

subplot(2,2,2);
p = pdf('exp',0:0.01:5,1);           % 指数分布
plot(0:0.01:5,p);
axis([0 5 0 1.1]);
title('指数分布');

subplot(2,2,3);
p = pdf('unif',0:0.01:2,0,2);        % 均匀分布
plot(0:0.01:2,p);
axis([-0.5 3 0 1]);
title('均匀分布');

subplot(2,2,4);
p = pdf('rayl',0:0.01:5,1);          % 瑞利分布
plot(0:0.01:5,p);
axis([0 5 0 1]);
title('瑞利分布');
```

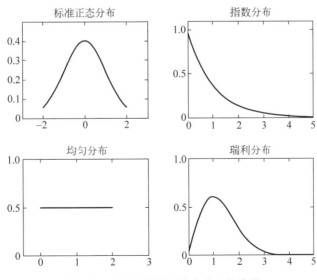

图 1.8　四种分布的概率密度函数曲线

1.3.2 随机过程的统计描述与估计

设有一个过程 $X(t)$，若对于每一个固定的时刻 $t_j(j=1,2,\cdots)$，$X(t_j)$ 是一个随机变量，则称 $X(t)$ 为随机过程。根据定义可以看出，随机过程是一组随时间变化的随机变量。

按照状态和时间是连续的还是离散的，随机过程一般可以分为四类：

- 连续型随机过程：时间和状态都是连续的随机过程，如接收机噪声。
- 随机序列：时间离散而状态连续的随机过程，如随机相位信号。
- 离散型随机过程：时间连续而状态离散的随机过程，如脉冲宽度随机变化的一组 0、1 脉冲信号。
- 离散随机序列：时间和状态都是离散的随机过程，如电话交换台在每分钟内接听到的电话呼叫次数。

尽管随机过程是不确定的，但在这些不确定中仍然隐含着一些有规律的因素在里面。通过大量的样本统计可以将这些规律呈现出来，这些统计规律的数学描述一般包括随机过程的数字特征和概率密度。

随机过程的数字特征从随机变量的数字特征推广而来，也包括均值、方差、相关系数(函数)等。所不同的是，随机过程的数字特征一般不是常数，而是时间 t（或 n）的函数。

1. 均值

对于任意时刻 t，$X(t)$ 是一个随机变量，把这个随机变量的均值定义为随机过程的均值，记作 $m_X(t)$，即

$$m_X(t) = E[X(t)] = \int_{-\infty}^{\infty} x f_X(x,t) \mathrm{d}x$$

对于离散随机过程 $X(n)$，其均值的定义为

$$m_X(n) = E[X(n)] = \int_{-\infty}^{\infty} x f_X(x,n) \mathrm{d}x$$

随机过程的均值是时间的函数，因此也称为均值函数。统计均值是对随机过程中所有样本函数在任意时刻所有取值进行概率加权平均，所以又称集合平均，它反映了样本函数统计意义下的平均变换规律。

2. 方差

方差也是随机过程的一个重要数字特征，定义为

$$\sigma_X^2(t) = E\{[X(t) - m_X(t)]^2\}$$

从定义可以看出，随机过程的方差也是时间 t 的函数。

方差还可以表示为

$$\sigma_X^2(t) = E[X^2(t)] - m_X^2(t)$$

还可以通过均值与方差的物理意义理解上面的表达式：假设 $X(t)$ 表示单位电阻 ($R=1$) 两端的噪声电压，则，均值 $m_X(t)$ 表示直流分量，$X(t) - m_X(t)$ 表示交流分量，$m_X^2(t)$ 表示直流功率，$\sigma_X^2(t)$ 表示交流功率，$E[X^2(t)] = \sigma_X^2(t) + m_X^2(t)$ 表示总功率等于交流功率和直流功率之和。

离散随机过程的方差定义与连续随机过程的方差定义类似，即

$$\sigma_X^2(n) = E\{[X(n) - m_X(n)]^2\}$$

3. 自相关函数和协方差函数

均值和方差只能描述随机过程在某个特定时刻的统计特性,并不能反映两个不同时刻状态之间的相关程度。为了更全面描述随机过程的统计特性,还需引入相关函数,包括自相关函数和协方差函数。

对于任意两个时刻 t_1 和 t_2,随机过程 $X(t)$ 的自相关函数定义为

$$R_X(t_1,t_2) = E[X(t_1)X(t_2)] = \int_{-\infty}^{\infty}\int_{-\infty}^{\infty} x_1 x_2 f_X(x_1,x_2,t_1,t_2)\mathrm{d}x_1\mathrm{d}x_2$$

自相关函数可正可负,绝对值越大表示相关性越强。一般而言,$|t_1-t_2|$ 越大,相关性越弱,当 $t_1=t_2$ 时相关性是最强的。

相关性的描述除了用自相关函数外,还可以用协方差函数,定义为

$$K_X(t_1,t_2) = E\{[X(t_1)-m_X(t_1)][X(t_2)-m_X(t_2)]\}$$

很显然,当 $t_1=t_2$ 时,$R_X(t_1,t_2)=K_X(t_1,t_2)$。

对于两个随机过程 $X(t)$ 和 $Y(t)$,可以用互相关函数和互协方差函数来描述二者的相关程度,有兴趣的读者可以参阅相关书籍[7]。

在随机过程中,"独立"是指 $f_{XY}(x,y)=f_X(x)f_Y(y)$ 成立,当 $K_X(t_1,t_2)=0$ 时表示 $X(t_1)$ 和 $X(t_2)$ 是"不相关"的,当 $R_X(t_1,t_2)=0$ 时表示 $X(t_1)$ 和 $X(t_2)$ 是"正交"的[8],这三个关系切勿混淆。

离散时间随机过程的自相关函数和协方差函数与连续的情况类似,在此不再赘述。

在 MATLAB 中,可以用 c=xcorr(x,y,'option') 来计算协方差函数,当 x=y 时计算结果为自相关函数。图 1.9 分别给出了正态分布和均匀分布随机过程的自相关函数实验结果(源代码为 chp1sec3_2.m)。

```
% chp1sec3_2.m 演示自相关函数
clear;
clc;
N = 1000;

% 正态分布噪声
x1 = randn(N,1);
c1 = xcorr(x1,x1);
c1 = c1/max(c1);          % 自相关结果归一化
subplot(2,1,1);
plot([-N+1:N-1],c1);
title('正态分布自相关');
axis([-N N -0.2 1.2]);grid on;

% 均匀分布噪声
x2 = 2 * rand(N,1) - 1;
c2 = xcorr(x2,x2);
c2 = c2/max(c2);
subplot(2,1,2);
plot([-N+1:N-1],c2);
title('均匀分布自相关');
axis([-N N -0.2 1.2]);grid on;
```

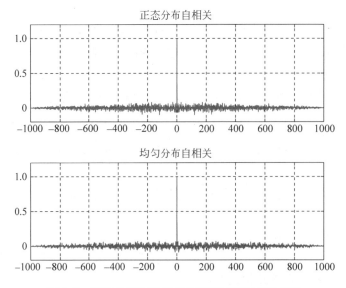

图 1.9　正态分布和均匀分布随机过程自相关结果

4. 概率密度

对于某个特定的时刻 t，$X(t)$ 为一个随机变量，设 x 为任意实数，下式即为 $X(t)$ 的一维概率分布函数定义

$$F_X(x,t) = P\{X(t) \leqslant x\}$$

如果 $F_X(x,t)$ 的一阶导数存在，则定义

$$f_X(x,t) = \frac{\partial F_X(x,t)}{\partial x}$$

为随机过程 $X(t)$ 的一维概率密度函数。对于离散随机过程 $X(n)$，用差分运算代替微分运算可有类似的定义。

随机过程的一维概率密度函数是随机过程最简单、最直观的统计特性，它反映了随机过程在各个孤立时刻的统计规律。在 MATLAB 中，有两个函数可以用来估计概率密度，一个是函数 ksdensity，另外一个是函数 hist。

[f,xi]=ksdensity(x)：输入值是矢量 x，输出表示在 xi 处的概率密度值 f。下面以正态分布的随机数为例演示函数 ksdensity 的性能。很明显，模拟产生的正态分布随机数点数越多，函数 ksdensity 估计的概率密度曲线越逼近理论曲线（源代码为 chp1sec3_3.m），实验结果见图 1.10。

```
% chp1sec3_3.m 演示 ksdensity 的用法
clear;
clc;
N = 500;
x1 = randn(0.02 * N,1);
[f1,xi1] = ksdensity(x1);

x2 = randn(0.1 * N,1);
```

```
[f2,xi2] = ksdensity(x2);

x3 = randn(N,1);
[f3,xi3] = ksdensity(x3);

p = pdf('norm',-4:0.2:4,0,1);        % 理论曲线
plot(xi1,f1);hold on;
plot(xi2,f2);hold on;
plot(xi3,f3);hold on;
plot(-4:0.2:4,p,'r');
axis([-5 5 0 0.5]);
legend('N=10','N=50','N=500','理论曲线');
```

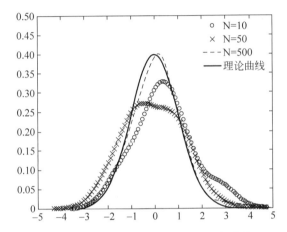

图 1.10　ksdensity 估计的正态分布随机数概率密度函数曲线（$N=10,50,500$）＊

hist(Y,nbins)：输入随机序列 Y，nbins 将 Y 进行 nbins 等分，输出 Y 的直方图，逐段统计 Y 在某区间上出现的次数。下面仍然以不同点数的正态分布随机数为例，分别绘出不同情况下的直方图（源代码为 chp1sec3_4.m），实验结果见图 1.11。

```
% chp1sec3_4.m 演示 hist 的用法
clear;
clc;

subplot(2,2,1);
y1 = randn(200,1);
hist(y1,50);
xlabel('N=200');

subplot(2,2,2);
y2 = randn(500,1);
hist(y2,50);
```

＊　图题同正文，图中同代码，全书统一处理。

```
xlabel('N = 500');

subplot(2,2,3);
y3 = randn(1000,1);
hist(y3,50);
xlabel('N = 1000');

subplot(2,2,4);
y4 = randn(5000,1);
hist(y4,50)
xlabel('N = 5000');
```

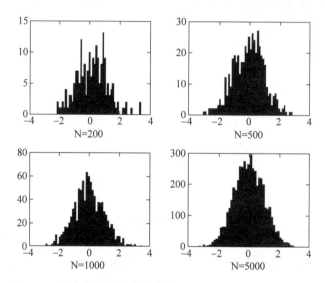

图 1.11 正态分布随机数的直方图（$N=200,500,1000,5000$）

直方图估计概率密度函数，是以事件发生的频率来近似事件发生的概率。因此从图 1.11 可以看出，模拟产生的正态分布随机数的点数越多，直方图的形状越逼近正态分布的理论曲线。

需要注意的是：模拟产生的点数越多，直方图的纵坐标越大，但各个区间段数值之和始终等于总的模拟点数，这与概率密度函数在整个区间的积分为 1 是一致的。

1.3.3 随机过程的功率谱密度

前面介绍的均值、方差、自相关函数和概率密度函数等，都是从时域的角度分析随机过程的统计特性，同样也可以从频域的角度分析随机过程的统计特性。不过，随机过程的样本函数一般不满足傅里叶变换的绝对可积条件，不能直接对随机过程进行谱分解。但随机过程的平均功率总是有限的，因此可以分析它的功率谱。

随机过程 $X(t)$ 的功率谱密度定义为

$$G_X(\omega) = E\left[\lim_{T\to\infty} \frac{1}{2T} \mid X_T(\omega) \mid^2\right]$$

其中

$$X_T(\omega) = \int_{-T}^{T} X(t) e^{-j\omega t} dt$$

随机过程的功率谱从频域描述了 $X(t)$ 的统计特性,它表示单位频带内信号频谱分量消耗在单位电阻上的平均功率的统计平均值,因此常简称为功率谱。

平稳随机过程的自相关函数和功率谱之间是傅里叶变换对的关系,即维纳-辛钦定理[7]。

$$R_X(\tau) \xleftrightarrow{\text{FT}} G_X(\omega)$$

由于计算机或 DSP 只能处理有限长的、离散的数据或采样点,因此在计算机仿真或工程实践中往往更关心离散随机序列的功率谱。

对于平稳随机序列 $X(n)$,可以用自相关函数 $R_X(m)$ 的傅里叶变换定义其功率谱

$$G_X(\omega) = \sum_{m=-\infty}^{\infty} R_X(m) e^{-j\omega m}$$

很显然,功率谱密度 $G_X(\omega)$ 是周期为 2π 的周期函数。

在此介绍一个典型的随机过程,即平稳白噪声。设随机过程 $X(t)$ 的均值为零,自相关函数为

$$R_X(t_1, t_2) = \frac{N_0}{2} \delta(t_1 - t_2)$$

其中,$\delta(t_1 - t_2)$ 为单位冲激函数,则 $X(t)$ 为平稳白噪声,其功率谱为

$$G_X(\omega) = \frac{N_0}{2}$$

即平稳白噪声的功率谱在整个频率轴上是常数。由于在光学里面,白光的频谱包含所有频率成分的光波,具有均匀的光谱分布,白噪声故此得名。

从白噪声的自相关函数可知,白噪声的任意两个相邻时刻的状态都是不相关的,因此白噪声随时间起伏的变化极快。

从白噪声的功率谱可知,白噪声的平均功率是无穷大的,这在实际中是不可能存在的,因此白噪声只是一种理想化的数学模型。但在实际应用中,如果在我们关心的频带内功率谱是均匀的或者起伏较小,就可以把这个噪声当作白噪声来处理,这样可以使得问题简化。例如在电子设备中,电子元器件的热噪声与散弹噪声起伏都非常快,而且它们的功率谱具有极宽的频带,可以用白噪声来很好地近似。

对于离散随机序列 $X(n)$,如果均值为零,自相关函数为

$$R_X(n_1, n_2) = \sigma_X^2 \delta(n_1 - n_2)$$

则 $X(n)$ 为平稳白噪声,其中 $\delta(n_1 - n_2)$ 为单位脉冲函数。MATLAB 函数 randn 产生的即为高斯白噪声序列。

需要注意的是,"高斯"和"白"这两个词往往经常一起出现,但二者所指不同:"高斯"是从概率分布的角度对该随机过程进行描述,即该随机过程服从高斯分布;"白"是从功率谱的角度对该随机过程进行描述,即该随机过程的功率谱在整个频率轴上是非零常数。如果随机过程的功率谱是有起伏的,即为色噪声,因此存在着高斯色噪声,也存在着瑞利分布白噪声、均匀分布白噪声等随机过程。

对功率谱估计可以分为两大类:经典谱估计法和现代谱估计法[9]。经典谱估计主要依据维纳-辛钦定理,是一种线性方法,主要包括间接法(又称 BT 法或相关图法)和直接法(又

称周期图法）；现代谱估计是一种非线性方法，主要包括参数模型法（AR、MA、ARMA、最大熵法）、最大似然法、自适应法等[10]。对于各种谱估计方法，MATLAB 中一般都有自带的函数与之对应，例如 Yule-Walker 法为 pyulear，周期图法为 periodogram，Burg 法为 pburg。关于谱估计的内容，本书第 4 章将详细讲解，在此不赘述。

1.4　课外知识点：随机数的产生

在信息安全领域，随机数扮演着重要的角色，一般用来作为密钥对信息进行加密，保障传输信息的安全，如保密通信、网上购物、网上银行支付、身份认证等。在工程实践中，随机数可以用作雷达的测距信号、遥控遥测中的测控信号、码分多址中的地址码和扩频码等。在科学计算中，随机数最普遍的应用就是蒙特卡洛仿真，可以用来解决核物理、生物学、天体物理等学科的众多问题。对于蒙特卡洛仿真而言，随机数的质量决定了仿真结果的准确性，随机数的产生速度也在一定程度上决定了系统的计算时间[1]。

随机数的定义有很多，其中一个比较著名的定义是：如果能描述这个数列的每个可能的程序都至少和数列本身一样长，那么该数列是随机的[11]。比较直观的理解就是随机数是不可预测的，且不能重复产生。

随机数的产生有着漫长而有趣的历史。早期的方法大部分都是手工进行的，如抽签、掷骰子、发牌或者从密封罐子里面抽取奖券等，后来人们开始引入机器来更加高速地产生随机数。例如，1938 年 Kendall 和 Smith 利用高速转盘产生了 10 万个随机数的表，1955 年兰德公司通过电子设备产生了有 100 万个随机数字的表，1983 年 Miyatake 等还发明了通过计算伽马射线数产生随机数的方法，以及从电话号码簿或人口普查报告中随机选取数字等简易方法。

随机数是否真实存在，直到今天仍是一个充满争议的话题，这不仅是一个科学问题，更是一个哲学问题。决定论的观点认为一切事物都是有原因的，只是我们的认知水平没有达到使得许多事物看上去"随机"，或者是说随机事件其实是一个确定系统加上波动，这种"波动"我们暂时无法理解，导致背后结果的可预知性被掩盖了。反过来，有的观点认为自然界的一切事物都是随机的，都是以概率的形式表现的，例如在量子世界中粒子都是以某种概率分布在整个空间，不具有确定的轨迹。

从目前的工程应用或科学研究而言，大部分观点认为随机数是存在的，因此引出了"真随机数"和"伪随机数"的概念。真随机数发生器通常利用自然界中所存在的具有真随机性的物理量作为随机信号源，并引入一些必要的辅助工具来实现。例如利用噪声源电路中的热噪声、振荡器频率的不稳定特性、单光子的随机性、放射性元素的衰变效应等方法产生真随机数，高质量的随机数在国防安全、金融安全、保密通信等重要领域是不可或缺的宝贵资源。

但利用物理方法产生随机数成本一般较高，产生的速率有限，对于普通的科学研究或工业应用而言是不现实的，为此可以利用某些数学方法借助计算机程序产生随机数，即伪随机数。伪随机数的"伪"是指该随机数列是有规律的，存在周期特性，或者说只要经过足够长的时间，这些伪随机数又会重复出现。这是伪随机数自身的固有特性或缺陷，即使提出再优秀的数学方法，或者使用性能更高的超级计算机，最多也只能延长它的重复周期而已。

基于数学算法和计算机程序生成的伪随机数，虽然比不上物理方法产生的随机数那么

"高大上",但在研究生学习和科研这个层次中,尤其是在信号处理仿真实验中,伪随机数一般就可以满足需求。因此,本节只介绍利用计算机产生伪随机数的方法,本书后面提及的各种分布的随机数都是指伪随机数。

产生随机数的方法很多,比较通用的方法包括线性同余法、平方取中法、反馈移位寄存器法以及各种改进方法。从简易性和可操作性的角度出发,本节只介绍用 MATLAB 自带的函数生成各种随机数。

MATLAB 中最常用到的随机数生成函数是 rand 和 randn,前者用来生成[0,1]区间的标准均匀分布随机数,后者用来生成均值为0、方差为1的标准高斯分布随机数,下面给出这两个函数的使用范例。需要注意的是:直接运行下面代码的结果与图 1.12 和图 1.13 并不完全一致,这主要是为了更好演示如何调用随机数生成函数,省略了一些绘图函数的命令。

```
x = rand(1000,1);        %1000 * 1 均匀分布随机数
subplot(1,2,1);stem(x);
subplot(1,2,2);hist(x,20);
x = randn(1000,1);       %1000 * 1 正态分布随机数
subplot(1,2,1);stem(x);
subplot(1,2,2);hist(x,20);
```

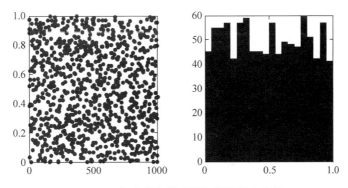

图 1.12 标准均匀分布随机数及其直方图

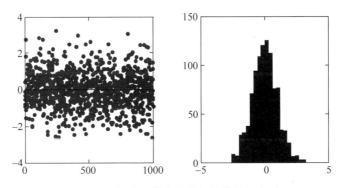

图 1.13 标准正态分布随机数及其直方图

对于标准均匀分布随机数 x,线性变换结果 $y=(b-a)x+a$ 就服从区间$[a,b]$上的均匀分布,如图 1.14 所示。

```
x = rand(200,1);    %200*1 均匀分布随机数
a = 2; b = 5;       %区间[a,b]
y = (b-a)*x+a;
subplot(1,2,1);stem(y);
subplot(1,2,2);hist(y);
```

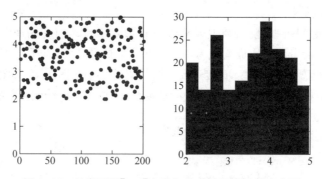

图 1.14　任意区间 $[a,b]$ 上均匀分布随机数及其直方图

类似地，对于标准正态分布随机数 x，$y=m+\sqrt{\sigma^2}\, x$ 就是均值为 m、方差为 σ^2 的正态分布随机数，如图 1.15 所示。

```
x = randn(1000,1);           %1000*1 正态分布随机数
m = 2;                        %均值
sigma2 = 2.5;                 %方差
y = m + sqrt(sigma2)*x;
subplot(1,2,1);stem(y);
subplot(1,2,2);hist(y,30);
```

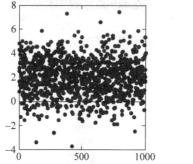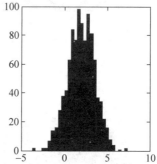

图 1.15　均值为 m、方差为 σ^2 的正态分布随机数及其直方图

根据反函数法定理，若随机变量 X 具有分布函数 $F_X(x)$，而 r 是 $(0,1)$ 区间均匀分布随机变量，则 $X=F_X^{-1}(r)$。换句话说，只要产生了足够多的均匀分布随机数 r，就可以产生任意分布的随机数 x。MATLAB 中统计工具箱中的命令 random 可以产生多种分布的随机数，有兴趣的读者可以参阅帮助文档。

此外，在电子系统的仿真技术中，经常涉及随机过程的模拟，如雷达地杂波、海杂波的模拟，电子干扰信号建模等，即已知随机信号的功率谱产生对应的时域信号。常见的模拟方法

包括频域法、时域滤波法和随机相位法[7]，本书案例篇将介绍如何根据功率谱产生对应的时域信号。

1.5 课外知识点：单位冲激和单位脉冲

在基本信号中，$\delta(t)$和$\delta(n)$分别对应着连续时间和离散时间两种情况，二者在信号处理类课程中具有非常重要的地位，可以作为基本单元来构成和分析其他信号。

在国内诸多信号类教材中，对二者的称谓不尽统一。对于连续时间的情况，采用单位冲激信号[12,13]、单位冲激函数等称谓[14]；对于离散时间的情况，采用单位样本[15]、单位脉冲[15]、单位样值信号[12,16]、单位脉冲序列[14]等称谓。为全面描述二者的特性，在参考国际权威教材的基础上[17,18]，本书采用"连续时间单位冲激函数"(the continuous time unit impulse function)和"离散时间单位脉冲函数"(the discrete time unit impulse function)的称谓，"单位冲激"和"单位脉冲"分别是对二者的简称[19]。

对于二者的称谓问题，还有两点需要引起重视。其一是在电子及信号处理领域一般采用的是"单位冲激"的写法，而不是"单位冲击"，这只是一种约定俗成，孰对孰错并无定论；其二就是不要将"单位脉冲"翻译为 the unit pulse，pulse 一般是指人体的脉搏，或者有规律的电流信号等，而 impulse 才是信号分析中所指的"冲激"或"冲激源"。

1. 基本定义

单位冲激 $\delta(t)$ 在 $t=0$ 处趋于无穷大，在其他时刻均为 0，且在 $(-\infty,\infty)$ 区间内积分为 1，数学定义一般如下

$$\begin{cases} \delta(t) = 0, & t \neq 0 \\ \delta(t) \to \infty, & t = 0 \\ \int_{-\infty}^{\infty} \delta(t) \mathrm{d}t = 1 \end{cases}$$

单位冲激的定义并不在于它的形状，而是它的有效持续期（脉冲宽度）趋于 0 的同时，它的面积（积分值）始终为 1。

为了直观地理解，可以用脉宽趋向于 0 的普通函数来定义 $\delta(t)$，即 $\delta(t) \triangleq \lim_{T \to 0} x(t)$，如图 1.16 所示。

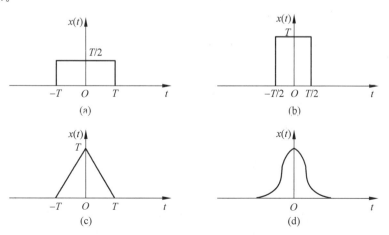

图 1.16　用普通函数来定义单位冲激

单位脉冲 $\delta(n)$ 的数学定义相对比较简单：

$$\delta(n) = \begin{cases} 1, & n=0 \\ 0, & n\neq 0 \end{cases}$$

在此需要纠正两个常见的错误认识。一种错误的认识是认为 $\delta(t)$ 和 $\delta(n)$ 都是奇异信号，而实际上前者是奇异信号，后者是普通信号。另外一种错误的认识是认为 $\delta(t)$ 和 $\delta(n)$ 在原点处的值都是 1，实际上 $\delta(t)$ 在原点处趋于无穷大。图 1.17(a) 中带括号的 1 表示该信号的强度（即积分值），图 1.17(b) 中的 1 表示该信号的幅度。

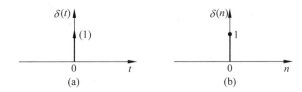

图 1.17 单位冲激和单位脉冲

2. 常见错误

由于相当一部分学生对 $\delta(t)$ 和 $\delta(n)$ 的应用容易产生混淆，根据"信号与系统分析"[4]课程的教学实践和总结，将常见的错误列举如下。

1) 判断 $\delta(2t)$ 是否是单位冲激

应该严格按照数学定义来考证 $\delta(2t)$ 是否是单位冲激。$\delta(2t)$ 在 $t=0$ 处趋于无穷大，在其他时刻均为 0，但在 $(-\infty, \infty)$ 区间内积分的结果是 $1/2$，因此 $\delta(2t)$ 不是单位冲激。由于 $\delta(2t)$ 的强度为 $1/2$，也可以认为 $\delta(2t)$ 与 $\frac{1}{2}\delta(t)$ 是等价的。

2) 判断 $\delta(2n)$ 是否是单位脉冲

$\delta(2n)$ 在 $n=0$ 处取值为 1，在 $n\neq 0$ 时取值为 0，满足单位脉冲的数学定义，因此 $\delta(2n)$ 仍然是单位脉冲，$\delta(2n)$ 与 $\delta(n)$ 是等价的。

有种错误的认识认为，$\delta(2n)$ 只能取到偶数位的值，与 $\delta(n)$ 相比似乎"稀疏"了一些。这种认识的错误在于把 $\delta(2n)$ 看作 $2n$ 的函数，实际上 $\delta(2n)$ 仍然是 n 的函数，其定义域仍然是所有整数，因此 $\delta(2n)$ 和 $\delta(n)$ 是完全等价的。

3) 乘法运算

$\delta(t)$ 和 $\delta(n)$ 是卷积运算的单位元，任何函数与它们卷积都得到自身。但一部分读者往往把卷积运算的这个性质和乘法运算弄混淆，对于乘法运算，常见的错误见表 1.1。

表 1.1 乘法运算中的常见错误

单位冲激	单位脉冲	正误情况	原因
$f(t) \cdot \delta(t) = f(t)$	$f(n) \cdot \delta(n) = f(n)$	×	卷积和乘法混淆
$f(t) \cdot \delta(t) = f(0)$	$f(n) \cdot \delta(n) = f(0)$	×	结果不是函数
$f(t) \cdot \delta(t) = f(0) \cdot \delta(0)$	$f(n) \cdot \delta(n) = f(0) \cdot \delta(0)$	×	结果不是函数
$f(t) \cdot \delta(t) = f(0) \cdot \delta(t)$	$f(n) \cdot \delta(n) = f(0) \cdot \delta(n)$	√	

$f(t)$ 与 $\delta(t)$ 相乘只是改变了冲激函数的强度（由 1 变为 $f(0)$），得到的结果应该仍然是一个冲激函数，而不应该是一个具体的数值。

对于 $\delta(n)$ 而言，$f(n)$ 与 $\delta(n)$ 相乘得到的仍然是一个脉冲函数。虽然 $\delta(n)$ 在 $n=0$ 处的数值为 1，但 $f(0) \cdot \delta(0)$ 和 $f(0) \cdot \delta(n)$ 表达的意思不同，前者只是一个具体的数值，而后者表示幅度为 $f(0)$ 的脉冲函数。

1.6　课外知识点：单位阶跃信号和单位阶跃序列

与单位冲激 $\delta(t)$ 和单位脉冲 $\delta(n)$ 类似，在基本信号中，$u(t)$ 和 $u(n)$ 分别对应着连续时间和离散时间两种情况，二者在信号处理类课程中具有非常重要的地位，可以作为积分基本单元来分析其他信号。

国内诸多信号处理与系统教材对 $u(t)$ 和 $u(n)$ 的称谓也不尽统一。对于连续时间的情况，有采用单位阶跃信号的[1]，也有采用单位阶跃函数的[1]；而对于离散时间的情况，一般都采用单位阶跃序列[1-3]。为了全面描述二者的特性，在参考国内外经典教材的基础上，本书采用"连续时间单位阶跃信号（the continuous-time unit step signal）"和"离散时间单位阶跃序列"（the discrete-time unit step sequence）的称谓，"单位阶跃信号"和"单位阶跃序列"分别是对 $u(t)$ 和 $u(n)$ 的简称。

1.5 节曾对 $\delta(t)$ 和 $\delta(n)$ 的定义和特性进行总结归纳[4]，本节对 $u(t)$ 和 $u(n)$ 进行系统归纳。

1. 基本定义

单位阶跃信号 $u(t)$ 是一个连续时间函数，其数学定义一般如下：

$$u(t) = \begin{cases} 0, & t < 0 \\ 1, & t > 0 \end{cases}$$

在 $t=0$ 时刻，$u(t)$ 的函数值不做定义[1-3]，因此 $u(t)$ 的信号波形如图 1.18 所示。

单位阶跃序列 $u(n)$ 是一个离散时间函数，其数学定义一般如下：

$$u(n) = \begin{cases} 0, & n < 0 \text{ 的整数} \\ 1, & n \geqslant 0 \text{ 的整数} \end{cases}$$

在 $n=0$ 时刻，$u(n)$ 的取值为 $1^{[1-3]}$，其信号波形如图 1.19 所示。

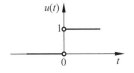
图 1.18　单位阶跃信号 $u(t)$

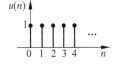
图 1.19　单位阶跃序列 $u(n)$

也可以用单位脉冲 $\delta(n)$ 求和的形式来定义 $u(n)$：

$$u(n) = \sum_{k=0}^{\infty} \delta(n-k)$$

在此需要纠正两个容易混淆的观点：一种错误观点是认为 $u(t)$ 和 $u(n)$ 都是奇异信号。其实只有 $u(t)$ 才是奇异信号，$u(t)$ 和奇异信号 $\delta(t)$ 互为微积分关系；另外一种错误观点是认为 $u(t)$ 在 $t=0$ 时刻、$u(n)$ 在 $n=0$ 时刻，函数值都为 1。其实 $u(n)$ 在 $n=0$ 时刻函数值为

1,而 $u(t)$ 在 $t=0$ 时刻的取值一般不做定义。

2. 在 $t=0$ 时刻，$u(t)$ 的函数值

在 $t=0$ 时刻，对于单位阶跃信号 $u(t)$ 的取值，常见的有如下不同定义：

(1) $u(t)$ 取值不做定义[1-3]，有的主张 $u(t)=0,1,1/2$[2,5,6]。

(2) $u(t)$ 的函数值是一个待定值（不一定是 0,1 或 1/2），需要根据系统初始状态和跃变时刻的输入信号共同决定[6,7]。

(3) 从电路换路的物理背景出发，认为在 $t=0^-$ 时刻，$u(t)=0$；在 $t=0^+$ 时刻，$u(t)=1$[8]。

在学习理解中，应该着重强调单位阶跃信号的物理背景：当 $t=0$ 时，电路中接入一个单位电压源（或单位电流源）[3]。因此，可以用图 1.20 所示的普通函数的极限来定义单位阶跃信号[1]，即 $u(t) \triangleq \lim\limits_{\Delta \to 0} u_\Delta(t)$，这种定义方法与单位冲激 $\delta(t)$ 的定义类似[4]。

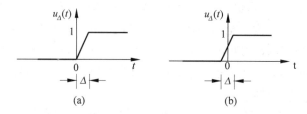

图 1.20 用普通函数来定义单位阶跃信号

3. 常见错误

根据课程教学实践，关于 $u(t)$、$u(n)$ 常见的错误列举如下。

(1) 函数 $f(t)$ 与 $u(t)$ 的卷积。相当于对 $f(t)$ 积分，即

$$f(t) * u(t) = \int_{-\infty}^{t} f(\tau) d\tau$$

因此，单位阶跃信号 $u(t)$ 也称作积分器。

但在实际中，部分学生会把 $u(t)$ 与 $f(t)$ 的卷积结果写成如下表达式：

$$f(t) * u(t) = \int_{-\infty}^{t} f(t) dt \quad （错误）$$

这种错误在于没有对积分变量进行替换，只记得 $u(t)$ 的积分作用，而忘记卷积得到的最终结果仍然是 t 的函数。

(2) 判断 $u(2t)$ 是否为单位阶跃信号。根据单位阶跃信号的数学定义，当 $t>0$ 时，$u(2t)=1$；当 $t<0$ 时，$u(2t)=0$。因此，$u(2t)$ 仍然是单位阶跃信号。

另外，对 $u(2t)$ 求导得到 $u'(2t)=2\delta(2t)$，可知 $\delta(2t)$ 不是单位冲激信号（其在整个区间积分值为 1/2，不是"单位"的），$2\delta(2t)$ 才是单位冲激信号[4]。

(3) 判断 $u(2n)$ 是否为单位阶跃序列。根据单位阶跃序列的数学定义，当 n 大于零的整数时，$u(2n)=1$；当 n 取小于零的整数时，$u(2n)=0$。因此，$u(2n)$ 仍然是单位阶跃序列。

有一种错误的观点，把 $u(2n)$ 当成 $2n$ 的函数。因为与 $u(n)$ 相比，$u(2n)$ 的定义域看似只能在偶数位上取值，似乎比 $u(n)$ "少"了一半。其实，$u(2n)$ 的定义域仍然是所有的整数值（即横坐标仍然是 n），因此，从数学定义上看 $u(2n)$ 和 $u(n)$ 是完全等价的。

特别指出的是，$u(2n)$ 和 $u(n)$ 只是数学定义上的等价。例如，当 $n=1,2$ 时，$u(2n)$ 和 $u(n)$ 的函数值都为 1，但 n 的取值不是具体的时间，这类似于编程中数组元素的序号。如果

引入实际的应用背景(如假设信号采样间隔为 1s),那么序列 $u(n)$ 中每个"1"的间隔时间为 1s,而 $u(2n)$ 中的每个"1"的间隔时间为 2s。

为便于比较,将单位冲激和单位阶跃时间展缩后的情况进行总结[4](见表 1.2)。

表 1.2 单位冲激和单位阶跃

函 数	正误情况	备 注
$\delta(2t)=\delta(t)$	×	$\int_{-\infty}^{\infty}\delta(2t)\mathrm{d}t=\frac{1}{2}$
$\delta(2n)=\delta(n)$	√	无
$u(2t)=u(t)$	√	$u'(2t)=2\delta(2t)$
$u(2n)=u(n)$	√	仅数学定义上等价

(4) 对函数乘积 $f(t)u(t)$ 求导。

对函数 $f(t)$ 和单位阶跃信号 $u(t)$ 的乘积求导,计算结果如下:
$$[f(t)u(t)]' = f'(t)u(t) + f(0)\delta(t)$$
可以看出,对 $f(t)u(t)$ 求导还应该有一个冲激项存在,该冲激项的强度为 $f(0)$。

对函数积 $f(t)u(t)$ 求导,有种常见的错误:
$$[f(t)u(t)]' = f'(t)u(t) \quad (错误)$$

从信号处理或电路分析可知,对奇异函数求导,在跃变时刻应该存在一个冲激项[9],从微积分中乘积的求导法则也可知,这个冲激项也是必然存在的[10]。

1.7 参考文献

[1] Oppenheim A V, Willsky A S. 信号与系统(中译版)[M]. 2 版. 刘树棠译. 北京:电子工业出版社,2013.
[2] 吴京,王展,万建伟,等. 信号分析与处理(修订版)[M]. 北京:电子工业出版社,2014.
[3] 郑君里,应启珩,杨为理. 信号与系统(上册)[M]. 3 版. 北京:高等教育出版社,2011.
[4] 许可,万建伟,王玲. 关于"信号与系统分析"中 δ(t)和 δ(n)两类基本信号的教学思考[J]. 工业和信息化教育,2016(9):26-27.
[5] 丁玉美,高西全. 数字信号处理[M]. 2 版. 西安:西安电子科技大学出版社,2001.
[6] 田社平,陈洪亮,李萍. 阶跃函数的定义及其在零点的取值[J]. 电气电子教学学报,2005,27(2):38-39.
[7] 向秀岑,李明辉. 阶跃函数在动态电路分析中的应用[J]. 电气电子教学学报,2008,30(2):54-56.
[8] 邱关源. 电路[M]. 4 版. 北京:高等教育出版社,2000.
[9] 姜学东,黄辉,范瑜,等. 奇异函数在时域分析中的应用——从《电路》中一处不易被发现的疏忽说起[J]. 电气电子教学学报,2006,28(2):72-74.
[10] 同济大学数学系. 高等数学(上册)[M]. 6 版. 北京:高等教育出版社,2007.

本节用到的 MATLAB 函数总结

函数名称及调用格式	函 数 用 途	对应章节数
[A,B,C,D] = tf2ss(b,a)	传递函数转换为状态方程	1.2 节(例 1.1,例 1.2)
sys = ss(a,b,c,d)	建立状态方程模型	1.2 节(例 1.1,例 1.2)
lsim(sys,u,t,x0)	线性系统仿真	1.2 节(例 1.1)
S=dsolve(eqn,cond)	符号计算求解微分方程	1.2 节(例 1.1)

续表

函数名称及调用格式	函 数 用 途	对应章节数
eval(expression)	把串 expression 当作 MATLAB 指令运行	1.2 节(例 1.1)
[y,t] = impulse(sys)	求系统的冲激响应	1.2 节(例 1.2)
[y,t] = step(sys)	求系统的阶跃响应	1.2 节(例 1.2)
F = fourier(f)	求函数的傅里叶变换	1.2 节(例 1.4)
f = ifourier(F)	求函数的傅里叶逆变换	1.2 节(例 1.4)
L = laplace(F)	求函数的拉普拉斯变换	1.2 节(例 1.5)
F = ilaplace(L)	求函数的拉普拉斯逆变换	1.2 节(例 1.5)
rlc_gui	分析 RLC 电路的特性	1.2 节
Y = pdf(name,X,A)	各种分布的概率密度函数	1.3 节
c = xcorr(x,y,'option')	自相关/协方差函数	1.3 节
[f,xi] = ksdensity(x)	估计概率密度	1.3 节
hist(Y,nbins)	直方图	1.3 节
x=rand(m,n)	在[0,1]区间,产生 m×n 个均匀分布随机数	1.3 节
x=randn(m,n)	产生 m×n 个标准正态分布随机数(均值为 0,方差为 1)	1.3 节

第2章

离散时间信号与系统

2.1 基本概念

信号是指携带信息的函数,一般可以分为三类:连续时间(模拟)信号、离散时间信号和数字信号。连续时间信号在连续时间轴上均有定义,幅度取值范围是无限的;离散时间信号在时间轴上的定义是离散的,幅度取值范围仍然是无限的;数字信号在时间轴上是离散定义的,且幅度取值也是离散的。当使用专用硬件或计算机时,因受寄存器或字长限制,此时的离散时间信号实际上就是数字信号。设计数字系统时把数字信号看成离散时间信号更方便。因此,在本书中并不特意区分这两类信号,有兴趣的读者可以参阅相关教材[1]。

计算机或 DSP 只能处理离散的、有限长的序列,然而日常生活中所遇到的信号几乎都是模拟信号,从"模拟世界"到"数字世界"的桥梁就是"采样"。下面用正弦信号来讲解计算机中是如何表示连续和离散信号的。

例 2.1 已知正弦信号 $y(t)=\sin(2\pi f_1 t)$,其中 $f_1=50\,\text{Hz}$,$f_s=1000\,\text{Hz}$,试绘出该信号前 0.03s 的连续时间和离散时间表示。

解: 下面给出 MATLAB 源代码,该程序实现了正弦信号的连续时间和离散时间表示(见 chp2sec1_1.m)。

```matlab
% chp2sec1_1.m 计算机中如何表示连续信号和离散信号
clear;
clc;
f1 = 50;              % 正弦频率
fs = 1000;            % 采样频率
t = 0:1/fs:1;
n = t * fs;
y = sin(2 * pi * f1 * t);
subplot(2,1,1);plot(t(1:30),y(1:30));title('连续时间');
subplot(2,1,2);stem(n(1:30),y(1:30));title('离散时间');
```

计算机只能处理离散和有限长的序列,这里的"连续时间表示"又从何谈起呢?原因在于:①MATLAB 中的数据肯定是有限长的,对于同样的数据点(如 chp2sec1_1.m 中的 y),绘图命令 plot 把这些点画成连续的曲线,而绘图命令 stem 把这些点孤立地表示出来;②连续到离散是通过采样来实现的(即程序中的 t=0:1/fs:1),但数组 t 在 MATLAB 中仍然是有限长的离散序列,只不过数组 t 的步进是 1/fs。因此,图 2.1 中的连续时间图像只是"看上去"连续而已。

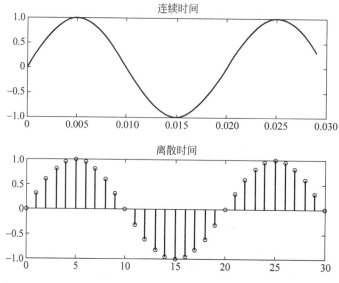

图 2.1 正弦信号的连续时间表示和离散时间表示

对于一个离散时间系统,设输入信号为 $x(n)$,输出信号为 $y(n)$,系统的单位脉冲响应为 $h(n)$,则系统的输入输出关系可以通过卷积和的形式表示

$$y(n) = x(n) * h(n) = \sum_{k=-\infty}^{\infty} x(k)h(n-k)$$

式中,* 表示卷积运算。

在 MATLAB 中采用函数 y=conv(x,h)实现卷积运算,该函数默认序列从 $n=0$ 时刻开始。

例 2.2 设某线性时不变系统的单位脉冲响应为 $h(n)=0.8^n u(n)$,当输入为 $x(n)=1.2^{-n}u(n)$时,求该系统的输出 $y(n)$。

解:下面给出 MATLAB 源代码(见 chp2sec1_2.m),结果如图 2.2 所示。

```
% 卷积运算 chp2sec1_2.m
clear;
clc;
n = 0:20;
x = 1.2.^(-n);
h = 0.8.^(n);
y = conv(x,h);
subplot(3,1,1);stem(n,x);title('x(n)');
subplot(3,1,2);stem(n,h);title('h(n)');
subplot(3,1,3);stem((0:2*length(x)-2),y);title('y(n)');
```

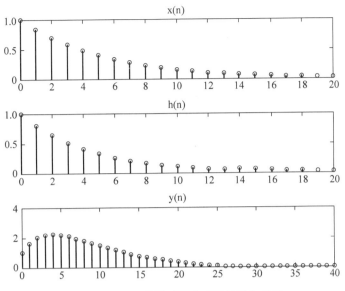

图 2.2　例 2.2 线性时不变系统的输入输出

进一步地，如果序列 $x(n)$ 是有限长的，开始于第 n_1 点，结束于第 n_2 点，序列 $h(n)$ 开始于第 m_1 点，结束于第 m_2 点，那么序列 $y(n)=x(n)*h(n)$ 开始于第 (n_1+m_1) 点，结束于第 (n_2+m_2) 点。下面通过　个例子进行说明。

例 2.3　设序列 $x(n)=\{1,2,-1\}_2$，$h(n)=\{0,-2,1.2,1.5,-0.5\}_{-2}$，试求二者的卷积和。

解：大括号的下标表示该序列的起始时刻，可以看出 $x(n)$ 起始于第 2 点，结束于第 4 点，长度为 3，$y(n)$ 起始于第 -2 点，结束于第 2 点，长度为 5，那么二者的卷积和开始于第 0 点，结束于第 6 点，长度为 7。

下面给出 MATLAB 源代码（见 chp2sec1_3.m），结果如图 2.3 所示。

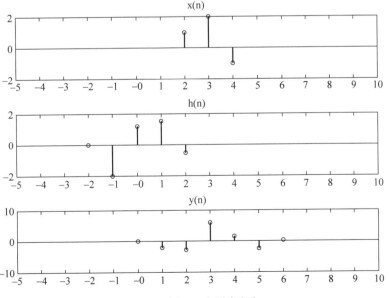

图 2.3　例 2.3 序列卷积和

```
% 卷积运算 chp2sec1_3.m
% 考虑起始时刻
clear;
clc;
n = 2:4; x = [1, 2, -1];
m = -2:2; h = [0, -2, 1.2, 1.5, -0.5];
k = (n(1) + m(1)):(n(end) + m(end)); y = conv(x, h);
subplot(3,1,1);stem(n,x);title('x(n)');
subplot(3,1,2);stem(m,h);title('h(n)');
subplot(3,1,3);stem(k,y);title('y(n)');
```

2.2 信号的采样与重建

把连续时间信号转换为与其对应的数字信号的过程称为模/数(A/D)转换过程,反之则称为数/模(D/A)转换过程,它们是数字信号处理的必要程序。一般在进行 A/D 转换之前,需要将模拟信号经抗频混滤波器预处理,变成带限信号,再经 A/D 转换成数字信号,最后送入数字信号分析仪或数字计算机完成信号处理。如果需要,再由 D/A 转换将数字信号转换成模拟信号,去驱动计算机外围执行元件或模拟显示、记录仪等。整个过程就是信号的采样与重构。

A/D 转换包括采样、量化、编码等过程,其工作原理如图 2.4 所示。

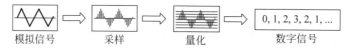

图 2.4　A/D 转换的工作原理

采样(或称为抽样),是利用采样脉冲序列 $p(t)$,从连续时间信号 $x(t)$ 中抽取一系列离散样值,使之成为采样信号 $x(nT_s)$ 的过程。T_s 称为采样间隔,或采样周期,$1/T_s = f_s$ 称为采样频率。由于后续的量化过程需要一定的时间 τ,对于随时间变化的模拟输入信号,要求瞬时采样值在时间 τ 内保持不变,这样才能保证转换的正确性和转换精度,这个过程就是采样保持。正是有了采样保持,实际上采样后的信号是阶梯形的连续函数。

量化又称幅值量化,把采样信号 $x(nT_s)$ 经过舍入或截尾的方法变为只有有限个有效数字的数,这一过程称为量化。若取信号 $x(t)$ 可能出现的最大值 A,将其分为 D 个间隔,则每个间隔长度为 $R = A/D$,R 称为量化增量或量化步长。若采样信号 $x(nT_s)$ 落在某一小间隔内,经过舍入或截尾方法而变为有限值,则产生量化误差,如图 2.5 所示。

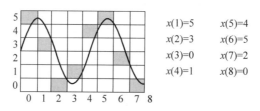

图 2.5　信号的 6 等分量化过程

一般把量化误差看成模拟信号作数字处理时的可加噪声，故而又称之为舍入噪声或截尾噪声。量化增量 D 愈大，则量化误差愈大。量化增量大小，一般取决于 A/D 器件的位数。例如，8 位二进制的最大值为 $2^8=256$，即量化电平 R 为所测信号最大电压幅值的 $1/256$。

编码是指将离散幅值经过量化以后变为二进制数字的过程。信号 $x(t)$ 经过上述变换以后，即变成时间上离散、幅值上量化的数字信号。

A/D 转换器的技术指标主要包括分辨力、转换精度和转换速度等[1]。

D/A 转换是把数字信号转换为电压或电流信号的过程，其过程如图 2.6 所示。

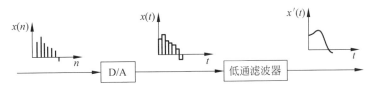

图 2.6 D/A 转换过程

D/A 转换器一般先通过 T 型电阻网络将数字信号转换为模拟电脉冲信号，然后通过零阶保持电路将其转换为阶梯状的连续电信号。只要采样间隔足够密，就可以精确地复现原信号。为减小零阶保持电路带来的电噪声，还可以在其后接一个低通滤波器。

与 A/D 转换器类似，D/A 转换器的技术指标也包括分辨力、转换精度和转换速度等[2]。

采样间隔需要"密"到什么程度，系统才可以精确地复现原始信号呢？1928 年，奈奎斯特(H. Nyquist)在论文 *Certain Topics in Telegraph Transmission Theory* 中回答了这个问题，因此一般把采样定理也称作**奈奎斯特采样定理**[3,4]。

如果采样后的信号样本能够完全代表原来的信号，那么时域采样速率 f_s 必须满足

$$f_s \geqslant 2f_{\max}$$

其中，$f_{\max}$ 表示信号的最高频率，通常也称为奈奎斯特频率[5]。

如果采样速率不满足奈奎斯特采样定理的要求，抽样信号的频谱就会发生混叠，也就无法无失真地恢复原始信号。例如在现实生活中，当人眼观察的频率比车轮旋转频率快时(如汽车低速行驶)，经常看到车轮倒转且速度变慢的奇怪现象，这就是不满足采样定理要求出现的"怪现象"[6,7]。在工程实践中，采样频率一般大于信号最高频率的 $3 \sim 5$ 倍。

例 2.4 已知升余弦脉冲信号为

$$f(t) = \frac{E}{2}\left[1 + \cos\left(\frac{\pi t}{\tau}\right)\right], \quad 0 \leqslant |t| \leqslant \tau$$

已知参数 $E=1, \tau=\pi$，采样频率 $f_s=1\text{Hz}$，请绘出该信号经抽样后得到的频谱。

解：下面给出 MATLAB 源代码(见 chp2sec2_1.m)。

```
% 余弦信号的采样 chp2sec2_1.m
clear;
clc;
fs = 1; Ts = 1/fs;              % 采样周期 = 1/采样率
dt = 0.1;                        % 仿真步进
t1 = -4:dt:4;
ft = zeros(size(t1));
```

```
for i = 1:length(t1)
    if t1(i)<= - pi || t1(i)>= pi                  % 升余弦脉冲信号
        ft(i) = 0;
    else
        ft(i) = (1 + cos(t1(i)))/2;
    end
end
subplot(2,2,1);plot(t1,ft);grid on; axis([-4 4 -0.1 1.1]);
xlabel('Time/s');ylabel('f(t)');title('升余弦脉冲信号');

N = 500;
k = - N:N;
W = pi * k/(N * dt);
Fw = dt * ft * exp( - j * t1' * W);
subplot(2,2,2);plot(W,abs(Fw));grid on;
axis([ - 10 10 - 0.2 1.2 * pi]);
xlabel('\omega');ylabel('F(\omega)');title('升余弦脉冲信号的频谱');

t2 = - 4:Ts:4;
fst = zeros(size(t2));
for i = 1:length(t2)
    if t2(i)<= - pi || t2(i)>= pi                  % 升余弦脉冲信号
        fst(i) = 0;
    else
        fst(i) = (1 + cos(t2(i)))/2;
    end
end
subplot(2,2,3); plot(t1,ft,':');hold on;           % 抽样信号的包络线
stem(t2,fst);grid on;axis([ - 4 4 - 0.1 1.1]);     % 抽样信号
xlabel('Time/s');ylabel('f_s(t)');title('抽样后的信号'); hold off;

Fsw = Ts * fst * exp( - j * t2' * W);              % 傅里叶变换的数值计算
subplot(2,2,4); plot(W,abs(Fsw));grid on;
axis([ - 10 10 - 0.2 1.2 * pi]);
xlabel('\omega');ylabel('F_s(\omega)');title('抽样后信号的频谱');
```

MATLAB 运行结果如图 2.7 所示。很明显,升余弦脉冲信号的频谱在抽样后发生了周期延拓,延拓周期为 $\omega_s = 2\pi/T_s = 2\pi$(在程序中设置的采样频率为 1Hz)。还可以看出,升余弦脉冲信号的频谱大部分都集中在 $\left[0, \dfrac{2\pi}{\tau}\right]$,因此可设截止频率为 $f_m = \dfrac{\omega_m}{2\pi} = \dfrac{1}{\tau}$。代入 $\tau = \pi$ 可得此时的奈奎斯特频率为 $2f_m = \dfrac{2}{\pi} \approx 0.6366$,可知程序中 1Hz 的采样率是满足要求的,当采样率小于 0.6366Hz 时,抽样信号的频谱会出现混叠现象。

采样定理表明,当采样频率大于奈奎斯特频率时,可以用抽样信号唯一地表示原始信号,即**信号的重建**。为了从频谱中无失真地恢复原始信号,可采用截止频率为 $\omega_c \geqslant \omega_s$ 的理想低通滤波器,用抽样值 $f(nT_s)$ 来重建 $f(t)$,即

$$f(t) = T_s \dfrac{\omega_c}{\pi} \sum_{n=-\infty}^{\infty} f(nT_s) \operatorname{sinc}\left[\dfrac{\omega_c}{\pi}(t - nT_s)\right]$$

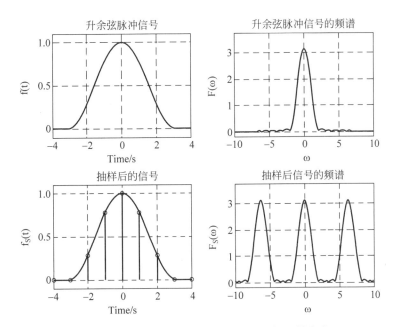

图 2.7 例 2.4 升余弦脉冲信号采样后的频谱(采样率为 1Hz)

其中 $\mathrm{sinc}(x)=\dfrac{\sin x}{x}$。

例 2.5 仍然采用例 2.4 中的升余弦脉冲信号,假设截止频率 $\omega_m=2$,采样间隔 $T_s=1\mathrm{s}$,截止频率 $\omega_c=1.2\omega_m$,请用 MATLAB 重建原始信号。

解:下面给出 MATLAB 源代码(见 chp2sec2_2.m)。

```
% 重建信号 chp2sec2_2.m
clear;
clc;
wm = 2;                              % 升余弦脉冲信号的带宽
wc = 1.2 * wm;                       % 理想低通滤波器的截止频率

% 原始升余弦脉冲信号
t = -4:0.1:4;
ft = zeros(size(t));
for i = 1:length(t)
    if t(i)<= -pi || t(i)>= pi
        ft(i) = 0;
    else
        ft(i) = (1 + cos(t(i)))/2;
    end
end

% 抽样信号
Ts = 1;                              % 采样间隔
n = -100:100;                        % 为了尽量满足无穷多项相加
nTs = n * Ts;                        % 时域抽样点
fs = zeros(size(nTs));               % 时域抽样点
for i = 1:length(nTs)
```

```
        if nTs(i)<= -pi || nTs(i)>= pi
            fs(i) = 0;
        else
            fs(i) = (1 + cos(nTs(i)))/2;
        end
    end

% 重建信号
fr = fs * Ts * wc/pi * sinc((wc/pi) * (ones(length(nTs),1) * t - nTs' * ones(1,length(t))));
subplot(2,1,1);plot(t,fr,'o',t,ft,'r');xlabel('t');title('原始信号与重建信号');
legend('重建信号','原始信号');grid on;

% 计算绝对误差
subplot(2,1,2);plot(t,abs(ft-fr));
xlabel('t');title('重建信号与原始信号的绝对误差');grid on;
```

程序运行结果如图 2.8 所示,从图中结果可以看出,重建信号与原始信号的绝对误差都在 10^{-2} 数量级之内,重建效果非常理想。

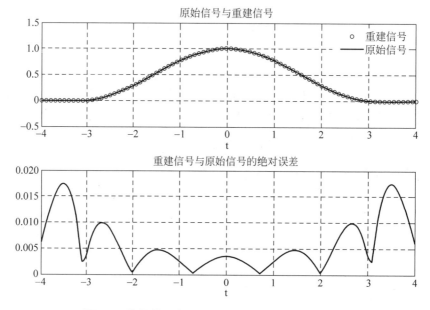

图 2.8　信号的重建及误差分析($T_s = 1s, \omega_c = 1.2\omega_m$)

如果将程序中的抽样间隔改为 $T_s = 2.5s$,截止频率改为 $\omega_c = \omega_m$,重新运行程序,结果如图 2.9 所示。可以看出在不满足抽样定理时,重建信号会产生较大的失真,绝对误差明显变大。

为了观测不同采样率对信号重建效果的影响,还可以在硬件平台上进行该实验。例如采用凌特公司生产的 LTE-XH03A 信号与系统综合实验箱(见图 2.10),该实验箱不用编程,只需要正确地连线操作即可,适合于本科教学。或者也可以采用瑞泰创新公司生产的 ICETEK-C6713A 教学实验箱(见图 2.11),该实验箱基于 TMS320C6713 芯片,具有丰富多样的标准接口和实验代码,但需要具备一定的 DSP 编程能力和硬件知识,适用于科研开发或者研究生教学。

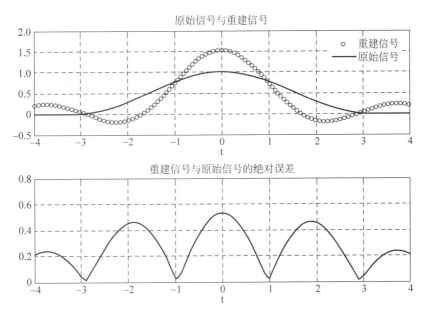

图 2.9 信号的重建及误差分析($T_s=2.5\text{s}, \omega_c=\omega_m$)

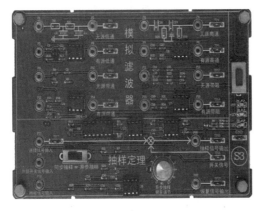

图 2.10 LTE-XH03A 信号与系统综合实验箱(抽样定理实验部分)

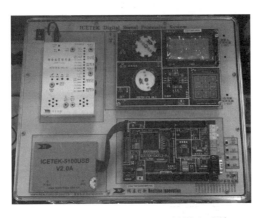

图 2.11 ICETEK-C6713A 教学实验箱

2.3 离散时间傅里叶变换

设序列 $x(n)$ 绝对可和,即 $\sum_{n=-\infty}^{\infty} |x(n)| < \infty$,则 $x(n)$ 的离散时间傅里叶变换(DTFT)为

$$X(e^{j\omega}) = \sum_{n=-\infty}^{\infty} x(n) e^{-j\omega n}$$

$X(e^{j\omega})$ 对应的离散时间傅里叶逆变换为

$$x(n) = \frac{1}{2\pi} \int_{-\pi}^{\pi} X(e^{j\omega}) e^{j\omega n} d\omega$$

其中,ω 表示数字频率,单位是弧度(rad)。

可以看出,时域的离散化造成了频域的周期延拓,而时域的非周期性造成了频域的连续性,MATLAB 中没有提供直接计算 DTFT 的函数,但可以用矩阵向量乘法来很巧妙地计算,下面通过一个例子来进一步理解。

例 2.6 求 $x(n)=R_N(n)$ 的离散时间傅里叶变换,参数 $N=7$。

解: 理论结果为

$$X(e^{j\omega}) = \sum_{n=0}^{6} R_7(n) e^{-j\omega n} = \frac{\sin(7\omega/2)}{\sin(\omega/2)} e^{-j3\omega}$$

MATLAB 源代码如下(见 chp2sec3_1.m),实验结果如图 2.12 所示。

```
% DTFT 演示程序 chp2sec3_1.m
clear;
clc;
N = 7;
n = 0:N-1;
```

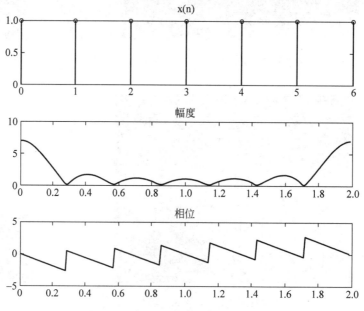

图 2.12 例 2.6 离散时间傅里叶变换

```
x = ones(1,N);
k = 0:199;
w = (pi/100) * k;                          % 将[0,2*pi]区间 200 等分
X = x * (exp( - j * pi/100)).^(n' * k);    % 用矩阵向量乘法求 DTFT
subplot(3,1,1);stem(n,x);title('x(n)');
subplot(3,1,2);plot(w/pi,abs(X));title('幅度');
subplot(3,1,3);plot(w/pi,angle(X)); title('相位');
```

2.4 离散傅里叶变换

离散时间傅里叶变换提供了绝对可和序列在频域中的表示方法,该方法适用于无限长序列,且变换结果是连续函数,从计算机的角度来看是不现实的。

对于有限长的序列,可采用离散傅里叶变换(DFT)。DFT 适用于有限长序列,且频域变换结果也是有限长的,因此可用计算机进行数值计算。同时 DFT 存在快速算法,使得信号的实时处理和设备的简化可以实现。

设 $x(n)$ 是一个长度为 N 的有限长序列,定义 $x(n)$ 的 N 点离散傅里叶变换为

$$X(k) = \sum_{n=0}^{N-1} x(n) e^{-j\frac{2\pi}{N}kn}, \quad k = 0, 1, \cdots, N-1$$

$X(k)$ 的离散傅里叶逆变换(IDFT)为

$$x(n) = \frac{1}{N} \sum_{k=0}^{N-1} X(k) e^{j\frac{2\pi}{N}kn}, \quad n = 0, 1, \cdots, N-1$$

可以根据 DFT(或者 IDFT)的定义编写相应的子函数[2],但由于运算量太大,在实际应用中不建议这种方法。MATLAB 提供了内部函数快速进行 DFT 运算,它采用了优化的算法,并且程序是用目的码编写的,使得它具有极高的运行速度和效率,调用格式为 Y=fft(X,n) 和 y=ifft(X,n)。

DFT 的一个重要应用就是对信号进行谱分析,即计算信号的傅里叶变换。对于实际的连续信号,需要先对信号进行时域采样,得到采样值后再进行 DFT 运算,得到的结果是 $X(e^{j\omega})$ 的等间隔采样值。

例 2.7 信号 $x(n)=R_5(n)$,分别计算 10 点和 20 点的 DFT 结果。

MATLAB 源代码如下(见 chp2sec4_1.m),实验结果如图 2.13 所示。

```
% DFT 运算 chp2sec4_1.m
clear;
clc;
% X(k)与 X(ejw)的关系
n = 0:4;x = [ones(1,5)];
k = 0:999;w = (pi/500) * k;
X = x * (exp( - j * pi/500)).^(n' * k);    % DTFT 结果 X(ejw)
Xe = abs(X);
subplot(3,2,1);stem(n,x);ylabel('x(n)');axis([0 20 0 1.1]);
```

```
subplot(3,2,2);plot(w/pi,Xe);ylabel('|X(e^j^w)|');

N = 10;x = [ones(1,5),zeros(1,N-5)];
n = 0:1:N-1;
X = fft(x,N);                % DFT N = 10 点
magX = abs(X);
k = (0:length(magX)'-1)*N/length(magX);
subplot(3,2,3);stem(n,x);ylabel('x(n)'); axis([0 20 0 1.1]);
subplot(3,2,4);stem(k,magX);axis([0,10,0,5]);ylabel('|X(k)|');

N = 20;x = [ones(1,5),zeros(1,N-5)];
n = 0:1:N-1;
X = fft(x,N);                % DFT N = 20 点
magX = abs(X);
k = (0:length(magX)'-1)*N/length(magX);
subplot(3,2,5);stem(n,x);ylabel('x(n)');axis([0 20 0 1.1]);
subplot(3,2,6);stem(k,magX);axis([0,20,0,5]);ylabel('|X(k)|');
```

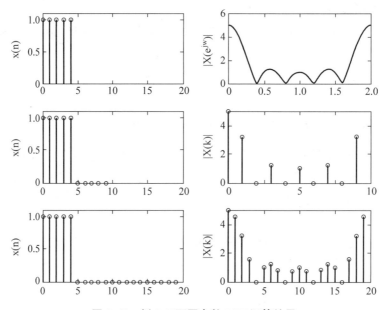

图 2.13 例 2.7 不同点数 DFT 运算结果

可以看出,$X(k)$ 是 $X(e^{j\omega})$ 在区间 $[0,2\pi]$ 上 N 点等间隔采样。对原始序列补零可以对 DFT 结果提供间隔较密的样本。

DFT 除了用来计算信号的频谱外,还可以用来计算线性卷积。线性卷积在计算时原本要经过反转平移,实际运算时很不方便。通过用循环卷积的方法实现线性卷积,会方便很多。通过 DFT 和 IDFT 实现线性卷积,从而实现线性时不变系统。

例 2.8 已知系统响应 $h[n]=\cos(0.5n)+\sin(0.2n), 0 \leqslant n \leqslant 19$;输入为 $x[n]=\exp(0.2n)$,$0 \leqslant n \leqslant 9$,求系统输出 $y[n]$。

解:MATLAB 源代码如下(见 chp2sec4_2.m),运行结果如图 2.14 所示。

```
% 利用DFT(FFT)实现线性卷积 chp2sec4_2.m
clear;
clc;
n1 = 0:19;
hn = cos(0.5 * n1) + sin(0.2 * n1);
n2 = 0:9;
xn = exp(0.2 * n2);
y_conv = conv(xn, hn);              % 直接用conv函数
N = length(n1) + length(n2) - 1;
xn = [xn, zeros(1, N - length(xn))];
hn = [hn, zeros(1, N - length(hn))];
Xk = fft(xn, N);
Hk = fft(hn, N);
Yk = Xk .* Hk;
y = ifft(Yk, N);                    % 利用FFT和IFFT
stem(1:N, y_conv); hold on;
stem(1:N, y, 'r*');
legend('直接卷积运算', '利用FFT');
xlabel('n'); ylabel('y(n)');
```

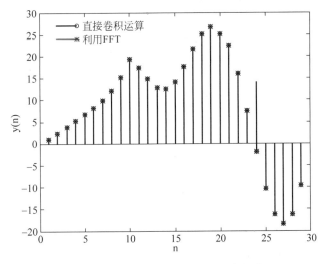

图 2.14　例 2.8 两种方法实现线性卷积(直接卷积、FFT)

2.5　快速傅里叶变换

离散傅里叶变换(DFT)在信号的谱分析、系统的分析与设计中起着非常重要的作用,一个重要原因就是有许多计算 DFT 的快速算法,最著名的就是 1965 年 J. W. Cooly 和 J. W. Tukey 提出的快速傅里叶变换(FFT)算法[8]。该算法极大降低了 DFT 的运算量,从而使得 DFT 真正得到了广泛应用,促进了数字信号处理突飞猛进的发展。

FFT 算法自从 20 世纪 70 年代提出以来,从理论上和工程实践上都获得了飞速的发展,在数字通信、语音信号处理、图像处理、雷达理论、光学、医学、地震等各个领域都得到了

广泛应用。在软件系统中,FFT 已经是一种可供调用的标准函数,不再需要自行编写 FFT 程序。在 DSP 芯片开发系统中,FFT 也都是标准的固件,有许多专门的 DSP 芯片使得 FFT 的运算效率和速率得到了极大提高,而且价格越来越便宜。

需要注意的是,FFT 并不是一种新的变换,只是 DFT 的一种快速算法。因此在 MATLAB 中没有专门的 DFT 函数,提供的只是 FFT 函数。该函数是用机器语言编写的,而不是以 MATLAB 指令编写的,因此执行效率很高。在调用 FFT 函数时,变换点数建议为 2 的整数次幂,此时采用基 2 算法,否则将采用较慢的分裂基算法(此时建议补零至 2 的整数次幂)[1,2]。

对于数据点的频谱分析而言,频率分辨率就是指在频域轴上所能得到的最小频率间隔,也就是区分两个频率成分的最小间距。如果 $x(n)$ 中有两个频率分别为 f_1 和 f_2 的信号,对 $x(n)$ 进行矩形窗截断,DFT 结果要分辨出这两个频率,N 必须满足[1,2]

$$N > \frac{f_s}{|f_1 - f_2|}$$

这里的 N 是指数据的有效长度。下面通过一个例子来进行详细分析。

例 2.9 设序列 $x(n) = \sin(2\pi f_1 n/f_s) + \sin(2\pi f_2 n/f_s)$,序列长度为 N,采样率 $f_s = 10$Hz,$f_1 = 2$Hz,$f_2 = 2.1$Hz,请分别给出 N 为 64 点和 128 点时序列的 DFT 结果,其中补零长度分别取 $0, 0.5N, N$ 和 $9N$。

解: 根据公式可知,数据有效长度 N 至少为 100 时,DFT 结果才能将 f_1 和 f_2 区分。MATLAB 源代码为(见 chp2sec5_1.m),实验结果如图 2.15 和图 2.16 所示。

```matlab
% 利用FFT分辨两个余弦信号 chp2sec5_1.m
clear;
clc;
N = 128;                                        % 信号点数
fs = 10;                                        % 采样率
f1 = 2; f2 = 2.1;
n = 0:N-1;
xn = sin(2*pi*f1*n/fs) + sin(2*pi*f2*n/fs);     % 信号模型
N1 = [0,0.5*N,N,9*N];                           % 补零点数(不补零,补0.5倍,补1倍,补9倍)

for k = 1:4
    xn1 = [xn,zeros(1,N1(k))];                  % 在数据x(n)后面补N1(k)个零
    Xk1 = fft(xn1,N+N1(k));
    k1 = (0:(N+N1(k))/2-1)*fs/(N+N1(k));
    mXk1 = abs(Xk1(1:(N+N1(k))/2));
    mXk1 = mXk1/max(mXk1);
    subplot(2,2,k);
    plot(k1,mXk1); grid on;
    title(['补零点数' num2str(N1(k))]);
    axis([1 3 0 1.1]);
end
```

从图 2.15 和图 2.16 可以看出:能否区分两个余弦信号,仅仅取决于数据长度 N。当数据长度不满足要求时,DFT 结果中无法区分两个余弦(单频)信号,即使补零也无济于事

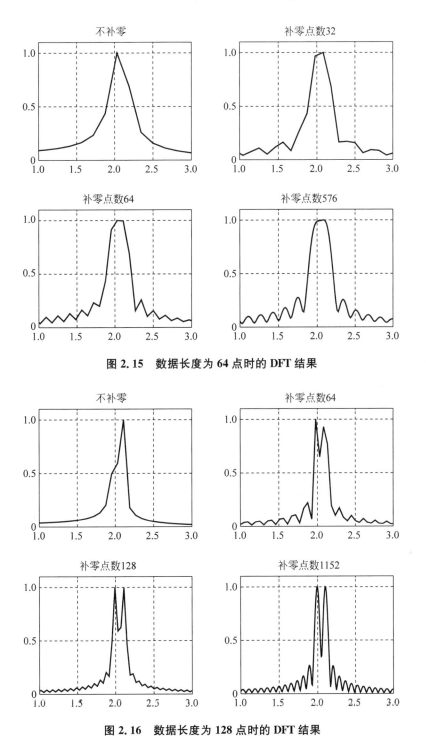

图 2.15 数据长度为 64 点时的 DFT 结果

图 2.16 数据长度为 128 点时的 DFT 结果

(图 2.15，$N<100$)；当数据长度满足要求时，DFT 结果中可以清晰地看到两个余弦信号（图 2.16，$N>100$)。此外，补零只是在已有的 DTFT 结果中增加采样点数，并不能提高频率分辨率。

下面再用一个例子，演示如何通过增加数据长度来"探索"未知频率分量。

例 2.10 设信号模型如下所示,信号长度为 N,采样率 $f_s=10\text{Hz}$,
$$x(n) = \sin(2\pi f_1 n/f_s) + \sin(2\pi f_2 n/f_s) + \sin(2\pi f_3 n/f_s) + \sin(2\pi f_4 n/f_s)$$
其中,$f_1=2\text{Hz},f_2=2.05\text{Hz},f_3=2.055\text{Hz},f_4=2.3\text{Hz}$,请分别给出 N 为 128 点,256 点,512 点和 1024 点时信号序列的 DFT 结果,假设补零长度等于数据长度。

解: 从信号模型可以得知,最小频率间隔为 $|f_2-f_3|=0.005\text{Hz}$,需要的最小数据点数为 2000 点。MATLAB 源代码如下(见 chp2sec5_2.m),运行结果如图 2.17 所示。

```
% 利用FFT搜索多个余弦信号 chp2sec5_2.m
clear;
clc;
fs = 10;                        % 采样率
f1 = 2;f2 = 2.05;f3 = 2.055; f4 = 2.3;
N = [128,256,512,1024];         % 信号点数

for k = 1:4                     % 4种数据长度
    n = 0:N(k)-1;
    xn = sin(2*pi*f1*n/fs) + sin(2*pi*f2*n/fs) + sin(2*pi*f3*n/fs) + sin(2*pi*f4*n/fs);
    *n/fs);                     % 信号模型
    xn1 = [xn,zeros(1,N(k))];   % 补零点数 = 数据长度
    Xk1 = fft(xn1,length(xn1));
    k1 = (0:length(xn1)/2-1)*fs/length(xn1);
    mXk1 = abs(Xk1(1:length(xn1)/2));
    mXk1 = mXk1/max(mXk1);
    subplot(2,2,k);plot(k1,mXk1); grid on;
    title(['数据长度' num2str(N(k))]);
    axis([1.5 2.5 0 1.1]);
end
```

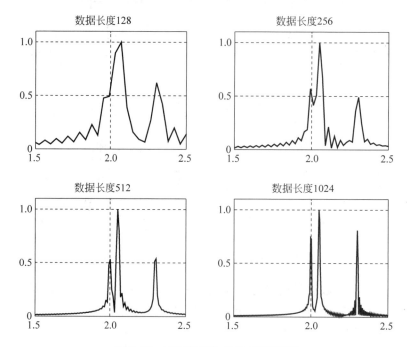

图 2.17 不同数据长度的 DFT 结果

根据信号的真实模型可知，DFT 结果中应该出现 4 根谱线。但随着数据点数的逐渐增大，图 2.17 中只出现了 3 根谱线，根本原因在于数据点数 N 不够大，不能把 0.005Hz 这样的最小频率间隔区分开。但在实际情况下，我们无法得知信号的真实模型，到底要取多大的数据点数（或者采样时间需要多长），只能根据我们的应用需求和系统性能去取舍和折中。

通过例 2.9 和例 2.10 可以得到以下结论：

(1) 频率分辨率只取决于有效数据的点数，只有在观察或实验中取得更长的有效数据，才能给算法提供更多"货真价实"的新信息来区分两个频率，获得"高分辨率频谱"。

(2) 补零运算只是试图充分发掘既有数据的信息，但没有增加任何新的信息，不能提高频率分辨率，只是提供了采样间隔较密的"高密度频谱"。因此，有的文献上也把"频率分辨率"称作"物理分辨率"，把补零运算对应的采样间隔称作"计算分辨率"[9]。

(3) 对于复杂信号，简单的 FFT 运算估计出来的频谱精度一般不高，此时需要用更复杂的方法进行估计。为改善教学效果，还可以把原始数据点数、补零点数和白噪声方差等设置成输入参量，用动态演示的方法来讲解离散傅里叶变换[10]。

2.6 课外知识点：几种形式的傅里叶变换

1. 各类傅里叶变换

在"信号分析与处理"[5]以及"数字信号处理"[1]等课程中，我们遇到了很多个"傅里叶"，有连续时间与离散时间的，有无限长与有限长的，有周期与非周期的，许多读者对它们的区别和联系不甚清晰，在实际应用中容易混淆彼此，在此对这些"傅里叶"进行总结和归纳。

其实，我们常遇到的"傅里叶"也就六种，具体可见表 2.1，需要注意的是：

(1) 前面四种傅里叶变换是计算机（或 DSP 芯片）不方便处理的。这是因为计算机只能处理离散的、有限长的信号。前面四种傅里叶变换，在时域或频域要不就是连续的，要不就是无限长的。

(2) 后面两种傅里叶变换才是计算机可以处理的。因为无论是在时域还是频域，DFT 和 FFT 的数据样本都是离散且有限长的。

(3) 离散傅里叶级数（DFS）是离散时间傅里叶级数（DTFS）的简称，这是一种没有歧义的约定俗成。

(4) 离散傅里叶变换（DFT）不是离散时间傅里叶变换（DTFT）的简称，有的教材也将 DTFT 称作"离散时间序列的傅里叶变换"，目的就是为了同 DFT 区分开。

(5) 快速傅里叶变换（FFT）不是一种新的傅里叶变换，它只能算作一种高效率的 DFT。

为了便于分类讲解，本节首先讲解前 4 种傅里叶变换的关系，然后再讲解 DFT 实现过程与特性。为了行文简洁，本节直接给出了各种变换的特性与结论，具体推导过程请参阅有关文献[1,5]。

表 2.1 各类傅里叶变换

变换名称	英文缩写	变换名称	英文缩写
连续时间傅里叶变换	CTFT	离散时间傅里叶级数	DTFS
连续时间傅里叶级数	CTFS	离散傅里叶变换	DFT
离散时间傅里叶变换	DTFT	快速傅里叶变换	FFT

2. 四种傅里叶变换的关系

此处"傅里叶变换"是一种广义的说法,也就是说无论是"傅里叶变换"(Fourier Transform),还是"傅里叶级数"(Fourier Series),统称"傅里叶变换"。

图 2.18 以三角波和周期三角波为例,给出了前 4 种傅里叶变换的关系。图 2.18 左侧表示时域,右侧表示频域。在时域,横轴表示从连续时间信号到离散时间信号,二者的转换就是采样;纵轴表示从周期信号到非周期信号,二者的转换就是将周期趋向于无穷大。在频域也有类似的转换关系,需要注意的是,时域和频域的坐标定义与方向是不同的。

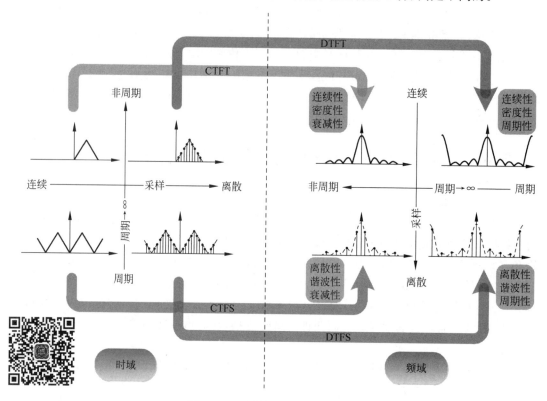

图 2.18 四种傅里叶变换的关系

为了帮助理解图 2.18 给出的关系,需要深刻理解下面两句话:

第一,傅里叶变换是时域到频域的桥梁。可以看出这四种傅里叶变换都是从左(时域)到右(频域)的箭头,起到了时域到频域的桥梁作用。反过来,从频域到时域也有桥梁,这就是对应的各种傅里叶逆变换。

第二,一个域的离散对应于另外一个域的周期延拓。对于这句话,最耳熟能详的就是采样定理中的"时域采样对应于频域上的周期延拓"。但我们还应更全面地理解这句话。

(1) 时域上的离散(采样),对应频域上的周期延拓,即序列的 DTFT 和周期序列的 DTFS,二者在频域上都呈周期特性。

(2) 时域上的连续,对应频域上的非周期,即非周期信号的 CTFT 和周期信号的 CTFS。

(3) 时域上的周期,对应频域上的离散,离散的频域取值就称作傅里叶级数,即周期信号的 CTFS 和周期序列的 DTFS。

(4) 时域上的非周期,对应频域上的连续,连续的频域取值就称作傅里叶变换,即非周期信号的 CTFT 和序列的 DTFT。

这四种傅里叶变换关系在频域还有三对对偶关系存在,分别是离散性和连续性,谐波性和密度性,衰减性和周期性。

离散性和连续性:顾名思义,也就是指信号的频谱在横轴(频率轴)上是离散的还是连续的。

谐波性和密度性:谐波性是对于时域周期信号而言,如果满足狄利克雷条件就会展开为傅里叶级数,分解为直流分量和各次谐波之和,而且各次谐波分量的频率是基波频率的整数倍,在频域内以等间隔谱线的形式出现;密度性是对应于谐波性的,是指频域内所有频率点都可以取到。

衰减性和周期性:衰减性(或称收敛性)是指信号在频域的幅度会越来越小,对整个区间求积分(或求和)一定是一个有限数值,对应于时域是一个能量有限信号;周期性是指信号在频域上会每隔一定的周期就重复出现一次,在一个周期内求积分(或求和)是一个有限数值,对应于时域是一个功率有限信号。

需要注意的是,不要混淆谐波性和离散性。谐波性是指频谱只会出现在基波频率的整数倍上,在其他频率上的取值无定义;而离散性是指频谱可以在任何频率点上取值,只存在取多取少,取密取稀的区别。

3. DFT 的实现过程及相关特性

前面介绍的四种傅里叶变换,在时域或者频域,要么就是连续的,要么就是无限长的(周期性),但计算机只能处理离散且有限长的数据点。为了能让傅里叶变换这座桥梁在计算机中搭建起来,可以通过"采样"将信号从连续的转换为离散的,通过"取主周期"将信号从无限长的限制为有限长的。

需要强调的是,并不是所有的时域信号都是连续信号,也可以直接得到时域离散信号,不一定需要采样这个过程,例如股票市场的大盘指数、外汇的汇率、进出校园的人数等。为了突出离散与周期延拓的关系,本书仍然以连续非周期信号为例讲解离散傅里叶变换(DFT)。图 2.19 给出了 DFT 的具体实现过程[1, 5, 11],该过程主要分 4 个步骤。

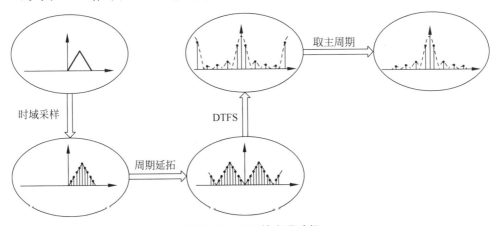

图 2.19 DFT 的实现过程

第 1 步,通过时域采样操作,将连续信号 $x(t)$ 转换为长度为 N 的有限长序列 $x(n)$,其中 $n=0,1,\cdots,N-1$,以便计算机下一步处理。

第 2 步,将 N 点长的序列 $x(n)$ 进行周期延拓,得到周期序列 $\tilde{x}(n)$。

第 3 步,计算周期序列 $\tilde{x}(n)$ 的离散时间傅里叶级数(DTFS),得到周期序列 $\tilde{X}(k)$。

第 4 步，从周期序列 $\tilde{X}(k)$ 中取出一个周期的 N 个值，并将每个值除以 N 得到的就是有限长序列 $x(n)$ 的 DFT 结果，即

$$X(k) = \tilde{X}(k)/N, \quad k = 0, 1, \cdots, N-1$$

从 DFT 的实现过程可以看出：$x(n)$ 是周期序列 $\tilde{x}(n)$ 主值区间上的取值，$X(k)$ 也是周期序列 $\tilde{X}(k)$ 主值区间上的取值，因此 DFT 看上去是非周期的，其实具有"隐含的周期性"。

DFT 的时域和频域都是 N 点的，但这个长度可以根据需要进行变化。例如，可以增加序列 $x(n)$ 的长度以提高频率分辨率，或者在 $x(n)$ 后面或数据点中间补若干个零以提高对频谱的采样密度[10]，也可以为了满足 FFT 运算的需求（如基 2、基 4 算法等），在 $x(n)$ 后面补零使得 N 为 2 或 4 的整数次幂[1, 9]。

2.7 课外知识点：补零位置对频谱估计的影响

通过学习 DFT 和 FFT 运算得知：补零运算可以提供频域采样间隔更密的"高密度频谱"[10]，或者是为了把变换点数凑为 2 的整数次幂满足 FFT 运算需求[1]。补零运算一般是在数据序列后面进行，在此探讨一下另外两种补零方式对频谱估计的影响，即在数据序列前面补零，以及在数据序列相邻样值之间补零（或称插值）[12]。

先从理论上推导一下不同的补零方式对 DFT 运算结果的影响。

1. 原始序列

假设 $x(n)$ 是一个长度为 N 的有限长序列，原始数据 $x(n)$ 的 DTFT 结果为

$$X(e^{j\omega}) = \sum_{n=0}^{N-1} x(n) e^{-j\omega n}$$

$x(n)$ 的 N 点 DFT 结果如下

$$X(k) = \sum_{n=0}^{N-1} x(n) e^{-j\frac{2\pi}{N}kn} = X(e^{j\omega}) \Big|_{\omega = \frac{2\pi}{N}k}$$

可以看出：$X(k)$ 为频谱 $X(e^{j\omega})$ 的采样值，采样间隔为 $2\pi/N$。

2. 在序列后面补零

假设在序列 $x(n)$ 后面补了 M 个零，产生的新序列为 $x_1(n)$，该序列长度为 $N+M$，则该序列的 DTFT 结果为

$$X_1(e^{j\omega}) = \sum_{n=0}^{N+M-1} x_1(n) e^{-j\omega n} = \sum_{n=0}^{N-1} x(n) e^{-j\omega n} = X(e^{j\omega})$$

序列 $x_1(n)$ 的 DFT 结果为

$$X_1(k) = \sum_{n=0}^{N+M-1} x_1(n) e^{-j\frac{2\pi}{N+M}kn} = \sum_{n=0}^{N-1} x(n) e^{-j\frac{2\pi}{N+M}kn} = X(e^{j\omega}) \Big|_{\omega = \frac{2\pi}{N+M}k}$$

可以看出：$X_1(k)$ 仍为频谱 $X(e^{j\omega})$ 的采样值，采样间隔为 $2\pi/(N+M)$。

3. 在序列前面补零

假设在序列 $x(n)$ 前面补了 M 个零，产生的新序列为 $x_2(n)$，该序列长度为 $N+M$，则该序列的 DTFT 结果为

$$X_2(e^{j\omega}) = \sum_{n=0}^{N+M-1} x_2(n) e^{-j\omega n} = \sum_{n=M}^{N+M-1} x_2(n) e^{-j\omega n}$$

$$= \sum_{n=0}^{N-1} x(n) \mathrm{e}^{-\mathrm{j}\omega(n+M)} = \mathrm{e}^{-\mathrm{j}\omega M} X(\mathrm{e}^{\mathrm{j}\omega})$$

序列 $x_2(n)$ 的 DFT 结果为

$$X_2(k) = \sum_{n=0}^{N+M-1} x_2(n) \mathrm{e}^{-\mathrm{j}\frac{2\pi}{N+M}kn} = \mathrm{e}^{-\mathrm{j}\frac{2\pi}{N+M}kM} \sum_{n=0}^{N-1} x(n) \mathrm{e}^{-\mathrm{j}\frac{2\pi}{N+M}kn}$$

$$= \mathrm{e}^{-\mathrm{j}\frac{2\pi}{N+M}kM} X(\mathrm{e}^{\mathrm{j}\omega})\big|_{\omega=\frac{2\pi}{N+M}k} = \mathrm{e}^{-\mathrm{j}\frac{2\pi}{N+M}kM} X_1(k)$$

可以看出: $X_2(k)$ 仍为频谱 $X(\mathrm{e}^{\mathrm{j}\omega})$ 的采样值,采样间隔为 $2\pi/(N+M)$, $X_2(k)$ 与 $X_1(k)$ 的差别就在于一个相移因子 $\mathrm{e}^{-\mathrm{j}\frac{2\pi}{N+M}kM}$。

4. 在序列相邻样值之间补零

假设在序列 $x(n)$ 相邻样值之间补 L 个零,产生的新序列为 $x_3(n)$,该序列长度为 LN,则该序列的 DTFT 结果为

$$X_3(\mathrm{e}^{\mathrm{j}\omega}) = \sum_{n=0}^{LN-1} x_3(n) \mathrm{e}^{-\mathrm{j}\omega n} = \sum_{m=0}^{N-1} x(m) \mathrm{e}^{-\mathrm{j}\omega Lm} = X(\mathrm{e}^{\mathrm{j}L\omega})$$

序列 $x_3(n)$ 的 DFT 结果为

$$X_3(k) = \sum_{n=0}^{LN-1} x_3(n) \mathrm{e}^{-\mathrm{j}\frac{2\pi}{LN}kn} = \sum_{m=0}^{N-1} x(m) \mathrm{e}^{-\mathrm{j}\frac{2\pi}{LN}kLm}$$

$$= \sum_{m=0}^{N-1} x(m) \mathrm{e}^{-\mathrm{j}\frac{2\pi}{N}km} = X(k), \quad k = 0, 1, \cdots, LN-1$$

可以看出: $x_3(n)$ 频谱的周期宽度由 2π 压缩为 $2\pi/L$,而 DFT 结果中 $X_3(k)$ 包含了 L 个 $X(k)$。

从上面的理论分析可以看出:在序列的前面和后面补零,都会使得频域采样间隔更密;在序列前面补零相当于时域的平移,导致出现频域的相移;在序列相邻样值之间补零,会导致信号的频带压缩。此外,还有文献研究过在序列中间补一段零值的情况,这种情况相当于前半截是序列后面补零,后半截是序列前面补零[13]。

下面用一个例子来分析不同补零方式对频谱估计的影响。

例 2.11 设序列 $x(n) = \sin(2\pi f_1 n/f_s) + \sin(2\pi f_2 n/f_s) + w(n)$,采样率 $f_s = 10\mathrm{Hz}$, $f_1 = 2\mathrm{Hz}$, $f_2 = 2.1\mathrm{Hz}$, $w(n)$ 是均值为零、方差为 1 的白噪声序列,序列长度为 N。请分析在序列后面补 N 个零,在序列前面补 N 个零,以及在相邻样值之间补一个零这三种补零方式对 DFT 结果的影响, N 的取值分别为 512、1024 和 2048。

解: 根据公式可知,数据有效长度至少为 100 时,DFT 结果才能将 f_1 和 f_2 区分开,因此本题中 N 的取值为 512、1024 和 2048 是满足要求的。MATLAB 源代码见 chp2sec7_1.m,实验结果如图 2.20~图 2.22 所示。

```
% 分析不同补零方式对频谱估计的影响 chp2sec7_1.m
clear;
clc;
N = 512;                    % 数据长度
fs = 10;                    % 采样率 10Hz
n = 0:N-1;
f1 = 2;                     % 2Hz 单频
f2 = 2.1;                   % 2.1Hz 单频
noise = sqrt(1) * randn(1,N);
```

```
xn = sin(2 * pi * f1 * n/fs) + sin(2 * pi * f2 * n/fs) + noise;

% 直接DFT
Xk = fft(xn);
mXk = abs(Xk(1:length(xn)/2))/(length(xn)/2);
k = (0:N/2 - 1) * fs/N;
subplot(2,2,1);plot(k,mXk,' - r.');
axis([1.8,2.2,0,1.2]);title('原始序列');grid on;

% 在后面补零
xn1 = [xn,zeros(1,N)];
Xk1 = fft(xn1);
mXk1 = abs(Xk1(1:length(xn1)/2))/(length(xn1)/2);
k1 = (0:length(xn1)/2 - 1) * fs/length(xn1);
subplot(2,2,2);plot(k1,mXk1,' - r.');
axis([1.8,2.2,0,1.2]);title('序列后面补零');grid on;

% 在前面补零
xn2 = [zeros(1,N),xn];
Xk2 = fft(xn2);
mXk2 = abs(Xk2(1:length(xn2)/2))/(length(xn2)/2);
k2 = (0:length(xn2)/2 - 1) * fs/length(xn2);
subplot(2,2,3);plot(k2,mXk2,' - r.');
axis([1.8,2.2,0,1.2]);title('序列前面补零');grid on;

% 在序列相邻样值之间补零,隔一个补一个零
xn3 = zeros(1,2 * N);
for i = 1:2:length(xn3)
    xn3(i) = xn(ceil(i/2));
end
Xk3 = fft(xn3);
mXk3 = abs(Xk3(1:length(xn3)/2))/(length(xn3)/2);
k3 = (0:length(xn3)/2 - 1) * fs/length(xn3);
subplot(2,2,4);plot(k3,mXk3,' - r.');
axis([0.9,1.1,0,1.2]);title('插值');grid on;
```

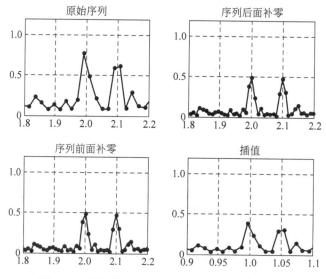

图 2.20　不同补零方式的频谱估计结果（$N=512$）

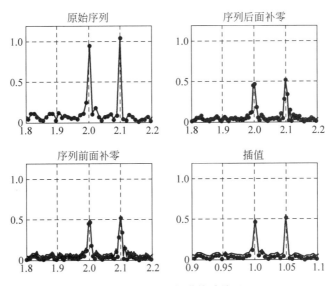

图 2.21 不同补零方式的频谱估计结果($N=1024$)

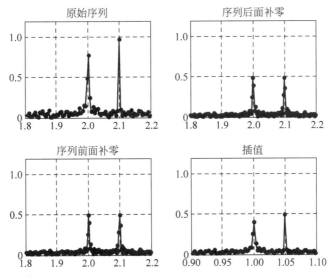

图 2.22 不同补零方式的频谱估计结果($N=2048$)

从图 2.20～图 2.22 的结果可以进一步验证如下结论：
- 任何一种补零方式都会使得频域采样间隔更加密集，在相同的一段频率区间内（如 1.8～2.2Hz），$X(k)$ 的谱线间隔与数据总长度($N+M$)成反比。
- 在序列相邻样值之间补零，会导致信号的频带压缩。例题中在相邻样值之间插入 1 个零值，原本 2Hz 和 2.1Hz 的频率分量，估计出来的结果只有原来的一半，即 1Hz 和 1.05Hz。

在原始序列相邻样值之间补零，可以有效压缩信号频带，节约频带资源，对于这方面深层次的原理与应用，有兴趣的读者可以参阅多抽样率数字信号处理方面的书籍[9,14]。

2.8 参考文献

[1] 李素芝,万建伟.时域离散信号处理[M].长沙:国防科技大学出版社,1994.
[2] 万建伟,王玲.信号处理仿真技术[M].长沙:国防科技大学出版社,2008.
[3] 郝建民.采样定理的内在不自洽性和工程应用——采样定理和奈奎斯特准则研究(上篇)[J].导弹与航天运载工程,1997(2):51-57.
[4] Nyquist H. Certain Topics in Telegraph Transmission Theory[J]. Transactions A. I. E. E. 1928, 47(2):617-644.
[5] 吴京,王展,万建伟,等.信号分析与处理[M].北京:电子工业出版社,2008.
[6] 赵霞.采样定理与确定系统采样周期的教学方法研究[J].工业和信息化教育,2014(5):24-29.
[7] 应怀樵.现代振动与噪声技术(第5卷)[M].北京:航空工业出版社,2007.
[8] Cooley J W, Tukey J W. An Algorithm for the Machine Calculation of Complex Fourier Series[J]. Math. Comput. 1965, 19:297-301.
[9] 胡广书.数字信号处理理论、算法与实现[M].3版.北京:清华大学出版社,2015.
[10] 许可,黄兵超,王玲,等.基于Mathematica的离散傅里叶变换动态演示实验原理与设计[J].工业和信息化教育,2016(9):64-66.
[11] 郑君里,应启珩,杨为理.信号与系统[M].3版.北京:高等教育出版社,2011.
[12] 赵志军.补零对有限长序列频谱及DFT的影响[J].北京广播学院学报(自然科学版),2004,11(1):73-76.
[13] 张红.添零方式对有限长序列离散谱的影响[J].电气电子教学学报,2002,24(5):58-60.
[14] 程佩青.数字信号处理教程[M].4版.北京:清华大学出版社,2014.

本章用到的 MATLAB 函数总结

函数名称及调用格式	函 数 用 途	对应章节数
y = conv(x,h)	卷积运算	2.1节(例2.2,例2.3) 2.4节(例2.8)
y = sinc(x)	$\text{sinc}(x)=\dfrac{\sin x}{x}$	2.2节(例2.5)
angle(X)	X的相角,以rad为单位	2.3节(例2.6)
Y = fft(X,n)	n点的快速傅里叶变换	2.4节(例2.7,例2.8,例2.9,例2.10,例2.11)
y = ifft(X,n)	n点的快速傅里叶逆变换	2.4节(例2.8)
X = zeros(m,n)	产生 m×n 维全0数组	2.2节(例2.4,例2.5) 2.4节(例2.7,例2.8) 2.5节(例2.10)
Y=abs(X)	取X的绝对值	该函数贯穿全书
axis([x1 x2 y1 y2])	设置图像显示范围,限制横坐标显示范围为[x1 x2],限制纵坐标显示范围为[y1 y2]	该函数贯穿全书
xlabel(str)	给坐标轴x添加标签	该函数贯穿全书
ylabel(str)	给坐标轴y添加标签	该函数贯穿全书
title(str)	给图像添加题目	该函数贯穿全书
plot(X,Y)	连续时间绘图	该函数贯穿全书
stem(X,Y)	离散时间绘图	该函数贯穿全书
subplot(m,n,k)	同时绘制m×n幅图,当前图像放置在第k位	该函数贯穿全书

第3章

数字滤波器的设计与实现

滤波器是用来对输入信号进行滤波的硬件或软件。如果滤波器的输入、输出都是离散信号,则该滤波器的脉冲响应也必然是离散的,这样的滤波器定义为数字滤波器。数字滤波器的功能,就是把输入序列通过一定的运算变换成输出序列。

数字滤波器在数字信号处理的各种应用中发挥着十分重要的作用,它是通过对抽样数据进行数学运算处理来达到频域滤波的目的。数学运算通常有两种实现方式,一种是频域法,即利用 FFT 快速算法对输入信号进行离散傅里叶变换,分析其频谱,然后根据所希望的频率特性进行滤波,再利用 IFFT 快速算法恢复出时域信号,这种方法具有较好的频率选择特性和灵活性,并且由于信号频率与所希望的频谱特性是简单的相乘关系,它比计算等价的时域卷积要快得多。另一种方法是时域法,这种方法是对离散抽样数据做差分数学运算来达到滤波目的。

一般用两种方法实现数字滤波器:一是采用通用计算机,利用计算机的存储器、运算器和控制器把滤波器所要完成的运算编成程序通过计算机执行,也就是采用计算机软件实现;二是设计专用的数字处理硬件。

数字滤波器用硬件实现的基本部件包括延迟器、乘法器和加法器;用软件实现时,它只是一段线性卷积。软件实现的优点是系统函数具有可变性,仅依赖于算法结构,并且易于获得较理想的滤波性能。所以软件滤波在滤波器的使用中起到越来越重要的作用。

3.1 IIR 滤波器的基本结构

MATLAB 的信号处理工具箱的两个基本组成就是滤波器的设计与实现部分以及谱分析部分。工具箱提供了丰富而简单的设计来实现 FIR 和 IIR 的方法,使原来烦琐的程序设计简化成函数的调用。本章首先介绍 IIR 数字滤波器的设计方法和相关的工具箱函数。

一个 N 阶无限长单位脉冲响应(IIR)数字滤波器的系统函数可以表示为

$$H(z) = \frac{Y(z)}{X(z)} = \frac{\sum_{k=0}^{M} b_k z^{-k}}{1 - \sum_{k=1}^{N} a_k z^{-k}}$$

对应的差分方程如下,其中 a_k 和 b_k 是滤波器系数。

$$y(n) = \sum_{k=0}^{M} b_k x(n-k) + \sum_{k=1}^{N} a_k y(n-k)$$

实现同一个系统函数 $H(z)$,可以用不同的结构形式,主要的结构形式有直接Ⅰ型、直接Ⅱ型、级联型和并联型等[1]。

1. 直接Ⅰ型

从差分方程可以看出,$y(n)$ 由两部分构成,第一部分 $\sum_{k=0}^{M} b_k x(n-k)$ 表示将输入信号进行延时,组成 M 阶的延时网络,实现了系统的零点;第二部分 $\sum_{k=1}^{N} a_k y(n-k)$ 表示将输出信号进行延时,组成 N 阶的延时网络,实现了系统的极点,信号流图如图 3.1 所示。

2. 直接Ⅱ型

还可以将系统函数 $H(z)$ 改写为如下形式

$$H(z) = \left(\sum_{k=0}^{M} b_k z^{-k} \right) \frac{1}{1 - \sum_{k=1}^{N} a_k z^{-k}} = H_1(z) H_2(z)$$

将 $H_1(z)$ 和 $H_2(z)$ 互换,合并相同的延时支路,得到直接Ⅱ型结构,如图 3.2 所示。

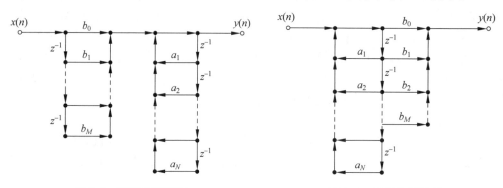

图 3.1　直接Ⅰ型结构　　　　　　图 3.2　直接Ⅱ型结构

对于 N 阶差分方程,直接Ⅰ型结构需要 $M+N$ 个延时单元,而直接Ⅱ型只需要 N 个延时单元(一般情况下 $N \geqslant M$),在软件实现时可以节省存储单元,在硬件实现时可以节省寄存器,因此直接Ⅱ型比直接Ⅰ型具有优势。

3. 级联型

一个 N 阶系统函数可以用它的零、极点表示,因为系统的系数均为实数,因此零极点为实数或者是共轭复数。可以将整个系统函数完全分解为实系数二阶因子的形式[1],即

$$H(z) = A \prod_{k=1}^{N_c} \frac{1 + b_{1k} z^{-1} + b_{2k} z^{-2}}{1 - a_{1k} z^{-1} - a_{2k} z^{-2}}$$

式中,$N_c = \text{floor}(N/2)$ 表示下取整,如 $\text{floor}(7/2) = 3$。图 3.3 所示为一个四阶 IIR 数字滤波器的级联结构。

级联结构的每一个基本节只是关系到数字滤波器的某一对极点和零点,因此调整对应的系数不会影响其他零极点。因而,级联结构的优点是便于准确地实现数字滤波器的零极

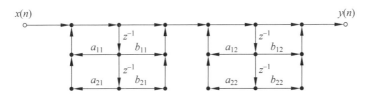

图 3.3　四阶 IIR 数字滤波器的级联结构

点,也便于调整整个数字滤波器的性能,受参数量化影响较小,因此在实际应用中多选用这种级联结构。

4. 并联型

将因式分解后的系统函数展开成部分分式形式,并将实数极点成对组合,则系统函数 $H(z)$ 可写成

$$H(z) = \sum_{k=0}^{M-N} G_k z^{-k} + \sum_{k=1}^{N_p} \frac{e_{0k} + e_{1k} z^{-1}}{1 - a_{1k} z^{-1} - a_{2k} z^{-2}}$$

同级联型一样,$N_p = \text{floor}(N/2)$。图 3.4 给出了 $M=N=4$ 时的并联型结构。

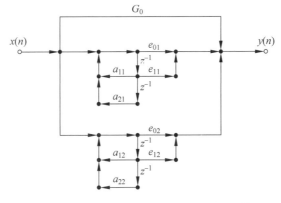

图 3.4　四阶 IIR 数字滤波器的并联型结构

在并联型结构中,改变系数可以调整极点的位置,但不能像级联型那样可以直接控制零点。在运算误差方面,由于并联型各基本环节的误差互不影响,因此误差比级联型的稍小些。

例 3.1[①]　已知 IIR 滤波器的系统函数如下所示,请给出该滤波器直接 Ⅱ 型、级联型和并联型结构。

$$H(z) = \frac{6 + 1.2z^{-1} - 0.72z^{-2} + 1.728z^{-3}}{8 - 10.4z^{-1} + 7.28z^{-2} - 2.352z^{-3}}$$

解:根据系统函数可知系统差分方程为

$$y(n) = 1.3y(n-1) - 0.91y(n-2) + 0.294y(n-3) + 0.75x(n) + 0.15x(n-1) - 0.09x(n-2) + 0.216x(n-3)$$

由差分方程可以直接画出滤波器直接 Ⅱ 型结构如图 3.5 所示。

---

① 自定义函数 tf2par 和 cplxcomp 来自陈怀琛. 数字信号处理教程——MATLAB 释义与实现(第 3 版). 北京:电子工业出版社,2013。

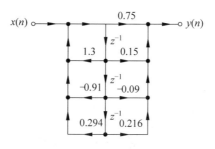

图 3.5 直接 II 型结构

函数 tf2sos 实现直接型到级联型的转换，函数名 tf2sos 表示 transfer function to second-order sections，意思是把传递函数表示成二阶节相乘的形式，MATLAB 源代码如下（见 chp3sec1_1.m）。

```
% chp3sec1_1.m IIR 滤波器直接型转级联型
% 函数 tf2sos: transfer function to second-order sections
clear;
clc;
close all;
b = [6,1.2, -0.72,1.728];      % 传递函数分子
a = [8, -10.4,7.28, -2.352];   % 传递函数分母
[sos,g] = tf2sos(b,a)
```

程序运行结果如下，g 表示级联型结构的增益，sos 存储的是级联型结构的系数，每一行表示一个二阶节信息，分子(零点)系数在前，分母(极点)系数在后。

```
sos =
    1.0000    0.8000    0         1.0000    -0.6000    0
    1.0000   -0.6000    0.3600    1.0000    -0.7000    0.4900
g =
    0.7500
```

将结果写成系统函数的形式为

$$H(z) = \frac{3}{4} \cdot \frac{1 + 0.8z^{-1}}{1 - 0.6z^{-1}} \cdot \frac{1 - 0.6z^{-1} + 0.36z^{-2}}{1 - 0.7z^{-1} + 0.49z^{-2}}$$

级联型滤波器结构如图 3.6 所示。

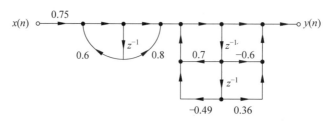

图 3.6 级联型结构

自定义函数 tf2par 实现直接型到级联型的转换,MATLAB 源代码如下(见 chp3sec1_2.m)。

```
% chp3sec1_2.m IIR滤波器直接型转并联型
clear;
clc;
close all;
b = [6,1.2, - 0.72,1.728];       % 传递函数分子
a = [8, - 10.4,7.28, - 2.352];   % 传递函数分母
[C,B,A] = tf2par(b,a)
```

程序运行结果如下,C 表示并联型结构的常数项,B 表示各部分的分子(零点)系数,A 表示对应的分母(极点)系数。

```
C =
    - 0.7347
B =
    0.0196    0.2322
    1.4651    0
A =
    1.0000   - 0.7000   0.4900
    1.0000   - 0.6000   0
```

将结果写成系统函数的形式为

$$H(z) = -0.7347 + \frac{1.4651}{1-0.6z^{-1}} + \frac{0.0196z^{-1}+0.2322}{1-0.7z^{-1}+0.49z^{-2}}$$

并联型滤波器结构如图 3.7 所示。

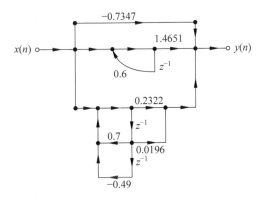

图 3.7　并联型结构

在自定义函数 tf2par 源代码如下。

```
function [C,B,A] = tf2par(b,a);
% C = 当length(b) >= length(a)时的多项式直通部分
% B = 包含各bk的K×2维实系数矩阵
% A = 包含各ak的K×3维实系数矩阵
% b = 直接型的分子多项式系数
% a = 直接型的分母多项式系数
```

```
%
M = length(b); N = length(a);
[r1,p1,C] = residuez(b,a);          % 先求系统的单根 p1,对应的留数 r1 及直接项 C
p = cplxpair(p1,1e-9);              % 用配对函数 cplxpair 由 p1 找共轭复根 p,1e-9 为容差
I = cplxcomp(p1,p);                 % 找 p1 变为 p 时的排序变化,MATLAB 无此子程序,列于后面
r = r1(I);                          % 让 r1 的排序同样变化成为 r,以保持与极点对应
% 变为二阶子系统
K = floor(N/2); B = zeros(K,2); A = zeros(K,3);   % 二阶子系统变量的初始化
if K*2 == N;                        % N 为偶,A(z)的次数为奇,有一个因子是一阶的
    for i = 1:2:N-2
        pi = p(i:i+1,:);            % 取出一对极点
        ri = r(i:i+1,:);            % 取出一对对应的留数
        [Bi,Ai] = residuez(ri,pi,[]);  % 二个极点留数转为二阶子系统分子分母系数
        B(fix((i+1)/2),:) = real(Bi);  % 取 Bi 的实部,放入系数矩阵 B 的相应行中
        A(fix((i+1)/2),:) = real(Ai);  % 取 Ai 的实部,放入系数矩阵 A 的相应行中
    end
    [Bi,Ai] = residuez(r(N-1),p(N-1),[]);  % 处理实单根
    B(K,:) = [real(Bi) 0]; A(K,:) = [real(Ai) 0];
else
                                    % N 为奇,A(z)的次数为偶,所有因子都是二阶的
    for i = 1:2:N-1
        pi = p(i:i+1,:);            % 取出一对极点
        ri = r(i:i+1,:);            % 取出一对对应的留数
        [Bi,Ai] = residuez(ri,pi,[]);  % 两个极点留数转为二阶子系统分子分母系数
        B(fix((i+1)/2),:) = real(Bi);  % 取 Bi 的实部,放入系数矩阵 B 的相应行中
        A(fix((i+1)/2),:) = real(Ai);  % 取 Ai 的实部,放入系数矩阵 A 的相应行中
    end
end
```

tf2par 还用到了自定义函数 cplxcomp,该函数用于计算复数极点 p1 变为 p2 后留数的新序号,源代码如下。

```
function I = cplxcomp(p1,p2)
% 计算复数极点 p1 变为 p2 后留数的新序号
% 本程序必须用在 cplxpair 程序之后以便重新确定频率极点向量
% 及其相应的留数向量:
%       p2 = cplxpair(p1)
%
I = [];                             % 设一个空的矩阵
for j = 1:1:length(p2)              % 逐项检查改变排序后的向量 p2
    for i = 1:1:length(p1)          % 把该项与 p1 中各项比较
        if (abs(p1(i) - p2(j)) < 0.0001)   % 看与哪一项相等
            I = [I,i];              % 把此项在 p1 中的序号放入 I
        end
    end
end
I = I';                             % 最后的 I 表示了 p2 中各元素在 p1 中的位置
```

3.2 IIR 滤波器的设计

设计典型 IIR 数字滤波器的步骤如下：
(1) 按一定规则将给出的数字滤波器的技术指标转换为模拟低通滤波器的技术指标；
(2) 根据转换后的技术指标使用滤波器阶数选择函数，确定最小阶数 N 和固定频率 Wn；
(3) 运用最小阶数 N 产生模拟滤波器原型；
(4) 运用固定频率 Wn 把模拟低通滤波器原型转换成模拟低通、高通、带通、带阻滤波器；
(5) 运用冲激响应不变法或双线性变换法把模拟滤波器转换成数字滤波器。

另外，MATLAB 信号处理工具箱提供了几个直接设计 IIR 数字滤波器的函数，它们把以上几个步骤集成一个整体，这为设计通用滤波器带来了极大的方便。这些函数应与数字滤波器的阶数选择函数配合使用，为特定的滤波器的设计返回所需的阶数 N 和固有频率 Wn。

对于一般条件下使用的滤波器，运用典型设计的方法即可满足滤波器性能的要求。但是，对一些有特殊要求的滤波器，如对于滤波器的过渡带的宽度有特殊要求，典型设计的方法就不宜使用。

3.2.1 模拟原型滤波器设计

模拟低通滤波器的振幅响应 $|H(\Omega)|$ 和设计规定如图 3.8 所示。通带为 $0 \sim \Omega_p$，通带的幅度响应规定为 1，允许的波动为 δ_1。阻带为 $\Omega_s \sim \infty$，要求的阻带衰减为 δ_2。$\Omega_p \sim \Omega_s$ 称为过渡带，在过渡带内振幅响应不做明确规定。习惯上称频率 Ω_p 为通带截止频率，称 Ω_s 为阻带截止频率。为了方便，有时把通带截止频率归一化为 1，这时滤波器成为标准形式。

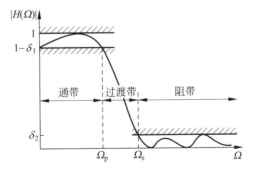

图 3.8 模拟低通滤波器的设计规定

指定低通滤波器的性能可用频率响应的幅值的平方表示。

设定 $\delta_1 = 1 - \dfrac{1}{\sqrt{1+\varepsilon^2}}$，$\delta_2 = \dfrac{1}{A^2}$，则

$$\frac{1}{\sqrt{1+\varepsilon^2}} \leqslant |H(\Omega)|^2 \leqslant 1, \quad |\Omega| < \Omega_p$$

$$0 \leqslant |H(\Omega)|^2 \leqslant \frac{1}{A^2}, \quad \Omega_s \leqslant |\Omega|$$

此时可得

$$R_p = -10\lg\frac{1}{1+\varepsilon^2}, \quad \varepsilon = \sqrt{10^{\frac{R_p}{10}}-1}$$

$$A_s = -10\lg\frac{1}{A^2}, \quad A = 10^{\frac{A_s}{20}}$$

1. Butterworth(巴特沃斯)滤波器

Butterworth 滤波器的特点是具有通带内最平坦的幅度特性,而且随着频率升高呈单调递减,因此 Butterworth 滤波器又称为"最平"的幅频响应滤波器,而且 Butterworth 滤波器也是最简单的滤波器。

Butterworth 低通滤波器是将 Butterworth 函数作为滤波器的传输函数,它的平方幅频响应函数可以表示为

$$|G(j\Omega)|^2 = \frac{1}{1+C^2(\Omega^2)^N}$$

上面的表达式中含有两个参数 C 和 N,其中 N 表示滤波器的阶数。

在设计时,当 $a_p=3$dB,一般有 $C=1$,此时可简化为

$$|G(j\Omega)|^2 = \frac{1}{1+\left(\dfrac{\Omega}{\Omega_p}\right)^{2N}}$$

MATLAB 工具箱中提供了 buttap 函数来产生低通模拟 Butterworth 滤波器,调用格式为[z,p,k]=buttap(n),n 表示滤波器阶数,z,p,k 分别表示滤波器的零点、极点和增益。下面通过一个例子具体演示。

例 3.2 绘制 Butterworth 低通模拟原型滤波器的平方幅度响应曲线,其中滤波器的阶数分别为 2,5,10,20。

解:MATLAB 源代码如下(见 chp3sec2_1.m),实验结果如图 3.9 所示。

```
% Butterworth 滤波器 chp3sec2_1.m
clear;
clc;
n = 0:0.01:2;
for i = 1:4
    switch i
        case 1
            N = 2;
        case 2
            N = 5;
        case 3
            N = 10;
        case 4
            N = 20;
    end
    [z,p,k] = buttap(N);
    [b,a] = zp2tf(z,p,k);
    [H,w] = freqs(b,a,n);
    magH2 = (abs(H)).^2;
```

```
        hold on;
        plot(w,magH2);axis([0 2 0 1]);
end
xlabel('w');ylabel('|H(jw)|^2');
title('Butterworth模拟原型滤波器平方幅度响应');
grid on;
```

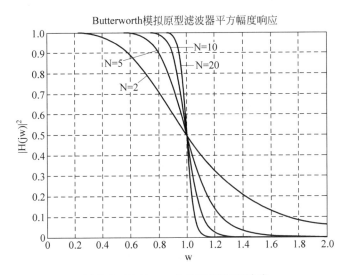

图 3.9　Butterworth 滤波器幅频响应

Butterworth 滤波器除了具有平滑单调递减的频率响应优点外,其过渡带的陡峭程度正比于滤波器的阶数,高阶的 Butterworth 滤波器的频率响应近似于理想的低通滤波器。

2. Chebyshev(切比雪夫) Ⅰ 型滤波器

Butterworth 滤波器的典型频率特性为:无论是在通带还是在阻带,幅值都随频率而单调变化,因而如果在通带边缘满足指标,则在通带内肯定会有富余量,也就是会超过指标的要求,因而并不经济。所以更有效的办法是将指标的精度要求均匀分布在通带内,或均匀分布在阻带内,或同时均匀分布在通带与阻带内,这时就可设计出阶数较低的滤波器。这种精度均匀分布的办法可以通过选择具有等波纹特性的逼近函数来完成。

Chebyshev 滤波器的幅度特性就是在一个频带中(通带或阻带)具有这种等波纹特性:一种是在通带中是等波纹的,在阻带中是单调的,称为 Chebyshev Ⅰ 型;一种是在通带内是单调的,在阻带内是等波纹的,称为 Chebyshev Ⅱ 型。

Chebyshev Ⅰ 型滤波器的特性函数为

$$|H_s(j\Omega)|^2 = \frac{1}{1+\varepsilon^2 C_N^2\left(\dfrac{\Omega}{\Omega_c}\right)}$$

其中,ε 为小于 1 的正数,它是表示通带波纹大小的一个参数,ε 越大波纹也越大。Ω/Ω_c 为 Ω 对 Ω_c 的归一化频率,Ω_c 为截止频率,也是滤波器的某一衰减分贝处的通带宽度。$C_N(x)$ 是 N 阶的 Chebyshev 多项式,可以直接查表计算[2]。Chebyshev Ⅰ 型滤波器的主要特点是在阻带内达到最大平滑。

MATLAB 工具箱中提供了 cheb1ap 函数来产生低通模拟 Chebyshev Ⅰ型滤波器,调用格式为[z,p,k]=cheb1ap(n,Rp),n 表示滤波器阶数,z,p,k 分别表示滤波器的零点、极点和增益,Rp 表示通带内的最大衰减。下面通过一个例子具体演示。

例 3.3 产生一个 15 阶的 Chebyshev Ⅰ型低通模拟滤波器原型,绘制其平方幅度响应曲线,要求通带内的最大衰减为 0.3dB。

解:MATLAB 源代码如下(见 chp3sec2_2.m),实验结果如图 3.10 所示。

```
% Chebyshev Ⅰ型 chp3sec2_2.m
clear;
clc;
n = 0:0.01:2;
[z,p,k] = cheb1ap(15,0.3);
[b,a] = zp2tf(z,p,k);
[H,w] = freqs(b,a,n);
magH2 = (abs(H)).^2;
plot(w,magH2);grid on;
axis([0 2 0 1.2]);
xlabel('w');ylabel('|H(jw)|^2');
title('Chebyshev Ⅰ型低通模拟滤波器平方幅度响应');
```

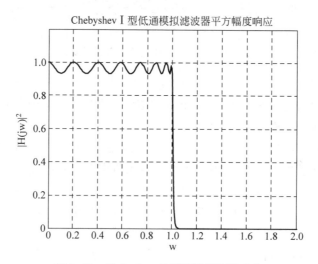

图 3.10 Chebyshev Ⅰ型滤波器幅频响应

3. Chebyshev Ⅱ型滤波器

Chebyshev Ⅱ型滤波器的特性函数为

$$|H_a(j\Omega)|^2 = \frac{1}{1+\varepsilon^2\left[\dfrac{C_N(\Omega_{st})}{C_N\left(\dfrac{\Omega_{st}}{\Omega}\right)}\right]^2}$$

其中,Ω_{st} 为阻带衰减达到规定数值的最低频率。Chebyshev Ⅱ型滤波器的主要特点就是在通带内达到最大平滑。

MATLAB 工具箱中提供了函数 cheb2ap 来产生低通模拟 Chebyshev Ⅱ型滤波器,调用格式为[z,p,k]=cheb2ap(n,Rs),n 表示滤波器阶数,z,p,k 分别表示滤波器的零点、极点和增益,Rs 表示阻带内的最大衰减。下面通过一个例子进行具体的演示。

例 3.4 设计一个 10 阶的 Chebyshev II 型低通模拟滤波器原型,绘制其平方幅度响应曲线,要求阻带内的最大衰减为 50dB。

解:MATLAB 源代码如下(见 chp3sec2_3.m),实验结果如图 3.11 所示。

```
% Chebyshev II型 chp3sec2_3.m
clear;
clc;
n = 0:0.01:2;
[z,p,k] = cheb2ap(10,50);
[b,a] = zp2tf(z,p,k);
[H,w] = freqs(b,a,n);
magH2 = (abs(H)).^2;
plot(w,magH2);grid on;
axis([0 2 0 1.2]);
xlabel('w');ylabel('|H(jw)|^2');
title('Chebyshev II型低通模拟滤波器平方幅度响应');
```

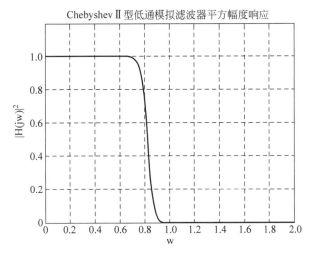

图 3.11 Chebyshev II 型滤波器幅频响应

4. 椭圆滤波器

椭圆滤波器的特性函数为

$$|H(j\Omega)|^2 = \frac{1}{1+\varepsilon^2 U_N^2\left(\frac{\Omega}{\Omega_0}\right)}$$

其中,$U_N(x)$ 为 N 阶雅可比椭圆函数。

MATLAB 工具箱中提供了函数 ellipap 来产生低通模拟椭圆滤波器,调用格式为[z,p,k]=ellipap(n,Rp,Rs),n 表示滤波器阶数,z,p,k 分别表示滤波器的零点、极点和增益,Rp 表示通带内的最大衰减,Rs 表示阻带内的最小衰减。下面通过一个例子具体演示。

例 3.5 设计一个三阶低通模拟椭圆滤波器,绘制其平方幅度响应曲线,要求通带内的最大衰减为 3dB,阻带内的最小衰减为 40dB。

解：MATLAB 源代码如下（见 chp3sec2_4.m），实验结果如图 3.12 所示。

```
% 椭圆滤波器 chp3sec2_4.m
clear;
clc;
n = 0:0.01:2;
[z,p,k] = ellipap(3,3,40);
[b,a] = zp2tf(z,p,k);
[H,w] = freqs(b,a,n);
magH2 = (abs(H)).^2;
plot(w,magH2);grid on;
axis([0 2 0 1.2]);
xlabel('w');ylabel('|H(jw)|^2');
title('椭圆低通模拟滤波器平方幅度响应');
```

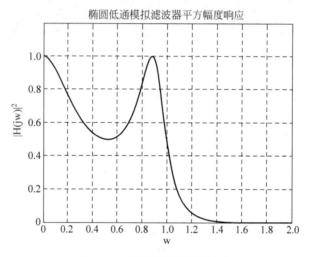

图 3.12 椭圆滤波器幅频响应

3.2.2 频率变换

归一化模拟原型滤波器设计完成之后，就可以进行典型滤波器设计的第二个步骤，通过频率转换成所需要类型（低通、高通、带通、带阻）的模拟滤波器。也就是说，设计模拟低通、高通、带通及带阻滤波器，要先将其技术指标通过某种频率转换方法转换成模拟低通滤波器的技术指标，并依据这些技术指标设计出低通滤波器的转移函数，然后再依据频率转换关系变成所要设计的滤波器的转移函数。

符号 $H_1(z)$ 表示原型低通数字滤波器的系统函数，$H_d(p)$ 表示所希望的任何类型数字滤波器系统函数，如果能找到变换关系

$$z^{-1} = f(p^{-1})$$

就可以将已知的 $H_1(z)$ 变换到 $H_d(z)$，即

$$H_d(p) = H_1(z)\big|_{z^{-1}=f(p^{-1})} = H_1[f^{-1}(p^{-1})]$$

为使一个稳定、因果的原型滤波器 $H_1(z)$ 变换成一个稳定、因果和有理的所需类型的滤波器 $H_d(p)$，必须满足两个要求：①函数 $f(p^{-1})$ 是 p^{-1} 或 p 的有理函数；②z 平面单位

圆必须映射为 p 平面单位圆。如令 $z=\mathrm{e}^{\mathrm{j}\theta}$，$p=\mathrm{e}^{\mathrm{j}\omega}$，则必须有
$$\mathrm{e}^{-\mathrm{j}\theta} = f(\mathrm{e}^{-\mathrm{j}\omega})$$
或者说
$$|f(\mathrm{e}^{-\mathrm{j}\omega})| = 1$$
$$\theta = -\arg[f(\mathrm{e}^{-\mathrm{j}\omega})]$$

上述方程规定了 p 平面和 z 平面之间的频率关系。可以证明满足上述要求的函数 $f(z^{-1})$ 的最一般的形式为
$$f(p^{-1}) = \mathrm{e}^{\mathrm{j}\theta_0} \prod_{k=1}^{N} \frac{p^{-1} - a_k}{1 - a_k^* p^{-1}}$$
式中，a_k^* 为 a_k 的复共轭，对于实滤波器，a_k 为实数或共轭成对出现，且
$$\theta_0 = \pm\pi, \quad \mathrm{e}^{\mathrm{j}\theta_0} = \pm 1$$
代入可得
$$f(p^{-1}) = \pm \prod_{k=1}^{N} \frac{p^{-1} - a_k}{1 - a_k^* p^{-1}}$$

为使滤波器稳定，$|a|$ 必须小于 1。通过选择适当的 N 值和常数 a_k，可以得到一组映射关系。最简单的情况是由模拟低通滤波器转换为数字低通滤波器的关系
$$z^{-1} = f(p^{-1}) = \frac{p^{-1} - a}{1 - a p^{-1}}$$
代入 $z=\mathrm{e}^{\mathrm{j}\theta}$，$p=\mathrm{e}^{\mathrm{j}\omega}$ 可得
$$\mathrm{e}^{-\mathrm{j}\theta} = \frac{\mathrm{e}^{-\mathrm{j}\omega} - a}{1 - a\mathrm{e}^{-\mathrm{j}\omega}}$$
代入上式可解得
$$\omega = \arctan\left[\frac{(1-a^2)\sin\theta}{2a + (1+a^2)\cos\theta}\right]$$
将 θ_c 和 ω_c 代入上式，可以确定参数 a
$$a = \frac{\sin\left(\dfrac{\theta_c - \omega_c}{2}\right)}{\sin\left(\dfrac{\theta_c + \omega_c}{2}\right)}$$

如果已知 θ_c 和 ω_c，可以求得 a，或者已知 θ_c 和 a，可以求得 ω_c。

利用上述方法由一个已知的模拟低通滤波器 $H_1(z)$ 得到所需的 $H_d(p)$，$H_1(z)$ 和 $H_d(p)$ 的截止频率分别为 θ_c 和 ω_c，用前面的方法求得 a，并代入下式，
$$H_d(p) = H_1(z)\Big|_{z^{-1} = \frac{p^{-1} - a}{1 - a p^{-1}}}$$

用类似的方法，还可以得到低通到高通，低通到带通，低通到带阻的对应变换关系，具体见表 3.1，表中 θ_c 始终表示低通原型滤波器截止频率[1,2]。

表 3.1 根据模拟低通滤波器原型设计各类滤波器

滤波器类型	变换函数公式	相应的设计公式
低通原型→低通	$z^{-1} = \dfrac{p^{-1} - a}{1 - a p^{-1}}$	$a = \dfrac{\sin\left(\dfrac{\theta_c - \omega_c}{2}\right)}{\sin\left(\dfrac{\theta_c + \omega_c}{2}\right)}$ ω_c：变换后低通滤波器截止频率

续表

滤波器类型	变换函数公式	相应的设计公式
低通原型→高通	$z^{-1} = -\dfrac{p^{-1}+a}{1+ap^{-1}}$	$a = -\dfrac{\cos\left(\dfrac{\theta_c - \omega_c}{2}\right)}{\cos\left(\dfrac{\theta_c + \omega_c}{2}\right)}$ ω_c:变换后高通滤波器截止频率
低通原型→带通	$z^{-1} = -\dfrac{p^{-2} - \dfrac{2ak}{k+1}p^{-1} + \dfrac{k-1}{k+1}}{\dfrac{k-1}{k+1}p^{-2} - \dfrac{2ak}{k+1}p^{-1} + 1}$	$a = \dfrac{\cos\left(\dfrac{\omega_{c2}+\omega_{c1}}{2}\right)}{\cos\left(\dfrac{\omega_{c2}-\omega_{c1}}{2}\right)}$ $k = \dfrac{\tan\dfrac{\theta_c}{2}}{\tan\left(\dfrac{\omega_{c2}+\omega_{c1}}{2}\right)}$ ω_{c1} 和 ω_{c2}:变换后带通滤波器的上、下截止频率
低通原型→带阻	$z^{-1} = -\dfrac{p^{-2} - \dfrac{2ak}{k+1}p^{-1} + \dfrac{k-1}{k+1}}{\dfrac{k-1}{k+1}p^{-2} - \dfrac{2ak}{k+1}p^{-1} + 1}$	$a = \dfrac{\cos\left(\dfrac{\omega_{c2}+\omega_{c1}}{2}\right)}{\cos\left(\dfrac{\omega_{c2}-\omega_{c1}}{2}\right)}$ $k = \tan\dfrac{\theta_c}{2}\tan\left(\dfrac{\omega_{c2}+\omega_{c1}}{2}\right)$ ω_{c1} 和 ω_{c2}:变换后带阻滤波器的上、下截止频率

MATLAB 的信号处理工具箱为实现从低通滤波器向低通、高通、带通和带阻滤波器的转换提供了非常方便、简洁的函数。

1. 从低通到低通的转换 lp2lp

lp2lp 函数可将截止频率为 1rad/s 的模拟低通滤波器原型转换为截止频率为 Wn 的低通滤波器。lp2lp 函数有两种表示形式:传递函数形式和状态空间形式,但是输入系统必须为模拟滤波器原型。

[bt,at]=lp2lp(b,a,Wn)可以将传递函数表示的模拟低通滤波器原型转换成低通滤波器,其截止频率为 Wn,bt 和 at 表示变换之后的低通滤波器传递函数的系数,b 和 a 表示滤波器原型传递函数的系数,定义如下

$$H(s) = \frac{b(s)}{a(s)} = \frac{b(1)s^n + \cdots + b(n)s + b(n+1)}{a(1)s^m + \cdots + a(m)s + a(m+1)}$$

[At,Bt,Ct,Dt]=lp2lp(A,B,C,D,Wn)可以将以连续方程表示的低通滤波器原型转换为截止频率为 Wn 的低通滤波器,At,Bt,Ct,Dt 表示变换之后的状态空间参数,A,B,C,D 分别表示滤波器原型的状态空间参数,定义如下

$$\begin{cases} x' = Ax + Bu \\ y' = Cx + Du \end{cases}$$

2. 从低通到高通的转换 lp2hp

lp2hp 函数可将截止频率为 1rad/s 的模拟低通滤波器原型转换为截止频率为 Wn 的高通滤波器。lp2hp 函数有两种表示形式:传递函数形式和状态空间形式,但是输入系统必须为模拟滤波器原型。

[bt,at]＝lp2hp(b,a,Wn)可以将传递函数表示的模拟低通滤波器原型转换成高通滤波器,其截止频率为 Wn,bt 和 at 表示变换之后的高通滤波器传递函数的系数,b 和 a 表示滤波器原型传递函数的系数,具体定义同 lp2lp 函数。

[At,Bt,Ct,Dt]＝lp2hp(A,B,C,D,Wn)可以将以连续方程表示的低通滤波器原型转换为截止频率为 Wn 的高通滤波器,At,Bt,Ct,Dt 表示变换之后的状态空间参数,A,B,C,D 分别表示滤波器原型的状态空间参数,具体定义同 lp2lp 函数。

3. 从低通到带通的转换 lp2bp

lp2bp 函数可将截止频率为 1rad/s 的模拟低通滤波器原型转换为具有指定带宽 Bw 和中心频率为 Wn 的带通滤波器。lp2bp 函数有两种表示形式:传递函数形式和状态空间形式,但是输入系统必须为模拟滤波器原型。

[bt,at]＝lp2bp(b,a,Wn,Bw)可以将传递函数表示的模拟低通滤波器原型转换成带通滤波器,其中心频率为 Wn,带宽为 Bw,bt 和 at 表示变换之后的带通滤波器传递函数的系数,b 和 a 表示滤波器原型传递函数的系数,具体定义同 lp2lp 函数。

如果要求滤波器的低端截止频率为 w1,高端截止频率为 w2,则可计算出 Wn 和 Bw 为

$$Wn = \sqrt{w1w2}$$
$$Bw = w2 - w1$$

[At,Bt,Ct,Dt]＝lp2bp(A,B,C,D,Wn,Bw)可以将以连续方程表示的低通滤波器原型转换为中心频率为 Wn 的带通滤波器,带宽为 Bw。At、Bt、Ct、Dt 表示变换之后的状态空间参数,A、B、C、D 分别表示滤波器原型的状态空间参数,具体定义同 lp2lp 函数。

4. 从低通到带阻的转换 lp2bs

lp2bs 函数可将截止频率为 1rad/s 的模拟低通滤波器原型转换为具有指定带宽 Bw 和中心频率为 Wn 的带阻滤波器。lp2bs 函数有两种表示形式:传递函数形式和状态空间形式,但是输入系统必须为模拟滤波器原型。

[bt,at]＝lp2bs(b,a,Wn,Bw)可以将传递函数表示的模拟低通滤波器原型转换成带阻滤波器,其中心频率为 Wn,带宽为 Bw,bt 和 at 表示变换之后的带通滤波器传递函数的系数,b 和 a 表示滤波器原型传递函数的系数,具体定义同 lp2lp 函数。

如果要求滤波器的低端截止频率为 w1,高端截止频率为 w2,则 Wn 和 Bw 的计算与函数 lp2bp 一致。

[At,Bt,Ct,Dt]＝lp2bs(A,B,C,D,Wn,Bw)可以将以连续方程表示的低通滤波器原型转换为中心频率为 Wn 的带阻滤波器,带宽为 Bw。At、Bt、Ct、Dt 表示变换之后的状态空间参数,A、B、C、D 分别表示滤波器原型的状态空间参数,具体定义同 lp2lp 函数。

可以看出,4 种转换函数 lp2lp,lp2hp,lp2bp 和 lp2bs 的定义和用法都非常相似,也非常便于记忆:l 表示"低"(low),h 表示"高"(high),b 表示"带"(band),p 表示"通"(pass),s 表示"阻"(stop),2(two)就是英文 to 的谐音表示。下面通过一个例子进行具体演示。

例 3.6 设计一个三阶模拟低通滤波器,通带内最大衰减为 3dB,在阻带内的最大衰减为 40dB,截止频率为 8πrad,再把它转换为截止频率为 50πrad 的高通滤波器,绘出它们的频率响应图。

解:MATLAB 源代码如下(见 chp3sec2_5.m),实验结果如图 3.13 和图 3.14 所示。

```
%频率变换 chp3sec2_5.m
clear;
clc;
[z,p,k] = ellipap(3,3,40);                  %模拟低通滤波器
[A,B,C,D] = zp2ss(z,p,k);
[At,Bt,Ct,Dt] = lp2lp(A,B,C,D,8*pi);        %低通 ->低通
[num,den] = ss2tf(At,Bt,Ct,Dt);
freqs(num,den); title('低通转低通');
figure;
[At1,Bt1,Ct1,Dt1] = lp2hp(A,B,C,D,50*pi);   %低通 ->高通
[num1,den1] = ss2tf(At1,Bt1,Ct1,Dt1);
freqs(num1,den1); title('低通转高通');
```

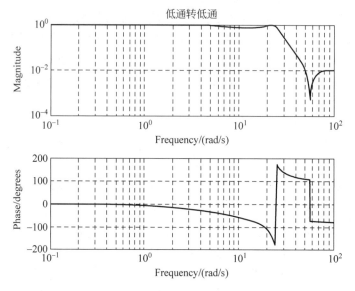

图 3.13　三阶椭圆低通滤波器的频率响应

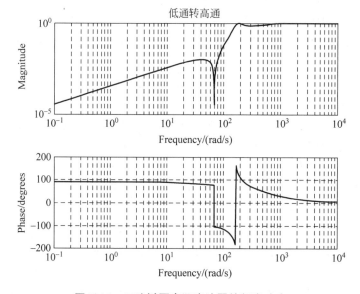

图 3.14　三阶椭圆高通滤波器的频率响应

在上面这段程序中用到了一次模拟滤波器生成(ellipap),三次线性系统表示形式的转换(zp2ss 和 ss2tf),以及两次滤波器类型的转换(lp2lp 和 lp2hp)。

3.2.3 滤波器的映射

1. 脉冲响应不变法

脉冲响应不变法的基本原理是从滤波器的冲激响应出发,对具有传递函数 $H(s)$ 的模拟滤波器的冲激响应 $h(t)$,以周期 T 抽样所得到的离散序列 $h(nT)$ 为数字滤波器的冲激响应。

对下式

$$h(t) = \sum_{n=0}^{\infty} h(nT)\delta(t-nT)$$

进行拉普拉斯变换,得到

$$H(s) = \sum_{n=0}^{\infty} h(nT)\mathrm{e}^{-nT_s}$$

由于 $H(s)$ 是 e^{sT} 的函数,令 $z = \mathrm{e}^{sT}$ 可得

$$H(z) = \sum_{n=0}^{\infty} h(nT)z^{-n}$$

这样就得到了从 s 域到 z 域的变换。这实际上是拉普拉斯变换到 z 变换的标准变换,或者称为冲激响应不变的变换。上式是非递归的,但是如果 $H(s)$ 是 s 的有理函数,即

$$H(s) = \frac{\sum_{k=0}^{M} c_k s^k}{\sum_{k=1}^{N} d_k s^k}, \quad M < N$$

则根据冲激响应不变的变换原理,$H(z)$ 也是一个有理函数,这样就可以用递归形式实现 IIR 滤波器。现在,将 $H(s)$ 用部分分式展开,并设 $H(s)$ 无重极点,则

$$H(s) = \sum_{k=1}^{N} \frac{A_k}{s - s_{pk}}$$

式中,A_k 是 $s = s_{pk}$ 的留数,即 $A_k = \lim\limits_{s = s_{pk}}(s - s_{pk})H(s)$,此时模拟滤波器 $H(s)$ 的冲激响应是

$$h(t) = \begin{cases} \sum_{k=1}^{N} A_k \mathrm{e}^{s_{pk}T} & t \geqslant 0 \\ 0 & t < 0 \end{cases}$$

因此,可得数字滤波器的系统函数为

$$H(z) = \sum_{n=0}^{\infty} h(nT)z^{-n} = \sum_{k=1}^{N} \frac{A_k}{1 - \mathrm{e}^{s_{pk}T}z^{-1}}$$

通过上述过程可以看出:$H(z)$ 是 $H(s)$ 通过下面的对应关系得到的

$$\frac{1}{s - s_{pk}} \Leftrightarrow \frac{1}{1 - \mathrm{e}^{s_{pk}T}z^{-1}}$$

脉冲响应不变法的特点为:①模拟频率与数字频率之间的转换是线性的,并保持了模拟滤波器的时域瞬态特性,这是脉冲响应不变法的优点;②当模拟滤波器频率响应不是严格带限时,用脉冲响应不变法设计出的数字滤波器在频域出现混叠现象,这是脉冲响应不变

法的缺点。故设计的滤波器性能要求比较高时,不宜使用该方法。

MATLAB 信号处理工具箱提供了函数 impinvar,可采用脉冲响应不变法实现模拟滤波器到数字滤波器的转换。[bz,az]=impinvar(b,a,fs)可以将模拟滤波器(b,a)变换为数字滤波器(bz,az),两者的冲激响应不变。即模拟滤波器的冲激响应按 fs 抽样后等同于数字滤波器的冲激响应,输入参数 fs 的默认值为 1Hz。下面通过一个例子进行具体的演示。

例 3.7 设 Butterworth 低通模拟原型滤波器的通带波纹 $R_p=1\mathrm{dB}$,通带上限频率为 $\omega_p=0.2\pi$,下限频率为 $\omega_s=0.3\pi$,阻带的最小衰减为 15dB。根据该低通模拟滤波器,利用脉冲响应不变法设计相应的数字低通滤波器,并画出设计后的数字低通滤波器的特性曲线(包括幅频、相频、群延迟)。

解: 数字滤波器的单位抽样响应 $h(n)$ 恰好等于 $h(t)$ 的采样值,即

$$h(n) = h(t)\Big|_{t=nT_s} = h(t)\sum_{n=0}^{\infty}\delta(t-nT_s) = h(nT_s)$$

其中 T_s 为采样周期,对应有

$$H(\mathrm{e}^{\mathrm{j}\omega}) = \frac{1}{T_s}\sum_{k=-\infty}^{\infty} H(\mathrm{j}\Omega - \mathrm{j}k\Omega_s)$$

其中 $\omega=\Omega T_s$。

MATLAB 源代码如下(见 chp3sec2_6.m),实验结果如图 3.15 所示。

```
% 脉冲响应不变法设计数字滤波器 chp3sec2_6.m
clear;
clc;
wp = 0.2 * pi;
ws = 0.3 * pi;
Rp = 1;
As = 15;
T = 1;
Rip = 10 ^ ( - Rp/20);
Atn = 10 ^ ( - As/20);
OmgP = wp * T;
OmgS = ws * T;
[N, OmgC] = buttord(OmgP, OmgS, Rp, As, 's');
[cs, ds] = butter(N, OmgC, 's');
[b, a] = impinvar(cs, ds, T);
[dB, mag, pha, grd, w] = freqz_m(b, a);
% 绝对幅频响应
subplot(2,2,1);
plot(w/pi,mag),title('幅频特性'),xlabel('w/\pi'),ylabel('|H(jw)|');
axis([0 1 0 1.1]);grid on;
set(gca,'XTickMode','manual','XTick',[0 0.2 0.3 0.5 1]);
set(gca,'YTickMode','manual','YTick',[0 Atn Rip 1]);
% 用 dB 表示的幅频响应
subplot(2,2,2);
plot(w/pi,dB),title('幅频特性/dB'),xlabel('w/\pi'),ylabel('|H(jw)|');
axis([0 1 -40 5]);grid on;
set(gca,'XTickMode','manual','XTick',[0 0.2 0.3 0.5 1]);
set(gca,'YTickMode','manual','YTick',[-40 -As -Rp 0]);
```

```
% 相位响应
subplot(2,2,3);
plot(w/pi,pha/pi),title('相频特性'),xlabel('w/\pi'),ylabel('pha(\pi)');
axis([0 1 -1 1]);grid on;
set(gca,'XTickMode','manual','XTick',[0 0.2 0.3 0.5 1]);
% 群延迟
subplot(2,2,4);
plot(w/pi,grd),title('群延迟'),xlabel('w/\pi'),ylabel('Group Delay');
axis([0 1 0 12]);grid on;
set(gca,'XTickMode','manual','XTick',[0 0.2 0.3 0.5 1]);
```

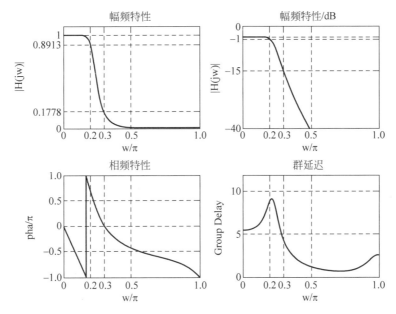

图 3.15 采用脉冲响应不变法得到的数字低通滤波器特性曲线

其中,freqz_m 为自定义函数,源代码如下。

```
function[dB,mag,pha,grd,w] = freqz_m(b,a)
% 滤波器的幅频响应、相位响应和群延迟
% dB 用 dB 表示的幅频响应
% mag 幅频响应的绝对值
% pha 相位响应
% grd 群延迟
% b,a 系统传递函数对应的系数
% w 采样频率
[H,w] = freqz(b,a,1000,'whole');
H = (H(1:501))';
w = (w(1:501))';
mag = abs(H);
dB = 20 * log10((mag + eps)/max(mag));
pha = angle(H);
grd = grpdelay(b,a,w);
```

2. 双线性变换法

为了克服脉冲响应不变法产生的频率混叠现象，需要使 s 平面与 z 平面建立一一映射关系，即求出 $s=f(z)$，然后将它代入 $H(s)$ 就可以求得 $H(z)$，即

$$H(z) = H(s)\big|_{s=f(z)}$$

为了得到 $s=f(z)$ 的函数关系，先从模拟滤波器的传递函数 $H(s)$ 开始

$$H(s) = \frac{\sum_{k=0}^{M} c_k s^k}{\sum_{k=1}^{N} d_k s^k}, \quad M<N$$

将 $H(s)$ 展开为部分分式，设无重极点，则

$$H(s) = \sum_{k=1}^{N} \frac{A_k}{s-s_{pk}}$$

上式意味着模拟输入 $x(t)$ 和输出 $y(t)$ 之间有如下关系

$$y'(t) - s_p y(t) = A x(t)$$

用 $[y(n)-y(n-1)]/T$ 代替 $y'(t)$，$[y(n)-y(n-1)]/2$ 代替 $y(t)$，$[x(n)-x(n-1)]/2$ 代替 $x(t)$，则可写出对应的差分方程

$$\frac{1}{T}[y(n)-y(n-1)] - \frac{s_p}{2}[y(n)-y(n-1)] = \frac{A}{2}[x(n)-x(n-1)]$$

对两边取 z 变换可得

$$H(z) = \frac{Y(z)}{X(z)} = \frac{A}{\frac{2}{T}\frac{1-z^{-1}}{1+z^{-1}} - s_p}$$

从上式可得到双线性变换的基本关系如下

$$\begin{cases} s = \dfrac{2}{T}\dfrac{1-z^{-1}}{1+z^{-1}} \\ z = \dfrac{\frac{2}{T}+s}{\frac{2}{T}-s} \end{cases}$$

MATLAB 信号处理工具箱提供了函数 bilinear 实现双线性变换。

[zd,pd,kd]=bilinear(z,p,k,fs) 把模拟滤波器的零极点模型转换为数字滤波器的零极点模型，其中 fs 是抽样频率。

[numd,dend]=bilinear(num,den,fs) 把模拟滤波器的传递函数模型转换为数字滤波器的传递函数模型，其中 fs 是抽样频率。

[Ad,Bd,Cd,Dd]=bilinear(A,B,C,D,fs) 把模拟滤波器的状态方程模型转换为数字滤波器的状态方程模型，其中 fs 是抽样频率。

以上三种形式，都可以增加一个参数 fp(预畸变频率)，在进行双线性变换之前，对抽样频率进行预畸变，以保证频率冲激响应在双线性变换前后具有良好的单值映射关系。下面通过两个例子进行具体的演示。

例 3.8 设计一个数字信号处理系统，抽样频率 $F_s=100$Hz，在该系统设计一个 Butterworth 型高通滤波器，使其在通带内允许的最小衰减为 0.5dB，阻带内的最小衰减为

40dB，通带上限临界频率为30Hz，阻带下限临界频率为40Hz。

解：MATLAB源代码如下（见chp3sec2_7.m），实验结果如图3.16所示。

```
% 双线性变换法 chp3sec2_7.m
clear;
clc;
wp = 30 * 2 * pi;
ws = 40 * 2 * pi;
rp = 0.5;
rs = 40;
Fs = 100;
[N,Wn] = buttord(wp,ws,rp,rs,'s');   % 滤波器阶数选择
[z,p,k] = buttap(N);                 % Butterworth低通滤波器原型
[A,B,C,D] = zp2ss(z,p,k);            % 零极点 ->状态方程
[At,Bt,Ct,Dt] = lp2hp(A,B,C,D,Wn);   % 低通 ->高通
[num1,den1] = ss2tf(At,Bt,Ct,Dt);
[num2,den2] = bilinear(num1,den1,100);  % 双线性变换
[H,W] = freqz(num2,den2);
plot(W * Fs/2/pi,abs(H));
grid on;
xlabel('频率/Hz');ylabel('幅值');
```

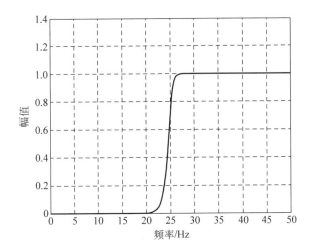

图3.16 Butterworth型高通滤波器的频率响应

例3.9 试用双线性变换法设计一个ChebyshevⅡ型高通滤波器，使其幅频特性逼近一个具有以下技术指标的模拟ChebyshevⅡ型高通滤波器：$\omega_s = 2\pi \times 1\text{kHz}$，$\omega_p = 2\pi \times 1.4\text{kHz}$，在$\omega_s$处的最小衰减为1.5dB，在$\omega_p$处的最大衰减不超过0.3dB，抽样频率为20kHz。

解：MATLAB源代码如下（见chp3sec2_8.m），实验结果如图3.17所示。

```
% 双线性变换法 chp3sec2_8.m
clear;
clc;
ws = 2 * pi * 1000; ws1 = ws * 2 * pi;
wp = 2 * pi * 1400; wp1 = wp * 2 * pi;
rp = 0.3; rs = 15; Fs = 20000;
```

```
[N,Wn] = cheb2ord(wp1,ws1,rp,rs,'s');
[z,p,k] = cheb2ap(N,rs);
[A,B,C,D] = zp2ss(z,p,k);
[At,Bt,Ct,Dt] = lp2hp(A,B,C,D,Wn);
[At1,Bt1,Ct1,Dt1] = bilinear(At,Bt,Ct,Dt,Fs);
[num,den] = ss2tf(At1,Bt1,Ct1,Dt1);
[H,W] = freqz(num,den);
plot(W*Fs/2/pi,abs(H));
grid on;
xlabel('频率/Hz');ylabel('幅值');
```

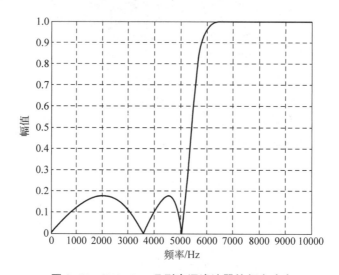

图 3.17 Chebyshev Ⅱ 型高通滤波器的频率响应

下面再通过一个例子比较一下脉冲响应不变法和双线性变换法设计数字滤波器。

例 3.10 请分别采用脉冲响应不变法和双线性变换法设计一个 IIR 低通滤波器，要求以小于 1dB 的衰减通过 100Hz 信号，以大于 40dB 的衰减抑制 150Hz 的信号，采样率为 1000Hz。

解：脉冲响应不变法是使数字滤波器的单位冲激响应序列 $h(n)$ 模仿模拟电路滤波器的冲激响应 $h_a(t)$。将模拟滤波器的冲激响应加以等间隔抽样，使 $h(n)$ 正好等于抽样值，即满足：

$$h(n) = h_a(nT)$$

其中，T 是抽样周期。

双线性变换法是使数字滤波器的频率响应与模拟滤波器的频率响应相似的一种变换方法。先把整个 s 平面压缩变换到某一中介平面 s_1 的一条横带里(宽度为 $2\pi/T$)，再通过标准变换关系 $z=e^{s_1 T}$ 将此横带变换到整个 z 平面上去。

MATLAB 源代码如下(见 chp3sec2_9.m)，实验结果如图 3.18 所示。

```
% 脉冲响应不变法和双线性变换法的比较 chp3sec2_9.m
clear;
clc;
```

```matlab
close all;
%% 模拟滤波器技术指标
Fs = 1 * 1e3;
OmegaP = 2 * pi * 100;
OmegaS = 2 * pi * 150;
Rp = 1;                %通带最大衰减
As = 40;               %阻带最小衰减
%% 数字滤波器技术指标
wp = OmegaP/Fs;
ws = OmegaS/Fs;
w0 = [wp,ws];          %数字临界频率
%% 模拟滤波器设计(脉冲响应不变法)
% 巴特沃斯型
% [N,OmegaC] = buttord(OmegaP,OmegaS,Rp,As,'s');
% [b,a] = butter(N,OmegaC,'s');

% 切比雪夫Ⅰ型
% [N,OmegaC] = cheb1ord(OmegaP,OmegaS,Rp,As,'s');
% [b,a] = cheby1(N,Rp,OmegaC,'s');

% 切比雪夫Ⅱ型
[N,OmegaC] = cheb2ord(OmegaP,OmegaS,Rp,As,'s');
[b,a] = cheby2(N,As,OmegaC,'s');

%脉冲响应不变法 H(s) -> H(z)
[bz,az] = impinvar(b,a,Fs);
[H,w] = freqz(bz,az);

% 检验衰减指标
Hx = freqz(bz,az,w0);
dbHx = -20 * log10(abs(Hx)/max(abs(H)))

% 数字滤波器指标
[db,mag,pha,grd,w] = freqz_m(bz,az);
plot(Fs * w/pi/2,db);
hold on;
%% 模拟滤波器设计(双线性变换法)
% 频率预畸
OmegaP1 = 2 * Fs * tan(wp/2);
OmegaS1 = 2 * Fs * tan(ws/2);

% 巴特沃斯型
% [N,OmegaC] = buttord(OmegaP1,OmegaS1,Rp,As,'s');
% [b,a] = butter(N,OmegaC,'s');

% 切比雪夫Ⅰ型
% [N,OmegaC] = cheb1ord(OmegaP1,OmegaS1,Rp,As,'s');
% [b,a] = cheby1(N,Rp,OmegaC,'s');
```

```
% 切比雪夫Ⅱ型
[N,OmegaC] = cheb2ord(OmegaP1,OmegaS1,Rp,As,'s');
[b,a] = cheby2(N,As,OmegaC,'s');

% 双线性变换法 H(s)->H(z)
[bz,az] = bilinear(b,a,Fs);
[H,w] = freqz(bz,az);

% 检验衰减指标
Hx = freqz(bz,az,w0);
dbHx = -20*log10(abs(Hx)/max(abs(H)))
% 数字滤波器指标
[db,mag,pha,grd,w] = freqz_m(bz,az);
plot(Fs*w/pi/2,db);

legend('脉冲响应不变法','双线性变换法');
grid on;
ylabel('幅度/dB');xlabel('频率/Hz');
```

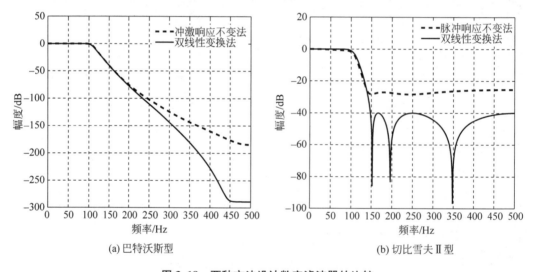

图 3.18　两种方法设计数字滤波器的比较

从图 3.18 可以看出，如果模拟原型滤波器采用巴特沃斯型（$N=12$ 阶），那么两种变换方法的衰减特性都可以满足设计要求。如果模拟原型滤波器采用切比雪夫Ⅱ型（$N=6$ 阶），则双线性变换法得到的衰减特性满足设计要求，而脉冲响应不变法未能达到对 150Hz 频率分量衰减 40dB 的要求。

这是由这两种方法各自的特点决定的：脉冲响应不变法得到的频率响应是模拟滤波器频率响应的周期延拓，当其频率响应不是带限时就会造成混叠失真；双线性变换法的 s 平面与 z 平面是一一对应的，消除了多值变换性，也就消除了频谱的混叠失真。但模拟频率与数字频率的非线性特性使得频率标度弯曲，不能保持原模拟滤波器的相频特性。因此，在实际使用中，应该根据使用场合的要求选择合适的 IIR 滤波器设计方法以满足指标要求。

3.3 完全滤波器的设计

MATLAB 信号处理工具箱提供了几个直接设计 IIR 数字滤波器的函数,它们把设计典型滤波器的几个步骤集成了一个函数,直接调用就可以设计出滤波器,这就叫作完全滤波器设计,这为我们设计滤波器提供了非常大的方便。这些函数应与数字滤波器阶数选择配合使用,为特定的滤波器的设计返回所需的阶数和固有频率。对于一般条件下使用的滤波器,运用完全设计的方法就可以满足滤波器性能的要求。下面以 Butterworth 滤波器设计为例介绍完全滤波器的设计。

MATLAB 信号处理工具箱提供了函数 butter 设计 Butterworth 滤波器,可以设计低通、高通、带通和带阻的数字和模拟滤波器,其特性为使通带内的幅度响应最大限度的平坦,这会损失截止频率处的下降斜度。在期望通带平滑的情况下,可以使用 Butterworth 滤波器,但在下降斜度大的场合,应使用椭圆和 Chebyshev I 型滤波器。

[b,a]=butter(n,Rp,Wn)可以设计出 n 阶低通数字 Butterworth 滤波器,其中截止频率由 Wn 确定,通带内波纹由 Rp 确定,滤波器的系统函数为

$$H(z) = \frac{B(z)}{A(z)} = \frac{b(1)+b(2)z^{-1}+\cdots+b(n+1)z^{-n}}{1+a(2)z^{-1}+\cdots+a(n+1)z^{-n}}$$

截止频率是滤波器幅度下降到 Rp 分贝处的频率,且是归一化之后的范围[0,1]。通带波纹 Rp 越小,可得到更宽的变换宽度。

[b,a]=butter(n,Wn,Rp,'ftype')可设计高通、低通、带通和带阻滤波器,ftype 分别取值为 high、low、band 和 stop 即可。

[b,a]=butter(n,Wn,Rp,'s')可以设计出 n 阶低通、高通、带通和带阻模拟 Butterworth 滤波器,其中截止频率由 Wn 确定,通带内波纹由 Rp 确定,滤波器的系统函数为

$$H(s) = \frac{B(s)}{A(s)} = \frac{b(1)s^n+b(2)s^{n-1}+\cdots+b(n+1)}{s^n+a(2)s^{n-1}+\cdots+a(n+1)}$$

用 butter 函数设计模拟滤波器时,其用法与前面讲过的 buttap 基本相同,注意此时 Wn 必须以弧度为单位。

除了传递函数形式,butter 函数输出还可以有零极点增益形式和状态方程形式。下面通过例题对 butter 函数进行演示。

例 3.11 运用完全设计方法,设计一个低通 Butterworth 数字滤波器,设计指标如下:$W_p=30\text{Hz}, W_s=35\text{Hz}, R_p=0.5\text{dB}, R_s=40\text{dB}, F_s=100\text{Hz}$。

解: MATLAB 源代码如下(见 chp3sec3_1.m),实验结果如图 3.19 所示。

```
% Buttrerworth 滤波器设计 chp3sec3_1.m
clear;
clc;
wp = 30;ws = 35;Fs = 100;rp = 0.5;rs = 40;Fs = 100;
[n,Wn] = buttord(wp/(Fs/2),ws/(Fs/2),rp,rs,'z');
[num,den] = butter(n,Wn);
[H,W] = freqz(num,den);
plot(W * Fs/(2 * pi),abs(H));
grid on;
xlabel('频率/Hz');ylabel('幅值');
```

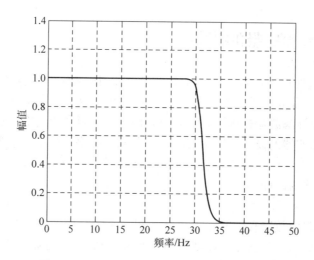

图 3.19 Butterworth 数字低通滤波器幅频响应

例 3.12 设数字抽样频率为 100Hz,运用完全设计方法设计一个带通滤波器,性能指标为:通带范围为 100～250Hz,阻带上限为 300Hz,下限为 50Hz,通带内波纹小于 3dB,阻带为 -30dB,要求利用最小的阶实现。

解:MATLAB 源代码如下(见 chp3sec3_2.m),实验结果如图 3.20 所示。

```
% Buttrerworth带通滤波器设计 chp3sec3_2.m
clear;
clc;
Wp1 = 100;Wp2 = 250;Ws1 = 50;Ws2 = 300;
Rp = 3;Rs = 30;Fs = 1000;
Wp = [Wp1 Wp2];
Ws = [Ws1 Ws2];
[n,Wn] = buttord(Wp/(Fs/2),Ws/(Fs/2),Rp,Rs);
[b,a] = butter(n,Wn);
freqz(b,a,512,1000);
```

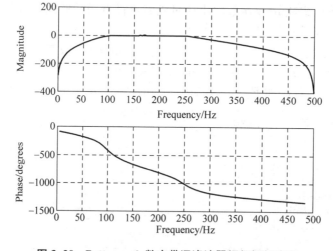

图 3.20 Butterworth 数字带通滤波器幅频相频响应

例 3.13 设数字抽样频率为 1000Hz,运用完全设计方法设计一个带阻滤波器,性能指标为:阻带范围为 50～300Hz,阻带上限大于 250Hz,下限小于 100Hz,阻带内波纹小于 3dB,阻带为 -30dB,要求利用最小的阶实现。

解: MATLAB 源代码如下(见 chp3sec3_3.m),实验结果如图 3.21 所示。

```
% Buttrerworth带阻滤波器设计 chp3sec3_3.m
clear;
clc;
Wp1 = 100;Wp2 = 250;Ws1 = 50;Ws2 = 300;
Rp = 3;Rs = 30;Fs = 1000;
Wp = [Wp1 Wp2];Ws = [Ws1 Ws2];
[n,Wn] = buttord(Wp/(Fs/2),Ws/(Fs/2),Rp,Rs);
[b,a] = butter(n,Wn,'stop');
freqz(b,a,512,1000);
```

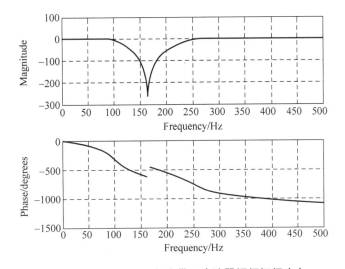

图 3.21 **Butterworth 数字带阻滤波器幅频相频响应**

MATLAB 信号处理工具箱还提供了函数 cheby1 来设计 Chebyshev Ⅰ 型滤波器,函数用法与 Butterworth 滤波器类似,在此不再介绍。

3.4 FIR 滤波器的基本结构

FIR 滤波器突出的特点是单位脉冲响应 $h(n)$ 仅有有限个非零值,即 $h(n)$ 为一个 N 点长序列,$0 \leqslant n \leqslant N-1$,其系统函数为

$$H(z) = \sum_{n=0}^{N-1} h(n) z^{-n}$$

FIR 滤波器的结构主要是非递归结构,没有输出到输入的反馈,但有些结构,例如频率采样结构也包含有反馈的递归部分。FIR 滤波器常见的基本结构包括直接型、级联型、线性相位型等。

1. 直接型

对于因果 FIR 系统,其系统函数只有有限个零点,这相当于 IIR 滤波器系统函数 $H(z)$ 中所有系数 a_k 都为零,因此差分方程为

$$y(n) = \sum_{k=0}^{M} b_k x(n-k)$$

上式实际上是输入序列 $x(n)$ 与单位脉冲响应 $h(n)$ 的线性卷积,其信号流图如图 3.22 所示。

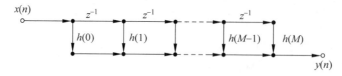

图 3.22 直接型 FIR 数字滤波器

由图 3.22 可见,这种结构与 IIR 数字滤波器在所有系数 a_k 都为零时的结构是相同的,故 FIR 直接型数字滤波器是 IIR 直接型数字滤波器的一种特殊情况。

2. 级联型

将 $H(z)$ 分解成实系数二阶因子的乘积形式

$$H(z) = \sum_{n=0}^{N-1} h(n) z^{-n} = \prod_{k=1}^{N_c} (b_{0k} + b_{1k} z^{-1} + b_{2k} z^{-2})$$

式中,N_c 表示是 $N/2$ 的最大整数。其信号流图如图 3.23 所示。

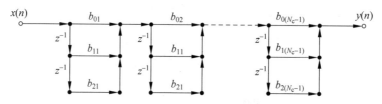

图 3.23 级联型 FIR 数字滤波器

3. 线性相位型

FIR 数字滤波器的 $h(n)$ 为实数,且满足以下任一条件

$$h(n) = h(N-1-n) \quad \text{偶对称}$$
$$h(n) = -h(N-1-n) \quad \text{奇对称}$$

其对称中心在 $n=(N-1)/2$ 处,则滤波器就具有准确的线性相位。

如果将频率响应表示为如下形式

$$H(e^{j\omega}) = H(\omega) e^{j\theta(\omega)}$$

式中,$H(\omega)$ 表示幅度函数,$\theta(\omega)$ 表示相位函数。

当 $h(n)$ 为偶对称时

$$H(\omega) = \sum_{n=0}^{N-1} h(n) \cos\left[\left(\frac{N-1}{2} - n\right)\omega\right]$$

$$\theta(\omega) = -\frac{N-1}{2}\omega$$

可以看出此时 $\theta(\omega)$ 是严格的线性相位,滤波器有 $(N-1)/2$ 个抽样延时。

当 $h(n)$ 为奇对称时

$$H(\omega) = \sum_{n=0}^{N-1} h(n) \sin\left[\left(\frac{N-1}{2} - n\right)\omega\right]$$

$$\theta(\omega) = -\frac{N-1}{2}\omega + \frac{\pi}{2}$$

可以看出此时 $\theta(\omega)$ 是严格的线性相位，滤波器有 $(N-1)/2$ 个抽样延时，同时产生一个 $\pi/2$ 的相移，称为正交网络。

存在 4 种线性相位 FIR 滤波器，可设计不同类型的数字滤波器[2]，具体情况见表 3.2。

表 3.2　4 种线性相位 FIR 滤波器

类型	$h(n)$	N	高通	低通	带通	带阻
1 型	偶对称	奇数	√	√	√	√
2 型	偶对称	偶数	×	√	√	×
3 型	奇对称	奇数	×	×	√	×
4 型	奇对称	偶数	√	×	√	×

例 3.14　已知 FIR 滤波器的系统函数如下所示，请给出该滤波器直接Ⅱ型、级联型、频率采样型结构。

$$H(z) = 1 + 16.0625 z^{-4} + z^{-8}$$

解：根据系统函数可知系统差分方程为

$$y(n) = x(n) + 16.0625 x(n-4) + x(n-8)$$

由差分方程可以直接画出滤波器直接Ⅱ型结构如图 3.24 所示。

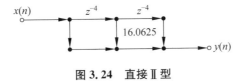

图 3.24　直接Ⅱ型

与 IIR 滤波器类似，函数 tf2sos 实现 FIR 滤波器直接型到级联型的转换，MATLAB 源代码如下（见 chp3sec4_1.m）。

```
% chp3sec4_1.m FIR 滤波器直接型转级联型
% 函数 tf2sos: transfer function to second-order sections
clear;
clc;
close all;
b = [1, 0, 0, 0, 16.0625, 0, 0, 0, 1];    % 传递函数分子
a = [1];                                   % 传递函数分母,1 表示 FIR 滤波器
[sos, g] = tf2sos(b, a)
```

程序运行结果如下，g 表示级联型结构的增益，sos 存储的是级联型结构的系数，具体含义与 IIR 滤波器类似。

```
sos =
    1.0000    2.8284    4.0000    1.0000    0    0
    1.0000   -2.8284    4.0000    1.0000    0    0
    1.0000    0.7071    0.2500    1.0000    0    0
    1.0000   -0.7071    0.2500    1.0000    0    0
g =
    1
```

因此，级联形式的传递函数如下所示，其结构见图 3.25。
$$H(z) = (1 + 2.8284z^{-1} + 4z^{-2})(1 - 2.8284z^{-1} + 4z^{-2})$$
$$(1 + 0.7071z^{-1} + 0.25z^{-2})(1 - 0.7071z^{-1} + 0.25z^{-2})$$

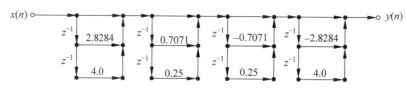

图 3.25 级联形式

自定义函数 tf2fs 实现直接型到频率采样型的转换，MATLAB 源代码如下（见 chp3sec4_2.m）。

```
% chp3sec4_2.m FIR 滤波器直接型转频率采样型
clear;
clc;
close all;
h = [1,0,0,0,16.0625,0,0,0,1];        % FIR 滤波器
[C,B,A] = tf2fs(h)
```

自定义函数 tf2ts 源代码如下（见 tf2ts.m）。

```
function [C,B,A] = tf2fs(h)
% [C,B,A] = tf2fs(h)
% ---------------------------------------
% C = 包含各并行部分增益的行向量
% B = 包含按行排列的分子系数矩阵
% A = 包含按行排列的分母系数矩阵
% h = FIR 滤波器的脉冲响应向量，即 FIR 滤波器系数向量
%
M = length(h);                        % 滤波器长度
H = fft(h,M);                         % 滤波器的频率特性
magH = abs(H); phaH = angle(H)';      % 滤波器的幅特性和相特性
% 检查 M 的奇偶性，
if (M == 2*floor(M/2))                % 若 M 为偶数
    L = M/2-1;                        % 则 A1 和 C1 形式如下
    A1 = [1,-1,0;1,1,0];
    C1 = [real(H(1)),real(H(L+2))];
```

```
else                        % 若M为奇数
    L = (M-1)/2;
    A1 = [1,-1,0];          % 则A1和C1形式如下
    C1 = [real(H(1))];
end
k = [1:L]';
% 初始化B和A数组
B = zeros(L,2); A = ones(L,3);
% 计算分母系数
A(1:L,2) = -2*cos(2*pi*k/M); A = [A;A1];
% 计算分子系数
B(1:L,1) = cos(phaH(2:L+1));
B(1:L,2) = -cos(phaH(2:L+1)-(2*pi*k/M));
% 计算增益系数
C = [2*magH(2:L+1),C1]';
```

程序运行结果如下，C 表示各并行部分增益的行向量，B 表示分子系数矩阵，A 表示分母系数矩阵。

```
C =
    28.3662
    35.1892
    30.1250
    32.8196
    18.0625
B =
   -0.9397    0.9397
    0.7660   -0.7660
   -0.5000    0.5000
    0.1736   -0.1736
A =
    1.0000   -1.5321    1.0000
    1.0000   -0.3473    1.0000
    1.0000    1.0000    1.0000
    1.0000    1.8794    1.0000
    1.0000   -1.0000         0
```

因此，频率采样形式的传递函数如下所示，其结构见图 3.26。

$$H(z) = \frac{1-z^{-9}}{9}\left[28.3662\frac{-0.9397+0.9397z^{-1}}{1-1.5321z^{-1}+z^{-2}} + 35.1892\frac{0.7660-0.7660z^{-1}}{1-0.3473z^{-1}+z^{-2}} \right.$$
$$+ 30.1250\frac{-0.5000+0.5000z^{-1}}{1+z^{-1}+z^{-2}} + 32.8196\frac{0.1736-0.1736z^{-1}}{1+1.8794z^{-1}+z^{-2}}$$
$$\left. + 18.0625\frac{1}{1-z^{-1}} \right]$$

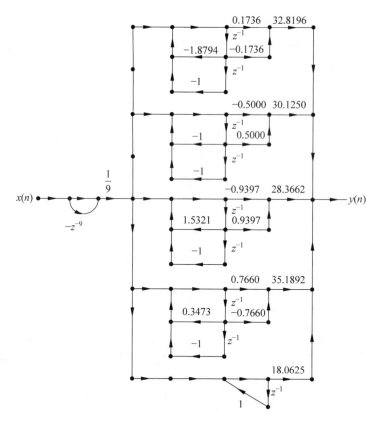

图 3.26 频率采样形式

3.5 FIR 滤波器的设计

本章主要介绍 FIR 滤波器的两种设计方法:窗函数设计法和频率采样设计法。

3.5.1 窗函数设计法

设所要求的理想数字滤波器的频率响应为 $H_d(e^{j\omega})$,$h_d(n)$ 是与其对应的单位脉冲响应,因此

$$h_d(n) = \frac{1}{2\pi}\int_{-\pi}^{\pi} H_d(e^{j\omega}) e^{j\omega n} d\omega$$

由于 $H_d(e^{j\omega})$ 是矩形频率特性,故 $h_d(n)$ 一定是无限长非因果序列。而所设计的是 FIR 滤波器,其单位脉冲响应 $h(n)$ 必然是有限长的,所以要用有限长的 $h(n)$ 来逼近无限长的 $h_d(n)$,最有效的方法就是截断 $h_d(n)$,即用有限长的 $w(n)$ 来截取,表示为

$$h(n) = h_d(n)w(n)$$

这种方法就称为窗函数设计法。常用的窗函数包括矩形窗、三角窗、汉宁窗(Hanning)、海明窗(Hamming)等[2]。

1. 窗函数法设计数字低通滤波器

理想低通数字滤波器的频率响应 $H_d(e^{j\omega})$ 为

$$H_d(e^{j\omega}) = \begin{cases} e^{-j\omega a}, & |\omega| \leqslant \omega_c \\ 0, & \omega_c < |\omega| \leqslant \pi \end{cases}$$

其中，ω_c 表示截止频率，单位为 rad；a 表示采样延迟。则理想低通数字滤波器的单位脉冲响应 $h_d(n)$ 为

$$h_d(n) = \frac{1}{2\pi}\int_{-\pi}^{\pi} H_d(e^{j\omega}) e^{j\omega n} d\omega = \frac{1}{2\pi}\int_{-\omega_c}^{\omega_c} e^{j\omega a} e^{j\omega n} d\omega = \frac{\sin[\omega_c(n-a)]}{\pi(n-a)}$$

其中，$h_d(n)$ 为无限长非因果序列，关于 a 偶对称。

为了从 $h_d(n)$ 得到一个 FIR 数字滤波器，必须同时在两边截取 $h_d(n)$，要得到一个因果的线性相位 FIR 滤波器，$h(n)$ 的长度为 N，必须有

$$h(n) = \begin{cases} h_d(n), & 0 \leqslant n \leqslant N-1 \\ 0, & 其他 \end{cases}$$

这种截取可以看作是 $h(n) = h_d(n)w(n)$，其中 $w(n)$ 是宽度为 N 的矩形窗。

$h(n)$ 是关于 a 偶对称的有限因果序列。N 为奇数时是 1 型，N 为偶数时是 2 型。用自定义函数 ideal_lp 计算理想低通滤波器的单位脉冲响应 $h_d(n)$，源代码如下（见 ideal_lp.m）：

```
function hd = ideal_lp(wc,N)
%计算理想低通滤波器的单位脉冲响应
alpha = (N-1)/2;
n = 0:N-1;
m = n - alpha + eps;
hd = sin(wc*m)./(pi*m);
```

在频域中，FIR 数字滤波器的频率响应 $H(e^{j\omega})$ 为

$$H(e^{j\omega}) = \frac{1}{2\pi}\int_{-\pi}^{\pi} H_d(e^{j\theta}) W(e^{j(\omega-\theta)}) d\theta$$

因而 $H(e^{j\omega})$ 逼近 $H_d(e^{j\theta})$ 的好坏，完全取决于窗函数的频率特性 $W(e^{j\omega})$。

例 3.15 根据下面的技术指标，设计一个数字 FIR 低通滤波器，选择合适的窗函数，确定单位脉冲响应，并绘出所设计的滤波器的幅度响应。

$$\omega_p = 0.2\pi, \quad A_p = 0.25\text{dB}$$
$$\omega_r = 0.4\pi, \quad A_r = 50\text{dB}$$

解：根据窗函数最小阻带衰减的特性，只有海明窗和布莱克曼窗可以提供大于 50dB 的衰减，故在此选择海明窗，它提供较小的过渡带，因此具有较小的阶数。MATLAB 源代码如下（见 chp3sec5_1.m），实验结果如图 3.27 所示。

```
%数字低通滤波器的窗函数设计 chp3sec5_1.m
clear;
clc;
wp = 0.2*pi;wr = 0.4*pi;
tr_width = wr - wp;                 %过渡带宽
N = ceil(6.6*pi/tr_width)+1;        %滤波器的长度,N=奇数为1型,N=偶数为2型
n = 0:1:N-1;
wc = (wr+wp)/2;                     %理想低通滤波器的截止频率
hd = ideal_lp(wc,N);                %理想低通滤波器的单位脉冲响应
```

```
w_ham = (hamming(N))';                              % 海明窗
h = hd. * w_ham;                                    % 截取得到实际单位脉冲响应
[db,mag,pha,grd,w] = freqz_m(h,[1]);                % 计算实际滤波器的幅度响应
delta_w = 2 * pi/1000;
Ap = - (min(db(1:1:wp/delta_w + 1)));               % 实际通带波动
Ar = - round(max(db(wr/delta_w + 1:1:501)));        % 最小阻带衰减
subplot(2,2,1);stem(n,hd);title('理想单位脉冲响应 h_d(n)');
subplot(2,2,2);stem(n,w_ham);title('海明窗 w(n)');
subplot(2,2,3);stem(n,h);title('单位脉冲响应 h(n)');
subplot(2,2,4);plot(w/pi,db);title('幅度响应/dB');axis([0,1, -100,10]);
```

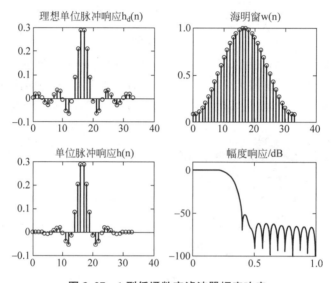

图 3.27　1 型低通数字滤波器幅度响应

从图 3.27 的结果可以看出：滤波器的长度为 35，实际通带波动为 0.0301dB，最小阻带衰减为 55dB，满足设计要求。

2. 窗函数法设计数字高通滤波器

理想高通数字滤波器的频率响应 $H_d(e^{j\omega})$ 为

$$H_d(e^{j\omega}) = \begin{cases} e^{-j\omega a}, & \omega_c \leqslant |\omega| \leqslant \pi \\ 0, & |\omega| < \omega_c \end{cases}$$

式中，ω_c 表示截止频率，单位为 rad；a 表示采样延迟。则理想高通数字滤波器的单位脉冲响应 $h_d(n)$ 为

$$h_d(n) = \frac{1}{2\pi}\int_{-\pi}^{\pi} H_d(e^{j\omega})e^{j\omega n}d\omega = \frac{\sin[\pi(n-a)-\omega_c(n-a)]}{\pi(n-a)}$$

式中，$h_d(n)$ 为无限长非因果序列，关于 a 偶对称。

高通数字滤波器的单位脉冲响应为 $h(n)=h_d(n)w(n)$，$h(n)$ 是关于 a 偶对称的因果序列，N 应为奇数（1 型）。用自定义函数 ideal_hp 计算理想高通滤波器的单位脉冲响应 $h_d(n)$，源代码如下（见 ideal_hp.m）。

```
function hd = ideal_hp(wc,N)
%计算理想高通滤波器的单位脉冲响应
alpha = (N-1)/2;
n = 0:N-1;
m = n - alpha + eps;
hd = [sin(pi*m) - sin(wc*m)]./(pi*m);
```

例 3.16 根据下面的技术指标,设计一个数字 FIR 高通滤波器,选择合适的窗函数,确定单位脉冲响应,并绘出所设计的滤波器的幅度响应。

$$\omega_p = 0.6\pi, \quad A_p = 0.25 \text{dB}$$
$$\omega_r = 0.4\pi, \quad A_r = 40 \text{dB}$$

解:根据窗函数最小阻带衰减的特性,只有汉宁窗可以达到 44dB 的最小阻带衰减,它提供的过渡带宽为 $6.2\pi/N$,因此具有较小的阶数。MATLAB 源代码如下(见 chp3sec5_2.m),实验结果如图 3.28 所示。

```
%理想高通数字滤波器 chp3sec5_2.m
clear;
clc;
wp = 0.6 * pi; wr = 0.4 * pi;
tr_width = wp - wr;
N = ceil(6.2*pi/tr_width);           %应使截取的长度为奇数
n = 0:1:N-1;
wc = (wr + wp)/2;                    %理想高通滤波器的截止频率
hd = ideal_hp(wc,N);                 %1型理想高通滤波器响应
w_han = (hanning(N))';
h = hd.*w_han;
[db,mag,pha,grd,w] = freqz_m(h,[1]);
delta_w = 2*pi/1000;
Ap = -(min(db(wp/delta_w+1:1:501)));  %实际通带波动
Ar = -round(max(db(1:1:wr/delta_w+1))); %最小阻带衰减
subplot(221);stem(n,hd);title('理想单位脉冲响应 h_d(n)');
subplot(222);stem(n,w_han);title('汉宁窗 w(n)');
subplot(223);stem(n,h);title('实际单位脉冲响应 h(n)');
subplot(224);plot(w/pi,db);title('幅度响应/dB');
```

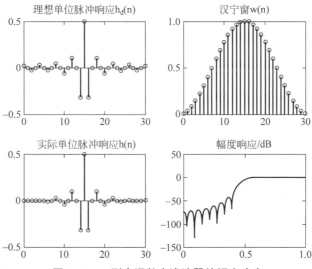

图 3.28 1 型高通数字滤波器的幅度响应

结果如图 3.28 所示,滤波器长度为 31,实际通带波动为 0.0887dB,最小阻带衰减为 44dB,满足设计要求。

3. 窗函数法设计数字带通滤波器

理想带通数字滤波器的频率响应 $H_d(e^{j\omega})$ 为

$$H_d(e^{j\omega}) = \begin{cases} e^{-j\omega a}, & \omega_{c1} \leq |\omega| \leq \omega_{c2} \\ 0, & 其他 \end{cases}$$

式中,ω_{c1} 表示下截止频率,ω_{c2} 表示上截止频率,单位为 rad;a 表示采样延迟,则理想带通数字滤波器的单位脉冲响应 $h_d(n)$ 为

$$h_d(n) = \frac{1}{2\pi}\int_{-\pi}^{\pi} H_d(e^{j\omega}) e^{j\omega n} d\omega = \frac{\sin[\omega_{c2}(n-a) - \omega_{c1}(n-a)]}{\pi(n-a)}$$

式中,$h_d(n)$ 为无限长非因果序列,关于 a 偶对称。

带通数字滤波器的单位脉冲响应为 $h(n) = h_d(n)w(n)$,$h(n)$ 是关于 a 偶对称的因果序列,当 N 为奇数时是 1 型,当 N 为偶数时是 2 型。用自定义函数 ideal_bp 计算理想带通滤波器的单位脉冲响应 $h_d(n)$,源代码如下(见 ideal_bp.m)。

```
function hd = ideal_bp(wc1,wc2,N)
% 计算理想带通滤波器的单位脉冲响应
alpha = (N-1)/2;
n = 0:N-1;
m = n - alpha + eps;
hd = [sin(wc2 * m) - sin(wc1 * m)]./(pi * m);
```

例 3.17 根据下面的技术指标,设计一个数字 FIR 带通滤波器,选择合适的窗函数,确定单位脉冲响应,并绘出所设计的滤波器的幅度响应。

低端阻带边缘 $\omega_{r1} = 0.2\pi$, $A_{r1} = 60\text{dB}$
低端通带边缘 $\omega_{p1} = 0.4\pi$, $A_{p1} = 1\text{dB}$
高端通带边缘 $\omega_{p2} = 0.6\pi$, $A_{p2} = 1\text{dB}$
高端阻带边缘 $\omega_{r2} = 0.8\pi$, $A_{r2} = 60\text{dB}$

解: 根据窗函数最小阻带衰减的特性,选择布莱克曼窗可以达到 75dB 的最小阻带衰减,它提供的过渡带宽为 $11\pi/N$。MATLAB 源代码如下(见 chp3sec5_3.m),实验结果如图 3.29 所示。

```
% 理想带通数字滤波器 chp3sec5_3.m
clear;
clc;
wr1 = 0.2 * pi;wp1 = 0.4 * pi;
wp2 = 0.6 * pi;wr2 = 0.8 * pi;
tr_width = min((wp1 - wr1),(wr2 - wp2));
N = ceil(11 * pi/tr_width) + 1;        % 长度为奇数 1 型,长度为偶数 2 型
n = 0:1:N-1;
wc1 = (wr1 + wp1)/2;wc2 = (wr2 + wp2)/2;  % 理想带通滤波器的上、下截止频率
hd = ideal_bp(wc1,wc2,N);              % 1、2 型理想带通滤波器响应
w_blk = (blackman(N))';
```

```
h = hd.*w_blk;
[db,mag,pha,grd,w] = freqz_m(h,[1]);
delta_w = 2*pi/1000;
Ap = -(min(db(wp1/delta_w+1:1:wp2/delta_w+1)));        %实际通带波动
Ar = -round(max(db(wr2/delta_w+1:1:501)));             %最小阻带衰减
subplot(2,2,1);stem(n,hd);title('理想单位脉冲响应 h_d(n)');
subplot(2,2,2);stem(n,w_blk);title('布莱克曼窗 w(n)');
subplot(2,2,3);stem(n,h);title('实际单位脉冲响应 h(n)');
subplot(2,2,4);plot(w/pi,db);title('幅度响应/dB');
```

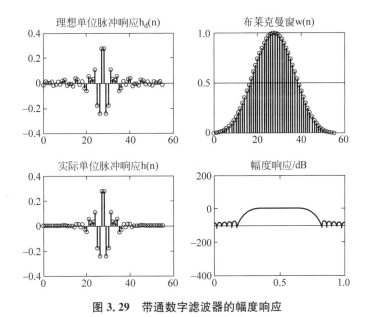

图 3.29 带通数字滤波器的幅度响应

结果如图 3.29 所示,滤波器长度为 56,实际通带波动为 0.0027dB,最小阻带衰减为 73dB,满足设计要求。

4. 窗函数法设计数字带阻滤波器

理想带阻数字滤波器的频率响应 $H_d(e^{j\omega})$ 为

$$H_d(e^{j\omega}) = \begin{cases} e^{-j\omega a}, & |\omega| \leqslant \omega_{c1}, \pi \geqslant |\omega| \geqslant \omega_{c2} \\ 0, & \omega_{c1} < |\omega| < \omega_{c2} \end{cases}$$

式中,ω_{c1} 表示下截止频率,ω_{c2} 表示上截止频率,单位为 rad;a 表示采样延迟,则理想带阻数字滤波器的单位脉冲响应 $h_d(n)$ 为

$$h_d(n) = \frac{1}{2\pi}\int_{-\pi}^{\pi} H_d(e^{j\omega})e^{j\omega n}d\omega = \frac{\sin[\omega_{c1}(n-a)+\pi(n-a)-\omega_{c2}(n-a)]}{\pi(n-a)}$$

式中,$h_d(n)$ 为无限长非因果序列,关于 a 偶对称。

带阻数字滤波器的单位脉冲响应为 $h(n)=h_d(n)w(n)$,$h(n)$ 为关于 a 偶对称的因果序列,N 应为奇数(1型)。用自定义函数 ideal_bs 计算理想带阻滤波器的单位脉冲响应 $h_d(n)$,源代码如下(见 ideal_bs.m)。

```
function hd = ideal_bs(wc1,wc2,N)
% 计算理想带阻滤波器的单位脉冲响应
alpha = (N-1)/2;
n = 0:N-1;
m = n - alpha + eps;
hd = [sin(wc1*m) + sin(pi*m) - sin(wc2*m)]./(pi*m);
```

例 3.18 根据下面的技术指标，设计一个数字 FIR 带阻滤波器，选择合适的窗函数，确定单位脉冲响应，并绘出所设计的滤波器的幅度响应。

低端阻带边缘　　$\omega_{r1} = 0.4\pi$,　　$A_{r1} = 40\text{dB}$

低端通带边缘　　$\omega_{p1} = 0.3\pi$,　　$A_{p1} = 1\text{dB}$

高端通带边缘　　$\omega_{p2} = 0.8\pi$,　　$A_{p2} = 1\text{dB}$

高端阻带边缘　　$\omega_{r2} = 0.6\pi$,　　$A_{r2} = 40\text{dB}$

解：根据窗函数最小阻带衰减的特性，选择汉宁窗可以达到 44dB 的最小阻带衰减，它提供的过渡带宽为 $6.2\pi/N$。MATLAB 源代码如下（见 chp3sec5_4.m），实验结果如图 3.30 所示。

```
% 带阻数字滤波器 chp3sec5_4.m
clear;
clc;
wr1 = 0.4*pi;wp1 = 0.2*pi;
wp2 = 0.8*pi;wr2 = 0.6*pi;
tr_width = min((wr1-wp1),(wp2-wr2));
N = ceil(6.2*pi/tr_width);
n = 0:1:N-1;
wc1 = (wr1 + wp1)/2;wc2 = (wr2 + wp2)/2;          % 理想带阻滤波器的上、下截止频率
hd = ideal_bs(wc1,wc2,N);                          % 理想带阻滤波器响应
w_han = (hanning(N))';
h = hd.*w_han;
[db,mag,pha,grd,w] = freqz_m(h,[1]);
delta_w = 2*pi/1000;
Ap = -(min(db(1:1:wp1/delta_w+1)));                % 实际通带波动
Ar = -round(max(db(wr1/delta_w+1:1:wr2/delta_w+1)));  % 最小阻带衰减
subplot(221);stem(n,hd);title('理想单位脉冲响应 h_d(n)');
subplot(222);stem(n,w_han);title('汉宁窗 w(n)');
subplot(223);stem(n,h);title('实际单位脉冲响应 h(n)');
subplot(224);plot(w/pi,db);title('幅度响应/dB');
```

结果如图 3.30 所示，滤波器长度为 31，实际通带波动为 0.0885dB，最小阻带衰减为 44dB，满足设计要求。

在前面介绍的四种自定义函数源代码中（如 ideal_lp，ideal_hp 等），都出现了 eps，目的就是使 0/0 有输出。在 MATLAB 中，eps 表示数与数之间的最小分辨率，或者可以说是 MATLAB 中绝对值最小的数，取值一般为 2.2204e-16。

以例 3.16 为例，在子函数 ideal_hp 中有一段代码如下：

```
m = n - alpha + eps;
hd = [sin(pi*m) - sin(wc*m)]./(pi*m)
```

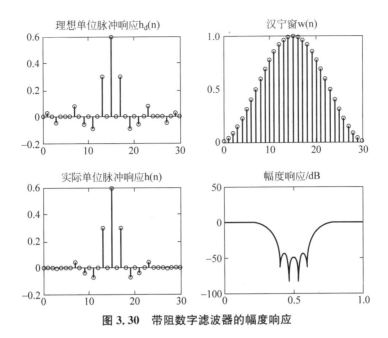

图 3.30 带阻数字滤波器的幅度响应

如果没有 eps，那么数组 m 的第 16 个取值就是 0，在计算数组 hd 的第 16 个元素时就会出现 0/0 的情况，此时 MATLAB 的输出为 NaN。如果加上 eps，数组 m 的第 16 个取值就是 eps，再计算 hd 的第 16 个元素，取值就为 1/2。有兴趣的读者，可以尝试在 MATLAB 命令行中输入 0/0 和 eps/eps，前者输出为 NaN，后者输出为 1。

3.5.2 频率采样设计法

频率采样设计法是从频域出发，对给定的理想频率响应 $H_d(e^{j\omega})$ 等间隔采样 N 个点得到

$$H_d(e^{j\omega})\Big|_{\omega=\frac{2\pi}{N}k} = H_d(k) = H(k)$$

再对 $H_d(k)$ 作离散傅里叶逆变换（IDFT），得到 $h(n)$ 为

$$h(n) = \frac{1}{N}\sum_{k=0}^{N-1} H(k)e^{j\frac{2\pi}{N}kn}, \quad k=0,1,\cdots,N-1$$

将 $h(n)$ 作为所设计的滤波器的单位脉冲响应。

频率采样一般有两种方法：

1. 频率采样法 1

第一个采样点在 $\omega=0$ 处

$$H(k) = H_d(k) = H_d(e^{j\omega})\Big|_{\omega=\frac{2\pi}{N}k}$$

$$h(n) = \frac{1}{N}\sum_{k=0}^{N-1} H(k)e^{j\frac{2\pi}{N}kn}$$

$$H(z) = \frac{1-z^{-N}}{N}\sum_{k=0}^{N-1} \frac{H(k)}{1-W_N^{-k}z^{-1}}$$

$$H(e^{j\omega}) = \frac{1}{N}e^{-j\left(\frac{N-1}{2}\right)\omega}\sum_{k=0}^{N-1} H(k)e^{-j\frac{k\pi}{N}} \frac{\sin\left(\frac{\omega N}{2}\right)}{\sin\left(\frac{\omega}{2}-\frac{\pi k}{N}\right)}$$

由于

$$H(k) = \sum_{n=0}^{N-1} h(n) e^{-j\frac{2\pi}{N}kn}$$

当 $h(n)$ 为实数时,满足 $H(k)=H^*((N-k))_N$,故

$$|H(k)| = |H(N-k)|$$
$$\theta(k) = -\theta(N-k)$$

当 N 为奇数时,有线性相位约束条件

$$\theta(k) = \begin{cases} -\dfrac{2\pi}{N}k\left(\dfrac{N-1}{2}\right) & k=0,1,\cdots,\dfrac{N-1}{2} \\ \dfrac{2\pi}{N}(N-k)\left(\dfrac{N-1}{2}\right) & k=\dfrac{N+1}{2},\cdots,N-1 \end{cases} \quad 1\,型$$

$$\theta(k) = \begin{cases} \dfrac{\pi}{2}-\dfrac{2\pi}{N}k\left(\dfrac{N-1}{2}\right) & k=0,1,\cdots,\dfrac{N-1}{2} \\ -\dfrac{\pi}{2}+\dfrac{2\pi}{N}(N-k)\left(\dfrac{N-1}{2}\right) & k=\dfrac{N+1}{2},\cdots,N-1 \end{cases} \quad 3\,型$$

当 N 为偶数时,有线性相位约束条件

$$\theta(k) = \begin{cases} -\dfrac{2\pi}{N}k\left(\dfrac{N-1}{2}\right) & k=0,1,\cdots,\dfrac{N}{2}-1 \\ \dfrac{2\pi}{N}(N-k)\left(\dfrac{N-1}{2}\right) & k=\dfrac{N}{2}+1,\cdots,N-1 \\ 0 & k=\dfrac{N}{2} \end{cases} \quad 2\,型$$

$$\theta(k) = \begin{cases} \dfrac{\pi}{2}-\dfrac{2\pi}{N}k\left(\dfrac{N-1}{2}\right) & k=0,1,\cdots,\dfrac{N}{2}-1 \\ -\dfrac{\pi}{2}+\dfrac{2\pi}{N}(N-k)\left(\dfrac{N-1}{2}\right) & k=\dfrac{N}{2}+1,\cdots,N-1 \\ 0 & k=\dfrac{N}{2} \end{cases} \quad 4\,型$$

例 3.19 利用频率采样法 1,根据下面的技术指标,设计 2 型 FIR 低通滤波器,确定单位脉冲响应,并绘出所设计的滤波器的幅度响应。

$$\omega_p = 0.3\pi \quad A_p = 1\text{dB}$$
$$\omega_r = 0.4\pi \quad A_r = 40\text{dB}$$

解:选择 $N=60$,则 ω_p 在 $k=9$ 处,ω_r 在 $k=12$ 处。$T_1=0.7, T_2=0.2$。MATLAB 源代码如下(见 chp3sec5_5.m),实验结果如图 3.31 所示。

```
% 频率采样法设计低通滤波器(2型)(N = 60) chp3sec5_5.m
clear;
clc;
close all;

N = 60; % 滤波器阶数(该数值计算由过渡带宽等决定)

% wd 表示频率采样点,MATLAB 规定一定是从 0 到 1
% 0 表示起始频率,1 表示归一化的折叠频率,也就是 pi
% 0.35 表示低通的 cutoff 频率,对应两个值,表示在 0.35 处从 0 变为了 1
```

```
wd = [0,0.35,0.35,1];                    % 频率采样点
mhi = [1,1,0,0];                         % 频率采样点处对应的幅值(理想值)
wd2 = [0,0.35,0.35,1.65,1.65,2];         % 为了显示 0-2*pi 的频率采样点,
mhi2 = [1,1,0,0,1,1];                    % 频率采样点处对应的幅值(理想值)

m = 0:N-1;
w1 = (2*pi/N)*m;                         % N 阶滤波器的频域采样点 index

% ////////////////////////////加过渡带抽样////////////////////////////
% 理想振幅响应采样加了两个点的过渡带抽样
T1 = 0.7;T2 = 0.2;                       % 查表得到
Hrs = [ones(1,10),T1,T2,zeros(1,37),T2,T1,ones(1,9)];  % 理想振幅响应采样
h = fir2(N-1,w1(1:1+N/2)/pi,Hrs(1:31));  % 取 wd1 的一半,而且保证一定是 0 开头,1 结尾,
                                         % 对 π 归一化
% ////////////////////////////////////////////////////////////////

[db,mag,pha,grd,w] = freqz_m(h,[1]);
[Hr,ww,a,L] = hr_type2(h);               % 实际振幅响应(2 型振幅响应是奇对称的,这就体现了相位信息)

subplot(221);plot(w1/pi,Hrs,'r.',wd2,mhi2);legend('抽样值','理想值');
title('频率样本');axis([0 2 -2 2]);grid on;
subplot(222);stem(m,h,'b.');
title('脉冲响应 h(n)'); grid on;
subplot(223);plot(w1/pi,Hrs,'r.',ww/pi,Hr);
title('振幅响应');legend('抽样值','实际值');grid on;
subplot(224);plot(w/pi,db)
title('幅频响应/dB');axis([0 1 -150 10]); grid on;
```

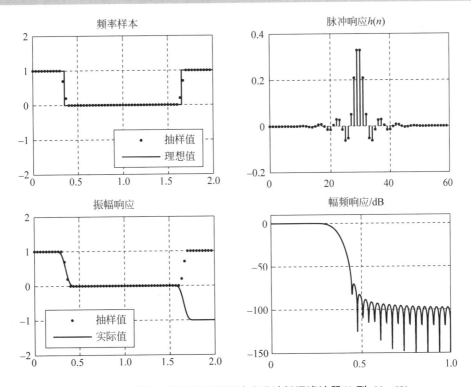

图 3.31 加过渡点的频率采样设计法设计低通滤波器(2 型,$N=60$)

从幅度响应曲线可以看出，$N=60$ 时最小的阻带衰减为 45dB，达到设计指标要求。此处使用自定义函数 hr_type2 计算 2 型滤波器的振幅响应。为便于查找，在此给出计算 1 型、2 型、3 型和 4 型滤波器振幅响应的源代码。

```matlab
%计算1型滤波器设计的振幅响应
function[Hr,w,a,L] = hr_type1(h)
 %Hr=振幅响应
 %a=1型滤波器的系数
 %L=Hr的阶次
 %h=1型滤波器的单位脉冲响应
M = length(h);L=(M-1)/2;
a = [h(L+1) 2*h(L:-1:1)];
n = [0:1:L];
w = [0:1:500]'*2*pi/500;
Hr = cos(w*n)*a';

%计算2型滤波器设计的振幅响应
function[Hr,w,b,L] = hr_type2(h)
 %Hr=振幅响应
 %b=2型滤波器的系数
 %L=Hr的阶次
 %h=2型滤波器的单位脉冲响应
M = length(h);L=M/2;
b = 2*[h(L:-1:1)];
n = [1:1:L];n=n-0.5;
w = [0:1:500]'*2*pi/500;
Hr = cos(w*n)*b';

%计算3型滤波器设计的振幅响应
function[Hr,w,c,L] = hr_type3(h)
 %Hr=振幅响应
 %c=3型滤波器的系数
 %L=Hr的阶次
 %h=3型滤波器的单位脉冲响应
M = length(h);L=(M-1)/2;
c = [2*h(L+1:-1:1)];
n = [0:1:L];
w = [0:1:500]'*2*pi/500;
Hr = sin(w*n)*c';

%计算4型滤波器设计的振幅响应
function[Hr,w,d,L] = hr_type4(h)
 %Hr=振幅响应
 %c=4型滤波器的系数
 %L=Hr的阶次
 %h=4型滤波器的单位脉冲响应
M = length(h);L=M/2;
d = 2*[h(L:-1:1)];
n = [1:1:L];n=n-0.5;
w = [0:1:500]'*2*pi/500;
Hr = sin(w*n)*d';
```

2. 频率采样法 2

第一个采样点在 $\omega=\pi/N$ 处

$$H(k) = H_d(k) = H_d(e^{j\omega})\Big|_{\omega=\frac{2\pi}{N}k+\frac{\pi}{N}}$$

$$h(n) = \frac{1}{N}\sum_{k=0}^{N-1} H(k) e^{j\left(\frac{2\pi}{N}kn+\frac{\pi}{N}\right)} = e^{j\frac{\pi}{N}} \text{IDFT}[H(k)]$$

$$H(z) = \frac{1+z^{-N}}{N} \sum_{k=0}^{N-1} \frac{H(k)}{1-W_N^{-\left(k+\frac{1}{2}\right)} z^{-1}}$$

$$H(e^{j\omega}) = \frac{\cos\left(\frac{\omega N}{2}\right)}{N} e^{-j\left(\frac{N-1}{2}\right)\omega} \sum_{k=0}^{N-1} H(k) e^{-j\frac{\pi}{N}\left(k+\frac{1}{2}\right)} \frac{1}{j\sin\left[\frac{\omega}{2}-\frac{\pi k}{N}\left(k+\frac{1}{2}\right)\right]}$$

由于

$$H(k) = \sum_{n=0}^{N-1} h(n) e^{-j\frac{2\pi}{N}\left(k+\frac{1}{2}\right)n}$$

当 $h(n)$ 为实数时,满足 $H(k)=H^*((N-1-k))_N$,故

$$|H(k)| = |H(N-1-k)|$$
$$\theta(k) = -\theta(N-1-k)$$

当 N 为奇数时,有线性相位约束条件

$$\theta(k) = \begin{cases} -\frac{2\pi}{N}\left(k+\frac{1}{2}\right)\left(\frac{N-1}{2}\right), & k=0,1,\cdots,\frac{N-3}{2} \\ 0, & k=\frac{N-1}{2} \\ \frac{2\pi}{N}\left(N-k-\frac{1}{2}\right)\left(\frac{N-1}{2}\right), & k=\frac{N+1}{2},\cdots,N-1 \end{cases} \quad 1\text{型}$$

$$\theta(k) = \begin{cases} \frac{\pi}{2}-\frac{2\pi}{N}\left(k+\frac{1}{2}\right)\left(\frac{N-1}{2}\right), & k=0,1,\cdots,\frac{N-3}{2} \\ 0, & k=\frac{N-1}{2} \\ -\frac{\pi}{2}+\frac{2\pi}{N}\left(N-k-\frac{1}{2}\right)\left(\frac{N-1}{2}\right), & k=\frac{N+1}{2},\cdots,N-1 \end{cases} \quad 3\text{型}$$

当 N 为偶数时,有线性相位约束条件

$$\theta(k) = \begin{cases} -\frac{2\pi}{N}k\left(\frac{N-1}{2}\right), & k=0,1,\cdots,\frac{N}{2}-1 \\ \frac{2\pi}{N}(N-k)\left(\frac{N-1}{2}\right), & k=\frac{N}{2}+1,\cdots,N-1 \\ 0, & k=\frac{N}{2} \end{cases} \quad 2\text{型}$$

$$\theta(k) = \begin{cases} \frac{\pi}{2}-\frac{2\pi}{N}k\left(\frac{N-1}{2}\right), & k=0,1,\cdots,\frac{N}{2}-1 \\ -\frac{\pi}{2}+\frac{2\pi}{N}(N-k)\left(\frac{N-1}{2}\right), & k=\frac{N}{2}+1,\cdots,N-1 \\ 0, & k=\frac{N}{2} \end{cases} \quad 4\text{型}$$

例 3.20 利用频率采样法 2，根据下面的技术指标，设计 1 型 FIR 低通滤波器，确定单位脉冲响应，并绘出所设计的滤波器的幅度响应。

$$\omega_p = 0.25\pi, \quad A_p = 2\text{dB}$$
$$\omega_r = 0.35\pi, \quad A_r = 20\text{dB}$$

解：选择 $N=41$，则 ω_p 在 $k=5$ 附近，ω_r 在 $k=7$ 附近。MATLAB 源代码如下（见 chp3sec5_6.m），实验结果如图 3.32 所示。

```
% 频率采样法设计低通滤波器(1型)(N=41) chp3sec5_6.m
% 不加过渡带抽样
clear;
clc;
close all;

N = 41;                          % 滤波器阶数(该数值计算由过渡带宽等决定)

% wd 表示频率采样点, MATLAB 规定一定是从 0 到 1
% 0 表示起始频率,1 表示归一化的折叠频率,也就是 pi
% 0.35 表示低通的 cutoff 频率,对应两个值,表示在 0.35 处从 0 变为了 1
wd = [0, 0.3, 0.3, 1];              % 频率采样点
mhi = [1, 1, 0, 0];                 % 频率采样点处对应的幅值(理想值)
wd2 = [0, 0.3, 0.3, 1.7, 1.7, 2];    % 为了显示 0~2*pi 的频率采样点,
mhi2 = [1, 1, 0, 0, 1, 1];           % 频率采样点处对应的幅值(理想值)

m = 0:N-1;
w1 = (2*pi/N)*m;                 % N 阶滤波器的频域采样点 index

% ///////////////////////////////不加过渡带抽样///////////////////////////////
% 直接代入 wd 和 mhi
h = fir2(N-1, wd, mhi);
T1 = 1; T2 = 0;                   %1 和 0 相当于在过渡带没有加抽样点
Hrs = [ones(1,6), T1, T2, zeros(1,26), T2, T1, ones(1,5)];    % 理想振幅响应采样
% ///////////////////////////////////////////////////////////////////////////

[db, mag, pha, grd, w] = freqz_m(h, [1]);
[Hr, ww, a, L] = hr_type1(h);     % 实际振幅响应(1型振幅响应是偶对称的,这就体现了相位信息)

subplot(221); plot(w1/pi, Hrs, 'r.', wd2, mhi2); legend('抽样值','理想值');
title('频率样本'); axis([0 2 -2 2]); grid on;
subplot(222); stem(m, h, 'b.');
title('脉冲响应 h(n)'); grid on;
subplot(223); plot(w1/pi, Hrs, 'r.', ww/pi, Hr);
title('振幅响应'); legend('抽样值','实际值'); axis([0 2 -2 2]); grid on;
subplot(224); plot(w/pi, db);
title('幅频响应/dB'); axis([0 1 -100 10]); grid on;
```

从幅度响应曲线可以看出，$N=41$ 时最小的阻带衰减为 24dB，达到设计指标要求。

例 3.21 分别用频率采样法和窗函数法设计一个阶数为 21 的 FIR 低通滤波器，要求的技术指标如下：

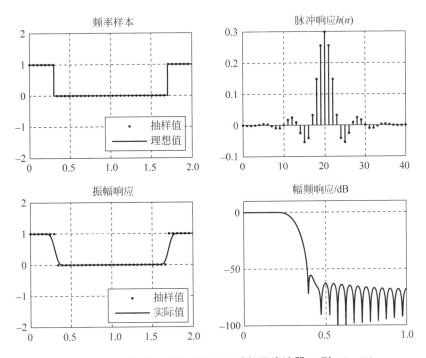

图 3.32 加过渡点的频率采样法设计低通滤波器(1型,$N=41$)

$$\omega_p = 0.3\pi, \quad A_p = 5\text{dB}$$
$$\omega_r = 0.4\pi, \quad A_r = 40\text{dB}$$
$$\omega_s = 2.1\pi$$

解：对于频率采样法

$$k_p = \left[N \cdot \frac{\omega_p}{\omega_s}\right] = 3$$
$$k_p = \left[N \cdot \frac{\omega_r}{\omega_s}\right] = 4$$

则

$$|H(k)| = \{1,1,1,1,0,0,0,0,0,0,0,0,0,0,0,0,0,1,1,1,1\}$$

$$\theta(k) = \begin{cases} -\dfrac{20\pi}{21}k, & k = 0,1,\cdots,10 \\ \dfrac{20\pi}{21}(21-k), & k = 11,12,\cdots,20 \end{cases}$$

$$H(k) = |H(k)|e^{j\theta(k)}$$

从而得到FIR滤波器的系数为

$$h(n) = \text{IDFT}[H(k)]$$

对于窗函数法，根据窗函数最小阻带衰减特性，汉宁窗可以提供 44dB 的衰减，满足设计要求。MATLAB源代码如下(见 chp3sec5_7.m)，实验结果如图 3.33 所示。

```matlab
% 分别利用频率采样法和窗函数法设计FIR低通滤波器 chp3sec5_7.m
clear;
clc;
N = 21;
% 频率采样法
Hrs = [ones(1,4),zeros(1,13),ones(1,4)];
k1 = 0:floor((N-1)/2);
k2 = floor((N-1)/2) + 1:N-1;
alpha = (N-1)/2;
angH = [-alpha*2*pi*k1/N,alpha*2*pi*(N-k2)/N];
H = Hrs.*exp(j*angH);
h1 = real(ifft(H));
% 窗函数法
wp = 0.3*pi; wr = 0.4*pi;
tr_width = wr - wp;
n = 0:N-1;
wc = (wp + wr)/2;
m = n - alpha + eps;
hd = sin(wc*m)./(pi*m);
w_hann = hanning(N);
h2 = hd.*w_hann';
fvtool(h1,1,h2,1);
legend('频率采样法','窗函数法');
```

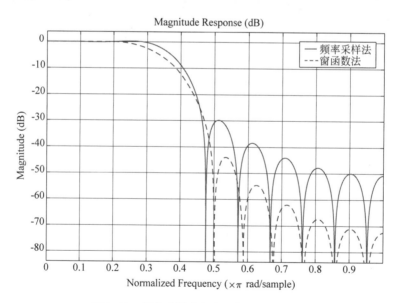

图3.33 频率采样法和窗函数法实现比较

由图3.33可以看出,由频率采样法得到的FIR滤波器的最小阻带衰减约为-30dB,没有达到设计要求,可以采取增大采样点数的方法提高衰减性能。窗函数法得到的同样阶数的FIR滤波器的最小阻带衰减约为-45dB,达到了设计要求。

由此可以得出结论:在同样滤波阶数的条件下,窗函数法可以比频率采样法得到更低的阻带衰减。这是因为频率采样法只保证设计的频率响应和要求的频率响应在有限个点处一致,而在其他频率处则没有约束,这就会造成比较大的波动;通过选择合适的窗,可以有效地抑制吉布斯效应。因此,在同等条件下,窗函数法一般会比频率采样法得到更佳的滤波性能。

FIR 滤波器最大的优点就是可以在通带内得到线性相位,窗函数的选择对于结果的优劣起着重要的作用。加窗的主要作用就是消除由于对无限长序列的截断导致的吉布斯效应。窗函数要针对不同的信号和不同的处理目的来选择,才能收到良好的效果。利用频率采样法比较方便,可以更好地满足频域的要求。

3.6 IIR 和 FIR 滤波器的比较

至今为止,我们讨论了 IIR 和 FIR 两种滤波器的设计方法,但在实际应用时应该如何选择它们呢?下面对这两种滤波器进行比较。

从性能上说,IIR 滤波器系统函数的极点可以位于单位圆内的任何位置,因此可以用较低的阶数获得高的选择性,所用的存储单元少,所以经济效率高。但是这个高效率是以相位的非线性为代价的。FIR 却可以得到严格的线性相位,然而 FIR 滤波器系统函数的极点固定在原点,所以只能用较高的阶数达到高的选择性。对于同样的滤波器设计指标,FIR 滤波器所需的阶数比 IIR 滤波器的阶数高 5~10 倍,结果成本较高,信号延时也较大。

从结构上看,IIR 滤波器必须采用递归结构,极点位置必须在单位圆内,否则系统将不稳定。在这种结构中,由于运算过程中对序列进行舍入处理,这种有限字长效应有时会产生寄生振荡。相反,FIR 滤波器采用非递归结构,不存在稳定性的问题,运算误差也较小。此外 FIR 滤波器可以采用快速傅里叶变换算法,在相同阶数的条件下,运算速度快得多。

从设计工具看,IIR 滤波器可以借助模拟滤波器的成果,因此,一般都有有效的封闭形式的设计公式可供准确计算,计算工作量比较小,对计算工具的要求不高。FIR 滤波器一般没有封闭形式的设计公式。窗口法仅对窗口函数可以给出计算公式,但计算通带阻带衰减无显式表达式。一般 FIR 滤波器的设计只有计算程序可循,因此对计算工具要求较高。

另外也应看到,IIR 滤波器虽然设计简单,但主要是用于设计具有片段常数特性的滤波器,如低通、高通、带通及带阻等,往往脱离不了模拟滤波器的格局。FIR 滤波器则要灵活得多,尤其它能易于适应某些特殊的应用,如构成微分器或积分器,或用于巴特沃斯、切比雪夫等逼近不可能达到预定指标的情况。例如,由于某些原因要求三角形振幅响应或一些更复杂的幅频响应,因而有更大的适应性和更广阔的天地。

从上面的简单比较我们可以看到,IIR 和 FIR 滤波器各有所长,所以在实际应用时应该从多方面考虑来加以选择。例如,从使用要求来看,在对相位要求不敏感的场合,如语音通信等,选用 IIR 较为合适,这样可以充分发挥其经济高效的特点,而对于图像信号处理、数据传输等以波形携带信息的系统,则对线性相位要求较高,采用 FIR 滤波器较好。当然,在实际应用中还应考虑经济上的要求。

3.7　课外知识点：滤波器设计与分析工具 FDATool

设计一个"好"的数字滤波器，需要根据实际应用需求事先给定设计要求。例如选定的是 FIR 还是 IIR 类型的滤波器，滤波器的阶数，窗函数类型，以及阻/通带衰减，截止频率等技术指标。当给定这些技术指标以后，设计出来的数字滤波器就是一组系数（Filter Coefficients）。

本章前面已详细介绍利用 MATLAB 自带的函数设计数字滤波器，在此介绍 MATLAB 信号处理工具箱中的一种集成工具 FDATool（Filter Design & Analysis Tool），该工具可以用来设计和分析数字滤波器。在 MATLAB 命令窗口中输入 fdatool 命令后就会出现如图 3.34 所示窗口界面，该工具主要有以下 6 个功能区域。

- 区域 1 Current Filter Information，该区域简明扼要地给出滤波器的基本信息，如结构、阶数、是否稳定等。
- 区域 2 Filter Specifications，该区域主要描述滤波器的基本性能，如滤波器的理想特性、幅频特性、相频特性、零极点分布等。
- 区域 3 Response Type & Design Method，该区域主要给定滤波器的响应特性和设计方法，前者包括低通、高通还是带通滤波器等，后者主要包括是 IIR 类型还是

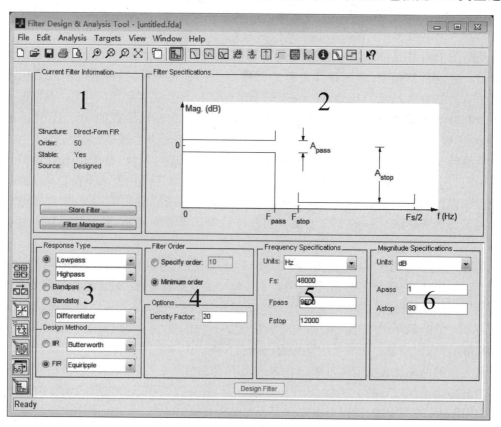

图 3.34　FDATool 工具界面

FIR 类型的滤波器,以及相应的滤波器类型(如 Butterworth、Chebyshev Ⅰ 和 Chebyshev Ⅱ 等)。
- 区域 4 Filter Order,该区域主要给定滤波器的阶数和相应的选项。
- 区域 5 Frequency Specifications,该区域主要给定滤波器的频率参数,如通带频率、截止频率、采样率、频率单位等。
- 区域 6 Magnitude Specifications,该区域主要给定滤波器的幅度参数,如通带波纹(Apass)和阻带衰减(Astop)等。

需要注意的是:当其中某一个输入参数发生变化时,其他区域的输入参数也会相应地进行更新,每个区域中的输入并不是一成不变的。

FDATool 工具很好地集成了数字滤波器设计中现有的算法和技术指标,而且软件的人机交互也非常不错,使用者只需要根据技术要求进行输入即可完成滤波器的设计。下面通过一个具体的例子进行讲解。

例 3.22 设计一个 12 阶的低通滤波器,采用汉宁窗(Hanning Window)函数,截止频率为 7kHz,采样频率为 48kHz。

解:根据题目给出的要求在 FDATool 参数设置区域中进行选择和输入即可,如图 3.35 所示。可以发现,选定滤波器类型为 Lowpass 后,区域 6 的幅度特性无法再进行设置(截止频率的衰减为固定值 6dB)。图 3.36 给出了该低通滤波器的理想幅频响应。

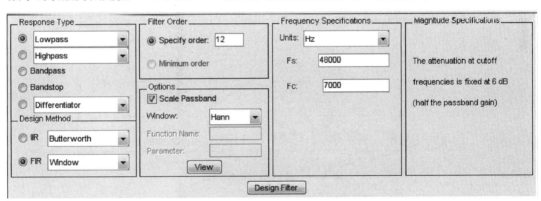

图 3.35 输入滤波器设计的技术指标

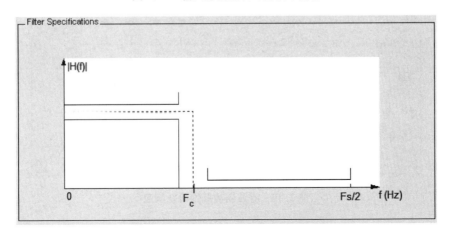

图 3.36 低通数字滤波器的理想特性

参数设置完毕后,单击 Design Filter 按钮即可自动完成滤波器设计工作。单击 Analysis 下拉菜单,可以对滤波器的各种特性进行分析和比较,如幅频特性(图 3.37)、相频特性(图 3.38)、单位阶跃响应(图 3.39)和零极点分布(图 3.40)等。

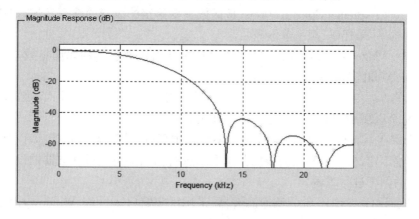

图 3.37 滤波器的幅频特性

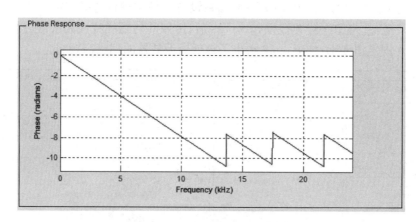

图 3.38 滤波器的相频特性

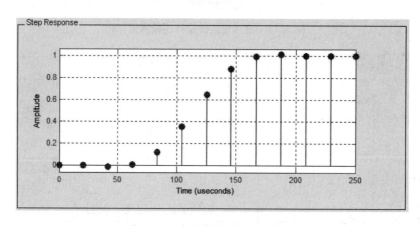

图 3.39 滤波器的单位阶跃响应

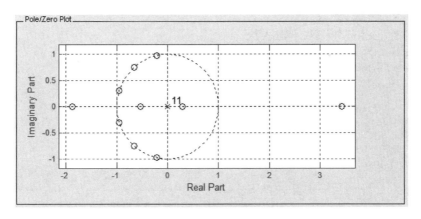

图 3.40 滤波器的零极点分布

当根据给定的技术指标设计好数字滤波器后,FDATool 的输出就是滤波器的系数,如图 3.41 所示。

单击 File→Export 下拉菜单,可以将设计好的滤波器系数导出。如果选择 Export To Workspace,则将滤波器系数以数组的形式存储到 MATLAB 的工作空间 Workspace 里;选择 Export To Coefficient File(ASCII),则 MATLAB 将会生成一个后缀为 fcf 的文件,该文件相当于滤波器设计报告,详细描述了滤波器的算法、系数和类型等信息;选择 Export To MAT-File,将滤波器系数存为后缀为 mat 的 MATLAB 数据文件;选择 Export To SPTool,则存储为供信号处理工具软件 SPTool(Signal Processing Tool)使用的数据格式,如图 3.42 所示。

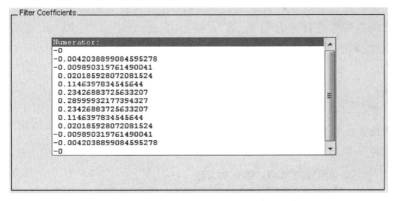

图 3.41 滤波器的系数

图 3.42 导出滤波器系数

下面的 fcf 文件就是 12 阶低通滤波器的相关信息(Hanning Window,Fc=7kHz,Fs=48kHz)。

```
% Generated by MATLAB(R) 7.6 and the Signal Processing Toolbox 6.9
%
% Generated on: 18 - Jul - 2017 14:40:56
%
% Coefficient Format: Decimal
% Discrete - Time FIR Filter (real)
```

```
%------------------------------------
%Filter Structure : Direct-Form FIR
%Filter Length    : 13
%Stable           : Yes
%Linear Phase     : Yes (Type 1)

Numerator:
-0
-0.0042038899084595278
-0.009890319761490041
 0.020185928072081524
 0.1146397834545644
 0.23426883725633207
 0.28999932177394327
 0.23426883725633207
 0.1146397834545644
 0.020185928072081524
-0.009890319761490041
-0.0042038899084595278
-0
```

上面介绍了如何使用 FDATool 工具来设计数字滤波器。可以看出 FDATool 是一种非常强大和完备的工具,不仅可以按照要求设计数字滤波器,还可以对数字滤波器的各种特性进行分析。在 FDATool 中需要输入的各种参数和限制条件非常丰富,甚至多于事先给定的技术指标,此时需要设计者进行合理比较和取舍。FDATool 工具极大减轻了设计者的劳动强度,让设计者可以把精力集中在技术含量更"高"的工作上面,如根据应用需求、性价比或硬件资源等因素选择滤波器的类型,确定滤波器的技术指标等。

3.8 参考文献

[1] 李素芝,万建伟.时域离散信号处理[M].长沙:国防科技大学出版社,1994.
[2] 万建伟,王玲.信号处理仿真技术[M].长沙:国防科技大学出版社,2008.

本章用到的 MATLAB 函数总结

函数名称及调用格式	函 数 用 途	对应章节数
[sos,g]=tf2sos(b,a)	直接型转级联型	3.1 节(例 3.1)
[C,B,A] = tf2par(b,a)	直接型转并联型(自定义函数)	3.1 节(例 3.1)
I = cplxcomp(p1,p2)	计算复数极点 p1 变为 p2 后留数的新序号(自定义函数)	3.1 节(例 3.1)
[C,B,A] = tf2fs(h)	直接型转频率采样型(自定义函数)	3.4 节(例 3.14)
[z,p,k] = buttap(n)	产生低通模拟 Butterworth 滤波器	3.2 节(例 3.2,例 3.8)
[n,Wn] =buttord(Wp,Ws,Rp,Rs)	计算 Butterworth 滤波器的阶数和截止频率	3.2 节(例 3.7,例 3.8) 3.3 节(例 3.11,例 3.12,例 3.13)
[b,a] = butter(n,Rp,Wn)	设计 n 阶 Butterworth 完全滤波器	3.2 节(例 3.7) 3.3 节(例 3.11,例 3.12,例 3.13)

续表

函数名称及调用格式	函 数 用 途	对应章节数
[z,p,k]=cheb1ap(n,Rp)	产生低通模拟 Chebyshev Ⅰ 型滤波器	3.2节(例3.3,例3.10)
[z,p,k]=cheb2ap(n,Rs)	产生低通模拟 Chebyshev Ⅱ 型滤波器	3.2节(例3.4,例3.9)
[z,p,k]=ellipap(n,Rp,Rs)	产生低通模拟椭圆型滤波器	3.2节(例3.5,例3.6)
[bt,at]=lp2lp(b,a,Wo)	从低通到低通的转换	3.2节(例3.6,例3.10)
[bt,at]=lp2hp(b,a,Wn)	从低通到高通的转换	3.2节(例3.6,例3.8,例3.9)
[bt,at]=lp2bp(b,a,Wn,Bw)	从低通到带通的转换	3.2节
[bt,at]=lp2bs(b,a,Wn,Bw)	从低通到带阻的转换	3.2节
freqs(num,den)	模拟滤波器频率响应	3.2节(例3.2,例3.4,例3.5,例3.6)
freqz(num,den)	数字滤波器频率响应	3.2节(例3.7,例3.8,例3.9,例3.10) 3.3节(例3.11,例3.12,例3.13) 3.5节(例3.15,例3.21)
[dB,mag,pha,grd,w]=freqz_m(b,a)	计算数字滤波器的幅频响应、相位响应和群延迟(自定义函数)	3.2节(例3.7) 3.5节(例3.15,例3.16,例3.17,例3.18,例3.19,例3.20)
[bz,az]=impinvar(b,a,fs)	脉冲响应不变法将模拟滤波器变换为数字滤波器	3.2节(例3.7,例3.10)
[zd,pd,kd]=bilinear(z,p,k,fs)	双线性变换法将模拟滤波器变换为数字滤波器	3.2节(例3.8)
eps	MATLAB中绝对值最小的数,使0/0有意义	3.5节
hd=ideal_lp(wc,N)	计算理想低通滤波器的单位脉冲响应(自定义函数)	3.5节(例3.15)
hd=ideal_hp(wc,N)	计算理想高通滤波器的单位脉冲响应(自定义函数)	3.5节(例3.16)
hd=ideal_bp(wc1,wc2,N)	计算理想带通滤波器的单位脉冲响应(自定义函数)	3.5节(例3.17)
hd=ideal_bs(wc1,wc2,N)	计算理想带阻滤波器的单位脉冲响应(自定义函数)	3.5节(例3.18)
[Hr,w,a,L]=hr_type1(h)	计算1型滤波器设计的振幅响应(自定义函数)	3.5节(例3.20)
[Hr,w,a,L]=hr_type2(h)	计算2型滤波器设计的振幅响应(自定义函数)	3.5节(例3.19)
[Hr,w,a,L]=hr_type3(h)	计算3型滤波器设计的振幅响应(自定义函数)	3.5节
[Hr,w,a,L]=hr_type4(h)	计算4型滤波器设计的振幅响应(自定义函数)	3.5节
fvtool(b,a)	观测滤波器的各种特性	3.5节(例3.21)
b=fir2(n,f,m)	实现频率采样法设计 FIR 数字滤波器	3.5节(例3.19,例3.20)

第4章

功率谱估计

4.1 概述

谱(spectrum)的概念最早由牛顿提出,1822年,法国工程师傅里叶提出了谐波分析的理论,由此奠定了信号分析和功率谱估计的理论基础。19世纪末,Schuster提出了周期图(periodogram)的概念,被沿用至今。1927年,Yule提出了用线性回归方程来模拟一个时间序列,这一工作成为现代谱估计中最重要方法(即参数模型法)的基础。1930年,著名控制论专家维纳(Wiener)首次精确定义了一个随机过程的自相关函数和功率谱密度,即功率谱密度是随机过程自相关函数的傅里叶变换,这就是维纳-辛钦定理。1958年,Blackman和Tukey提出了自相关谱估计,后人将其简称为BT法,它利用有限长数据估计自相关函数,再利用自相关函数做傅里叶变换来估计功率谱。

1965年,Cooley和Tuckey提出了快速傅里叶变换方法(FFT)[1],促进了现代谱估计的迅速发展。1967年,Burg提出了最大熵谱估计法,这是朝着高分辨率谱估计所做的最有意义的努力。值得一提的是,Barlett(1948年)和Parzem(1957年)都曾分别建议过利用自回归模型做谱估计,但在Burg发表论文之前都没有引起过注意。图4.1给出了各种谱估计方法的大致分类,仅供参考[2]。

综上所述,功率谱估计技术的发展源远流长,它所涉及的学科相当广泛,包括信号与系统、随机信号分析、概率统计、随机过程、矩阵代数等一系列基础学科,它的应用领域也十分广泛,包括雷达、声呐、通信、地质勘测、天文、生物医学等众多领域,其内容和方法都在不断更新,是一个具有强大生命力的研究领域。

频谱分析是数字信号处理的主要内容之一,由于实际中得到的随机信号总是有限长的,用这种有限长度的信号所估计得到的功率谱只是真实功率谱的一种近似。功率谱估计的目的就是根据有限数据在频域内提取被淹没在噪声中的有用信息。

第1章简要介绍过随机过程功率谱的概念,本章主要介绍功率谱的估计方法,包括间接法(BT法)、直接法(周期图法)和改进的周期图法等经典谱估计方法,还介绍参数模型功率谱估计方法,包括基于AR模型的自相关法(Yule-Walker)、Burg算法和协方差算法等。

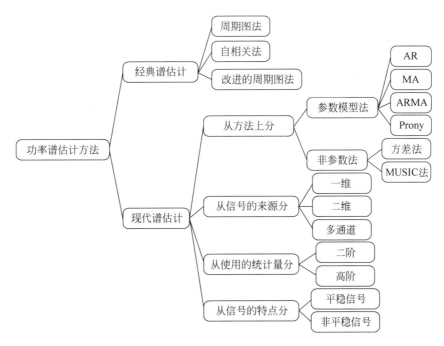

图 4.1 功率谱估计方法的分类

4.2 间接法(BT 法)

根据维纳-辛钦定理,先由 N 个观测值 $x_N(n)$ 估计出自相关函数 $r_x(m)$,求傅里叶变换,以此变换结果作为对功率谱 $P_X(\omega)$ 的估计。因此,间接法的具体实现过程主要分两步:第一步是自相关函数的估计,第二步是自相关函数的傅里叶变换。

如果我们得到了 $x(n)$ 的 N 个观测值 $x(0),x(1),\cdots,x(N-1)$,令

$$x_N(n) = a(n) \cdot x(n)$$

其中 $a(n)$ 是数据窗,对于矩形窗

$$a_r(n) = \begin{cases} 1, & 0 \leqslant n \leqslant N-1 \\ 0, & \text{其他} \end{cases}$$

计算 $r_x(m)$ 的估计值的一种方法是

$$\hat{r}_x(m) = \frac{1}{N-|m|} \sum_{n=0}^{N-1-|m|} x_N(n) x_N(n+m), \quad |m| \leqslant N-1$$

再将估计得到的自相关函数 $\hat{r}_x(m)$ 进行傅里叶变换

$$\hat{P}_{\text{BT}}(\omega) = \sum_{m=-M}^{M} v(m) \hat{r}_x(m) e^{-j\omega m}, \quad |M| \leqslant N-1$$

其中,$v(m)$ 是平滑窗,其宽度为 $2M+1$,以此作为功率谱的估计值。因为这种方法求出的功率谱是通过自相关函数的估计间接得到的,所以称为间接法,或者称为 BT 法(BT 指 Blackman 和 Tukey)。

4.3 直接法（周期图法）

直接法是把随机信号的 N 个观测值 $x_N(n)$ 直接进行傅里叶变换，得到 $X_N(\mathrm{e}^{\mathrm{j}\omega})$，然后取其幅值的平方，再除以 N 得到 $\hat{P}_{\mathrm{per}}(\omega)$，作为对 $x(n)$ 真实功率谱 $P_X(\omega)$ 的估计，即

$$\hat{P}_{\mathrm{per}}(\omega) = \frac{1}{N} \mid X_N(\mathrm{e}^{\mathrm{j}\omega}) \mid^2$$

其中

$$X_N(\mathrm{e}^{\mathrm{j}\omega}) = \sum_{n=0}^{N-1} x_N(n)\mathrm{e}^{-\mathrm{j}\omega n} = \sum_{n=0}^{N-1} x(n)a(n)\mathrm{e}^{-\mathrm{j}\omega n}$$

$a(n)$ 为所加的数据窗，如果 $a(n)$ 为矩形窗，则

$$X_N(\mathrm{e}^{\mathrm{j}\omega}) = \sum_{n=0}^{N-1} x(n)\mathrm{e}^{-\mathrm{j}\omega n}$$

因为这种功率谱估计的方法是直接通过观察数据的傅里叶变换求得的，所以习惯上称为直接法。由于 DFT 的周期为 N，得到的功率谱估计也是以 N 为周期的，因此直接法又称周期图法。

当间接法中使用的自相关函数延迟 $M=N-1$ 时，$\hat{P}_{\mathrm{per}}(\omega)$ 和 $\hat{P}_{\mathrm{BT}}(\omega)$ 是相同的，因此直接法可以看作是间接法功率谱估计的一个特例[3]。

4.4 改进的周期图法

由概率论可知，如果 $X_1, X_2, \cdots, X_L$ 是 L 个不相关的随机变量，每个随机变量的期望值为 μ，方差为 σ^2，那么将这 L 个随机变量求平均，它的数学期望仍然为 μ，而方差变为 σ^2/L。受此启发，如果将 N 点的观察值分成 L 个数据段，每段的数据为 M，然后计算 L 个数据段的周期图的平均值 $\overline{P}_{\mathrm{per}}(\omega)$ 作为功率谱的估计，这样就可以改善用 N 点观测值直接计算周期图的方差特性。

根据分段方法的不同，如果所分的数据段互相不重叠，选用的数据窗是矩形窗，这种周期图求平均的方法称作 Bartlett 法，如果所分的数据段可以互相重叠，选用的数据窗可以是任意窗，这种周期图求平均的方法称作 Welch 法。因此，Bartlett 法可以看作 Welch 法的一种特例。

4.4.1 Bartlett 法

Bartlett 平均周期图法是将信号序列 $x(n)$ 分成互不重叠的 M 个小段，$0 \leqslant n \leqslant N-1$，每个小段有 K 个采样值，则

$$MK = N$$

对每个段信号进行功率谱估计，然后求出它们的平均值作为整个序列 $x(n)$ 的功率谱估计。随着 M 增大，平均周期图法的方差趋向于零，因此它是功率谱的渐近一致估计。为了保证各段序列是相互独立的，可以选取 K，使得 $m>K$ 时，自相关函数 $R_x(m)$ 很小，可以忽略不计，则各段序列就是互不相关的。

例 4.1 利用普通周期图法和 Bartlett 法分别求信号 $x(n)$ 的功率谱，其中 $f_1=0.03\mathrm{Hz}$，$f_2=0.14\mathrm{Hz}$，$w(n)$ 为零均值、方差为 1 的白噪声序列，信号长度为 1024。

$$x(n) = \sin(2\pi f_1 n) + 3\cos(2\pi f_2 n) + w(n)$$

解：MATLAB 源代码如下(见 chp4sec4_1.m)，实验结果如图 4.2 和图 4.3 所示。

```
% 用普通周期图法和 Bartlett 法估计功率谱 chp4sec4_1.m
clear;
clc;
N = 1024;
Ns = 256;
n = [0:N-1];
f1 = 0.03;
f2 = 0.14;
wn = randn(1,N);
xn = sin(2 * pi * f1 * n) + 3 * cos(2 * pi * f2 * n) + wn;
% 普通周期图法
pxx0 = abs(fft(xn,Ns).^2)/Ns;
Pxx = 10 * log10(pxx0);
f = (0:length(Pxx) - 1)/length(Pxx);
plot(f,Pxx);
xlabel('频率');ylabel('功率/dB');
title('普通周期图法');
grid on;
% Bartlett 法,分为互不重叠的 4 段
figure;
pxx1 = abs(fft(xn(1:256),Ns).^2)/Ns;
pxx2 = abs(fft(xn(257:512),Ns).^2)/Ns;
pxx3 = abs(fft(xn(513:768),Ns).^2)/Ns;
pxx4 = abs(fft(xn(769:1024),Ns).^2)/Ns;
Pxx = 10 * log10((pxx1 + pxx2 + pxx3 + pxx4)/4);      % 对这 4 段进行平均作为总的估计值
plot(f,Pxx);
xlabel('频率');ylabel('功率/dB');
title('无重叠分段频谱图,1024 点分为 4 段');
grid on;
```

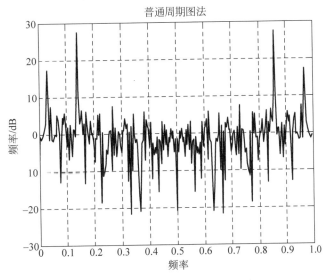

图 4.2 普通周期图法估计功率谱

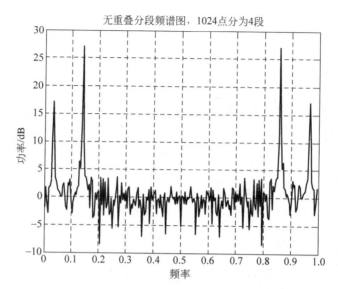

图 4.3 Bartlett 法估计功率谱，无重叠分段

从图 4.2 和图 4.3 中可以看出，无论是普通周期图法还是 Bartlett 法估计功率谱，在频率 0.03Hz 和 0.14Hz 处功率谱都有两个峰值出现，说明信号中含有的 0.03Hz 和 0.14Hz 两个频率成分被检测出来。对于周期图法，功率谱密度在很大范围内都在波动，而且随着信号取样点数的增加，波动反而会趋向剧烈。Bartlett 法对信号进行加窗处理后，功率谱估计变得比较平滑，但分辨率会下降。

4.4.2 加窗 Bartlett 法

加窗 Bartlett 法在信号序列 $x(n)$ 分段后，用非矩形窗口对每一小段信号进行预处理，再采用前述分段平均周期图法（即 Bartlett 法）进行整个信号序列的功率谱估计。由窗函数的基本知识可知，采用合适的非矩形窗口对信号进行预处理可减小频谱泄露，同时还可以增加谱峰的宽度，从而提高频谱分辨率。

在对窗函数进行选择时，一般有如下几个要求：

(1) 窗口宽度 M 要远小于样本序列长度 N，目的是排除不可靠的自相关值。

(2) 当平稳信号为实过程时，为保证平滑周期图和真实功率谱同样也是实偶函数，平滑窗函数必须是实偶对称函数。

(3) 平滑窗函数应当在 $m=0$ 处有峰值，并随 m 绝对值增加而单调下降，目的是使可靠的自相关值有较大的权值。

(4) 功率谱是频率的非负函数，由于周期图是非负的，因而要求窗函数的傅里叶变换是非负的。

例 4.2 对于例 4.1 的随机信号序列，请采用加窗 Bartlett 法估计功率谱。

解：按照无重叠和有重叠进行分段，采用汉宁窗加窗预处理，MATLAB 源代码如下（见 chp4sec4_2.m），实验结果如图 4.4 和图 4.5 所示。

```
% 加窗 Bartlett 法估计功率谱 chp4sec4_2.m
clear;
```

```
clc;
N = 1024;
Ns = 256;
n = [0:N - 1];
f1 = 0.03;
f2 = 0.14;
wn = randn(1,N);
xn = sin(2 * pi * f1 * n) + 3 * cos(2 * pi * f2 * n) + wn;
w = hanning(256)';   % 对分段数据加汉宁窗
% 无重叠分段
pxx1 = abs(fft(w. * xn(1:256),Ns).^2)/Ns;
pxx2 = abs(fft(w. * xn(257:512),Ns).^2)/Ns;
pxx3 = abs(fft(w. * xn(513:768),Ns).^2)/Ns;
pxx4 = abs(fft(w. * xn(769:1024),Ns).^2)/Ns;
Pxx = 10 * log10((pxx1 + pxx2 + pxx3 + pxx4)/4);
f = (0:length(Pxx) - 1)/length(Pxx);
plot(f,Pxx);
xlabel('频率');ylabel('功率(dB)');title('无重叠分段频谱图,1024点分为4段');
grid on;
% 重叠分段 1:2
pxx1 = abs(fft(w. * xn(1:256),Ns).^2)/Ns;
pxx2 = abs(fft(w. * xn(129:384),Ns).^2)/Ns;
pxx3 = abs(fft(w. * xn(257:512),Ns).^2)/Ns;
pxx4 = abs(fft(w. * xn(385:640),Ns).^2)/Ns;
pxx5 = abs(fft(w. * xn(513:768),Ns).^2)/Ns;
pxx6 = abs(fft(w. * xn(641:896),Ns).^2)/Ns;
pxx7 = abs(fft(w. * xn(769:1024),Ns).^2)/Ns;
Pxx = 10 * log10((pxx1 + pxx2 + pxx3 + pxx4 + pxx5 + pxx6 + pxx7)/7);
figure;
plot(f,Pxx);
xlabel('频率');ylabel('功率(dB)');title('2:1重叠分段频谱图,1024点分为7段');
grid on;
```

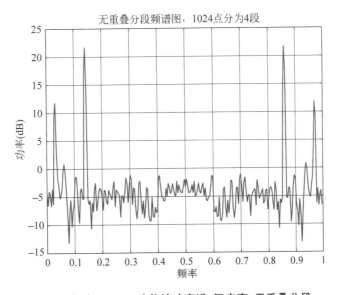

图 4.4　加窗 Bartlett 法估计功率谱,汉宁窗,无重叠分段

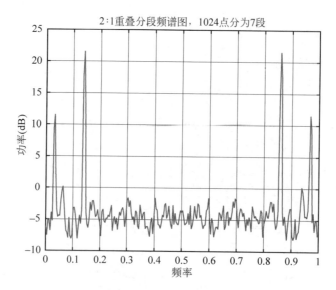

图 4.5　加窗 Bartlett 法估计功率谱,汉宁窗,重叠分段

从图 4.4 和图 4.5 中可以看出,无重叠和有重叠的加窗 Bartlett 法都能检测出 0.03Hz 和 0.14Hz 两个频率成分。加窗处理后,都获得了较好的频率分辨率。对于重叠分段的方法,谱峰得到了加宽,而且噪声功率谱均在 0dB 附近,更为平坦。

4.4.3　Welch 法

Welch 功率谱估计法,又称加权交叠平均法,它是采用信号重叠分段、加窗函数和 FFT 等算法来估计一个信号序列的功率谱密度。每段数据可以选择其他的窗函数,不一定要求是矩形窗。

假定观测数据是 $x(n)$,$0 \leqslant n \leqslant N-1$,现将其分段,每段长度为 M,段与段之间的重叠为 $M-K$,则第 i 个数据段经加窗后可以表示为

$$x_M^i(n) = a(n)x(n+iK)$$

其中 $i=0,1,\cdots,L-1$,$n=0,1,\cdots,M-1$,K 为整数,L 为分段数,它们之间满足如下关系

$$(L-1)K + M \leqslant N$$

该数据段的周期图为

$$\hat{P}_{\text{per}}^i(\omega) = \frac{1}{MU} \mid X_M^i(\omega) \mid^2$$

U 为归一化因子,是为了保证估计得到的功率谱是真实功率谱的渐近无偏估计。$X_M^i(\omega)$ 为

$$X_M^i(\omega) = \sum_{n=0}^{M-1} x_M^i(n) e^{-j\omega n}$$

由此得到的平均周期图为

$$P_{\text{per}}(\omega) = \frac{1}{L} \sum_{i=0}^{L-1} \hat{P}_{\text{per}}^i(\omega)$$

MATLAB 提供了专门的函数 pwelch 来实现 Welch 算法,而不需要像 Bartlett 法一样自己编写子函数。pwelch 的用法如下:

```
[Pxx,f] = pwelch(x,window,noverlap,nfft,fs)
```

其中,输入 x 表示信号序列;window 表示加窗的类型,默认值为汉明窗;noverlap 表示分段序列重叠的采样点数,它应该小于 window 长度,默认值为 window 长度的一半;nfft 表示 FFT 长度,这个取值决定了功率谱估计的速度,建议取值为 2 的整数次幂;fs 表示采样频率,默认值为 1Hz。输出 Pxx 表示信号 x 的功率谱密度估计;f 为对应的频率。

例 4.3 对于例 4.1 的随机信号序列,请采用 Welch 法估计功率谱,采样率为 1Hz。

解:MATLAB 源代码如下(见 chp4sec4_3.m),实验结果如图 4.6 所示。

```
% 采用 Welch 法估计功率谱 chp4sec4_3.m
clear;
clc;
N = 1024;
n = [0:N-1];
f1 = 0.03;
f2 = 0.14;
Fs = 1;
wn = randn(1,N);
xn = sin(2*pi*f1*n) + 3*cos(2*pi*f2*n) + wn;
[Pxx,f] = pwelch(xn,[],[],[],Fs,'twosided');
Pxx = 10*log10(Pxx);
plot(f,Pxx);grid on;
xlabel('频率');ylabel('功率/dB');title('Welch法');
```

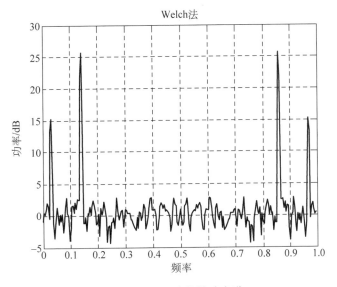

图 4.6 Welch 法估计功率谱

4.5 其他谱估计方法

4.5.1 多窗口法

多窗口法(简称 MTM 法),是利用多个正交窗口获得各自独立的近似功率谱估计,然后综合这些结果得到一个最终的估计。相对于普通的周期图法,这种功率谱估计具有更大的自由度,并在估计精度和估计波动方面均有较好的改善。普通的功率谱估计只利用单一窗口,因此在序列始端和末端均会丢失相关信息,而 MTM 法通过增加窗口来充分利用这些信息。

MTM 法简单地采用一个参数,即时宽与带宽之积 NW,这个参数用于定义计算功率谱所用窗的数目为 $2 \times NW-1$。若 NW 越大,功率谱计算的次数越多,估计的波动就会越小。但窗宽与 NW 成比例,随着 NW 的增大,每次估计就会有更多的泄漏,总功率谱估计的偏差会增大。对于每一个数据组,通常有一个最优的 NW 取值,使得在估计偏差和估计波动两个方面求得均衡。

MATLAB 提供了专门的函数 pmtm 来实现 MTM 算法,pmtm 的用法如下:

[Pxx,f] = pmtm(x,nw,nfft,fs)

其中,输入 x 表示信号序列; nw 表示时宽带宽乘积,默认值为 4; nfft 表示 FFT 长度; fs 为采样频率。输出 Pxx 表示信号 x 的功率谱密度估计; f 为对应的频率。

例 4.4 对于例 4.1 的随机信号序列,请采用 MTM 法估计功率谱,采样率为 1Hz。

解: MATLAB 源代码如下(见 chp4sec4_4.m),实验结果如图 4.7 所示。

```
% 采用 MTM 法估计功率谱 chp4sec4_4.m
clear;
clc;
N = 1024;
n = [0:N-1];
f1 = 0.03; f2 = 0.14;
Fs = 1;
wn = randn(1,N);
xn = sin(2*pi*f1*n) + 3*cos(2*pi*f2*n) + wn;
[Pxx,f] = pmtm(xn,4,256,Fs);
Pxx = 10*log10(Pxx);
plot(f,Pxx); grid on;
xlabel('频率'); ylabel('功率/dB'); title('MTM法');
```

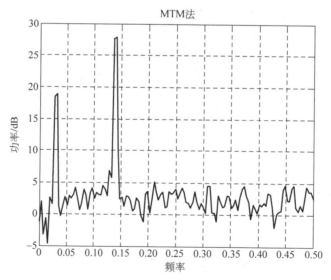

图 4.7 多窗口法(MTM)估计功率谱

4.5.2 最大熵估计法

周期图法功率谱估计需要对信号序列进行截断或者加窗处理,这种估计得到的功率谱密度其实是随机信号序列真实谱和窗谱的卷积,导致产生误差。最大熵功率谱估计的目的是最大限度地保留截断后丢失的"窗口"以外的信息,使估计功率谱的熵最大。

最大熵谱估计的基本思想是以已知的自相关序列 $r_{xx}(0), r_{xx}(1), \cdots, r_{xx}(p)$ 为基础,外推自相关序列 $r_{xx}(p+1), r_{xx}(p+2), \cdots$,保证信息熵最大。在采用最大熵谱估计法时,假定随机过程是平稳的高斯随机过程,可以证明:随机信号的最大熵谱估计与 AR 自回归模型谱和全极点线性预测谱是等价的[4]。

MATLAB 提供了专门的函数 pburg 来实现最大熵谱估计算法,pburg 的用法如下:

```
[Pxx,f] = pmtm(x,p,nfft,fs)
```

其中,输入 x 表示信号序列;p 表示 AR 模型的阶数;nfft 表示 FFT 长度;fs 为采样频率。输出 Pxx 表示信号 x 的功率谱密度估计;f 为对应的频率。

例 4.5 对于例 4.1 的随机信号序列,请采用最大熵法估计功率谱,采样率为 1Hz。

解:MATLAB 源代码如下(见 chp4sec4_5.m),实验结果如图 4.8 所示。

```
% 采用最大熵法估计功率谱 chp4sec4_5.m
clear;
clc;
N = 1024;
n = [0:N-1];
f1 = 0.03;f2 = 0.14;
Fs = 1;
p_AR = 20;   % AR模型阶数
wn = randn(1,N);
xn = sin(2*pi*f1*n) + 3*cos(2*pi*f2*n) + wn;
[Pxx,f] = pburg(xn,p_AR,256,Fs);   %
```

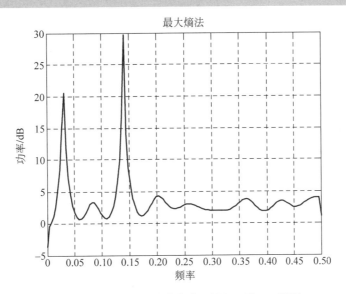

图 4.8 最大熵法估计功率谱,采用 20 阶 AR 模型

```
Pxx = 10 * log10(Pxx);
plot(f,Pxx);grid on;
xlabel('频率');ylabel('功率/dB');title('最大熵法');
```

基于 AR 模型的功率谱估计是现代谱估计中最常用的一种方法。因为整个计算都以观测数据直接进行，避开了自相关函数估计这个中间环节，因此 AR 模型参数提取的 Burg 算法具有较好的频率分辨率。

除此之外，MATLAB 还提供了其他几种功率谱估计函数，如 pmusic、pcov、pyulear 等，有兴趣的读者可以查阅 MATLAB 帮助文档(Signal Processing Toolbox/spectrum)。

例 4.6 用多种方法估计信号序列 $x(n)$ 的功率谱，其中信号长度为 1024 点，$f_1 = 200\text{Hz}, f_2 = 400\text{Hz}, f_3 = 450\text{Hz}, w(n)$ 为白噪声。

$$x(n) = \cos(2\pi f_1 n) + 2\sin(2\pi f_2 n) + \sin(2\pi f_3 n) + w(n)$$

解：MATLAB 源代码如下(见 chp4sec4_6.m)，实验结果如图 4.9、图 4.10 所示。

```
% 采用多种方法估计功率谱 chp4sec4_6.m
clear;
clc;
Fs = 1000;
nfft = 1024;
N = 1024;
t = 0:1/Fs:(N-1)/Fs;
f1 = 100;f2 = 400;f3 = 450;
w = randn(size(t));
x = cos(2*pi*f1*t) + 2*sin(2*pi*f2*t) + sin(2*pi*f3*t) + w;
subplot(2,2,1);pburg(x,4,nfft,Fs);title('最大熵法');
subplot(2,2,2);pcov(x,4,nfft,Fs);title('协方差法');
```

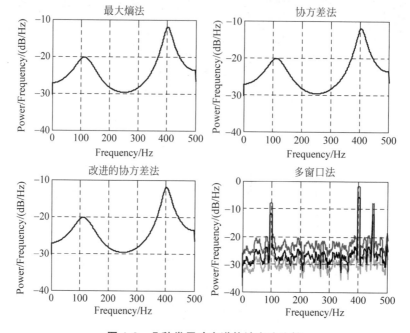

图 4.9 几种常用功率谱估计方法比较

```
subplot(2,2,3);pmcov(x,4,nfft,Fs);title('改进的协方差法');
subplot(2,2,4);pmtm(x,4,nfft,Fs);title('多窗口法');
figure;
subplot(2,2,1);periodogram(x,[],nfft,Fs);title('周期图法');
subplot(2,2,2);pwelch(x,[],32,nfft,Fs);title('Welch法');
subplot(2,2,3);pyulear(x,4,nfft,Fs);title('Yule-Walker法');
subplot(2,2,4);pmusic(x,4,nfft,Fs);title('Music法');
```

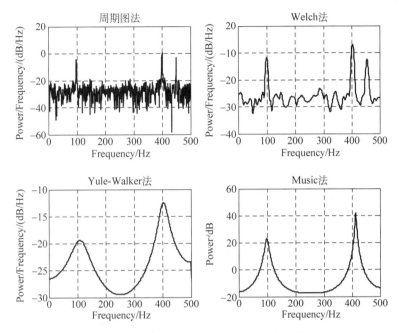

图 4.10　几种常用功率谱估计方法比较

从实验结果可以看出，对于 200Hz、400Hz 和 450Hz 这三个单频信号，一些经典的谱估计方法尽管波形比较平滑，但估计的精度不是很高，无法把 400Hz 和 450Hz 区分开，存在一定的偏差。现代谱估计方法（如 MTM 法、Welch 法）效果就比较好，估计的频谱精度较高。

4.6　短时傅里叶变换

前面几节介绍的功率谱估计方法都是基于傅里叶变换，它们只适用于确定性信号和统计量不随时间变化的平稳随机信号。然而实际的信号往往是非平稳的，其统计量随时间而变化，例如气温、人的血压、语音信号等。

既然非平稳信号的统计量随时间变化，那么对非平稳信号应该主要考察其局部统计性能。此时，傅里叶变换不再是有效的数学工具。傅里叶变换可用内积形式表示为

$$S(f) = \langle s(t), e^{j2\pi ft} \rangle$$

从上式可见，傅里叶变换的原函数 $s(t)$ 和核函数 $e^{j2\pi ft}$ 的时间长度均取 $(-\infty, \infty)$。因此，傅里叶变换本质上是信号 $s(t)$ 的全局变换，对信号在整个时间过程中进行分析，它无法分析信号的局部统计性能。信号的局部性能需要使用时域和频域的二维联合表示才能得到精确描

述。那么就需要把非平稳信号 $s(t)$ 用时频联合表示为 $S(t,f)$ 的形式。其中,短时傅里叶变换(STFT)是一种常用的时频分析数学方法。

傅里叶变换的核函数是正弦函数 $e^{j2\pi ft}$,它是定义在整个时域上的。如果将正弦函数乘以一个时域内快速衰减的函数后再作为核函数,就可以突出原函数的局部特征,短时傅里叶变换即基于此思想对非平稳信号进行时频联合分析。具体方法为:采用某一滑动窗在时域截取信号,并认为窗内的短时信号是准平稳的;再分别对其进行傅里叶变换,就构成了时变信号的时频谱;最后得到由各段信号构成的时变谱阵。

对于离散信号序列 $x(n)$,它在 n 时刻的短时数据为

$$x_n(m) = x(m)w(n-m)$$

其中,$w(n)$ 为窗函数。一般选择中心对称的滑动窗,能量集中在 m 或原点($m=0$)附近。上式的离散傅里叶变换可表示为

$$X_{\text{STFT}}(n,f) = \sum_m x_n(m)e^{-j2\pi nf} = \sum_m x(m)w(n-m)e^{-j2\pi nf}$$

即为非平稳信号 $x(n)$ 的离散 STFT 变换公式,它给出了信号在 $n=m$ 附近的一段时间内的时-频信息。

STFT 的原理示意图如图 4.11 所示。

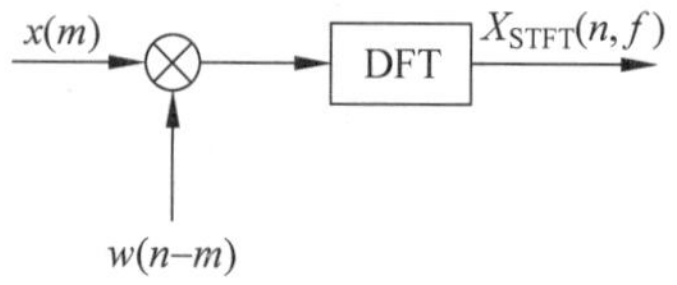

分别用 Δt 和 Δf 表示 STFT 的时间分辨率与频率分辨率,则它们的乘积满足不等式:

$$\text{时间-带宽积} = \Delta t \cdot \Delta f \geqslant \frac{1}{4\pi}$$

图 4.11 短时傅里叶变换的原理框图

当且仅当窗函数为高斯函数时等号成立,这一不等式称为不确定性原理,意味着不可能同时得到无限高的时间分辨率和频率分辨率。若想得到更高的时间分辨率,就只能牺牲频率分辨率;反之亦然。两个极端的例子是:当窗函数取冲激信号 $w(n)=\delta(n)$ 时,相当于只取非平稳信号的第 n 个采样值分析,时间分辨率最高,但却完全丧失了频率分辨率;当窗函数取单位直流信号 $w(n)=1$ 时,则 STFT 退化为傅里叶变换,此时频率分辨率最高,但却不提供任何时间分辨率。

MATLAB 提供了函数 spectrogram 用于计算短时傅里叶变换的谱图,其调用格式为

- S=spectrogram(x)

该函数返回信号向量 x 的谱图。x 默认分为 8 小段。

当 x 为实数时,spectrogram 只在正频率内计算离散 STFT 变换。如果 x 为偶数,则函数返回值 S 的行数为 nfft/2+1;如果 x 为奇数,则 S 的行数为 (nfft+1)/2。

当 x 为复数时,spectrogram 将计算正、负频域内的离散 STFT 变换,返回值 S 为复矩阵。设 x 长度为 N_x,则 S 的行数与列数分别为 nfft、fix(N_x-noverlap)/(length(window)-noverlap)。

- S=spectrogram(x,window,noverlap,nfft,fs)

采用指定的窗函数,如果 window 宽度为整数,则 x 被分割成与该整数相等的小段且采用汉明窗;如果 window 是向量,则 x 被分割成 length(window) 小段,并且每一小段分别采用该向量中指定的窗函数。

noverlap 指定各分段中重叠的点数。它必须是一个整数,当 window 为整数时,noverlap 小于 window 的值;当 window 是向量时,小于 length(window)。

nfft 必须是标量,指定离散傅里叶变换计算点数,且为 2 的整数次幂时速度较快。

fs 为采样频率,默认为 1Hz。

例 4.7 对例 4.1 的随机信号序列进行如下改动:频率为 f_1 的正弦信号存在于(50,350)范围内,频率为 f_2 的正弦信号存在于(650,950)范围内。为使信号清晰,把白噪声的功率降低一半。利用 MATLAB 编写 STFT 的代码,分析信号的时频特性。STFT 参数为:FFT 计算点数为 256 点,窗长度为 20,重叠长度为窗长的 1/4。

解:MATLAB 源代码如下(见 chp4sec4_7.m),实验结果如图 4.12~图 4.15 所示。

```
% 采用 STFT 估计信号时频谱 chp4sec4_7.m
clear;
clc;
N = 256;
Ns = 256;                % FFT 点数
n = [0:N-1];
f1 = 0.1;
f2 = 0.2;
x = zeros(size(n));
x(10:90) = 2 * sin(2 * pi * f1 * (n(10:90) - 10));
x(110:190) = 4 * cos(2 * pi * f2 * (n(110:190) - 110));
wn = (1/sqrt(2)) * randn(1,N);
x = x + wn;

figure(1);
plot(x);axis tight;xlabel('时间');ylabel('幅度');
title('信号的时域波形');
grid on;

pxx0 = abs(fft(x,Ns).^2)/Ns;
Pxx = 10 * log10(pxx0);
f = (0:length(Pxx) - 1)/length(Pxx);
figure(2);
plot(f,Pxx);xlabel('频率');ylabel('功率');
title('信号的功率谱');
grid on;

Nw = 20;                 % 窗长
L = Nw/4;                % 重叠长度
Ts = round((N - Nw)/L) + 1;
TF = zeros(Ts,Ns);
for i = 1:Ts
    xw = x((i-1) * L + 1:i * L + L);
    temp = fft(xw,Ns);
    TF(i,:) = temp;
end
t = ((1:Ts) - 1) * L + Nw;

figure(3);
mesh(f,t,abs(TF));
xlabel('频率');ylabel('时间');zlabel('功率');
```

```
title('信号的 STFT 时-频谱');
axis([0 1 0 256 0 20])

figure(4);
contour(f,t,abs(TF));
xlabel('频率');ylabel('时间');
title('信号的 STFT 时-频谱的等值线');
grid on;
```

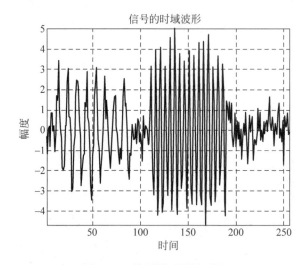

图 4.12 信号的时域波形图

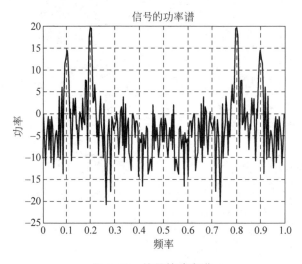

图 4.13 信号的功率谱

在信号的傅里叶频谱中可以观测到信号中确实存在两种频率,但却无法辨识出它们的持续时间,而从信号的 STFT 时-频谱中不仅能看出这两种频率,还能得出其持续时间,这就是短时傅里叶变换在分析非平稳随机信号时的优势所在。

例 4.8 用 MATLAB 工具箱函数 chirp 产生两个扫频信号,一个频率由小变大,另一个频率由大变小,将两者相加,并用 MATLAB 工具箱函数 spectrogram 求其时-频谱。

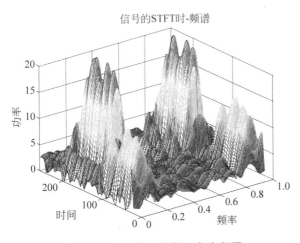

图 4.14　信号的短时傅里叶时-频图

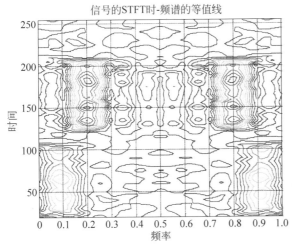

图 4.15　信号的 STFT 时-频等高线图

解：MATLAB 源代码如下（见 chp4sec4_8.m），实验结果如图 4.16 所示。

```
% 用 STFT 估计扫频信号时频谱 chp4sec4_8.m
clear;
clc;
N = 1024;
fs = 1000;
t = 0:1/fs:(N-1)/fs;
x1 = chirp(t,0,1,300,'q',[],'convex');
x2 = chirp(t,300,1,0,'q',[],'convex');
x = x1 + x2;
subplot(2,1,1);plot(t,x);
title('Chirp 信号 x');axis tight;xlabel('时间');ylabel('幅度');
subplot(2,1,2);spectrogram(x,128,100,256,fs,'yaxis');
xlabel('时间');ylabel('频率');title('信号 x 的 STFT');
```

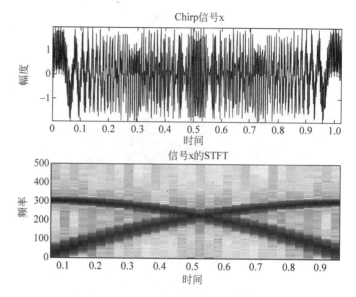

图 4.16　扫频信号的时-频图

4.7　课外知识点：信号处理工具 SPTool

MATLAB 信号处理工具箱还为信号处理的学习和研究专门开发了一个集成工具 SPTool（Signal Processing Tool），利用 SPTool 工具可以非常便捷地对信号处理的整个流程进行观察和分析，包括在时域对信号进行分析，数字滤波器的设计，在频域对信号进行分析。

在 MATLAB 命令窗口中输入 sptool 命令后就会出现图 4.17 所示窗口界面，该工具主要有以下 3 个功能区域。

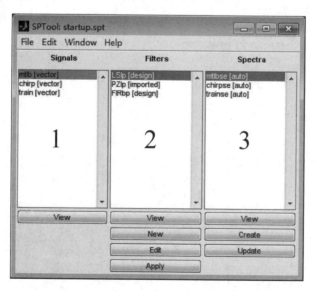

图 4.17　SPTool 工具界面

- **区域 1 Signals**，该区域主要在时域对信号进行分析，包括在时域对信号进行观察，对信号在时间轴和幅度轴上进行拉伸/压缩变换，对信号局部放大，对信号的特定区间进行标记，还可以对信号进行播放操作等。
- **区域 2 Filters**，该区域主要是设计数字滤波器，主要包括 3 个选项：选项 View 表示直接应用一个设计好的数字滤波器，该选项仅能了解数字滤波器的信息；选项 New 表示重新设计一个全新的数字滤波器，单击该选项就出现 FDATool 的界面；选项 Edit 表示修改一个设计好的数字滤波器，即利用 FDATool 工具修改一个现成的数字滤波器。
- **区域 3 Spectra**，该区域主要是观测输出信号的频谱，可以很方便地设置相关参数，包括谱估计方法、FFT 点数等。

接下来，我们详细介绍上述 3 个区域的主要功能。

1. 信号模块(Signals)

该模块的信号主要有两个来源：一个是 MATLAB 信号处理工具箱自带的样本数据，也可以用自己设计的信号。SPTool 的信号模块提供了 3 个样本数据，分别是 mtlb (MATLAB 的英语发音)、chirp(鸟鸣声，见图 4.18)和 train(火车鸣笛声)。

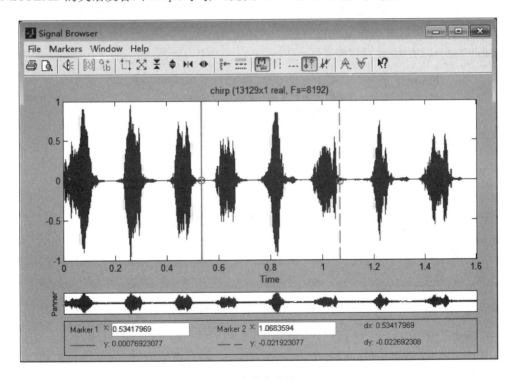

图 4.18　鸟鸣声信号(chirp)

在图 4.18 所示的信号浏览器(Signal Browser)界面中，对信号 chirp 的操作大部分都集中在工具栏(toolbar)里面。对 MATLAB 或其他 Windows 程序熟悉的读者对这些控件的功能应该都不陌生，表 4.1 对主要功能进行了总结。

表 4.1　Signals 模块工具栏主要功能

图标	主要功能
	按照采样率播放音频信号
	显示阵列信号或复信号，例如立体声信号
	信号的缩放，局部放大
	选取其中一路信号，并设颜色和线型
	设置横向和纵向记号
	标记局部最大值和最小值

如果选用的是自己设计的信号，则需要单击 File→Import 菜单将信号导入。以运行下面这段代码为例：

```
noise = 0.1 * randn(8000,1);
```

如图 4.19 所示，单击 Import 菜单，在来源（Source）处选择该信号来自于 Workspace，选中变量 noise 并添加为数据（Data），设置信号的采样率为 8192（因为 chirp 信号的采样率为 8192），同时记得设置该变量为信号（即 Import As Signal），单击 OK 按钮，则信号 noise 就添加进 Signal Browser 窗口中。

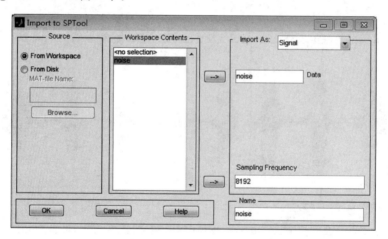

图 4.19　将信号 noise 导入 Signal Browser

在 Signal Browser 窗口的信号模块中，同时选中 chirp 和 noise 这两个信号后单击 View 按钮，就将这两路信号同时显示出来，为了便于观察，选中信号 noise 并将其设置为红色，最终的效果如图 4.20 所示。

2. 滤波器模块（Filters）

单击该模块的 New（新建一个数字滤波器）或者 Edit（修改数字滤波器）按钮，都会出现 FDATool 的界面。有关 FDATool 的使用，请见本书第 3 章，在此不再赘述。

除此以外，滤波器的设计还可以通过导入参数来实现。单击 File→Import 菜单，在 Import As 处选择 Filter。从图 4.21 可以看出，支持的滤波器参数可以有 4 种形式，分别是传递函数（Transfer Function）、状态空间（State Space）、零极点增益模型（Zeros, Poles,

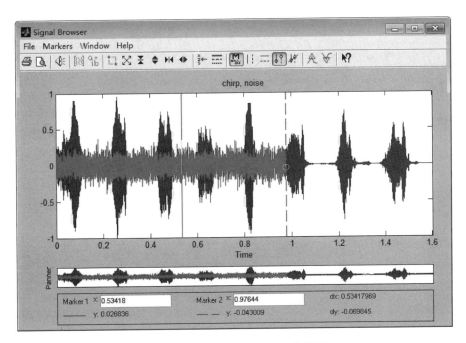

图 4.20　鸟鸣声信号（chirp）与白噪声信号（noise）

Gain），以及二阶级联（2nd Order Sections）。有关这些参数模型的详细介绍，请参阅 MATLAB 的帮助文档（FDATool：A Filter Design and Analysis GUI，以及 SPTool：A Signal Processing GUI Suite）。

3. 频谱模块（Spectra）

该模块下方的按钮与 Filter 模块的按钮类似：View 表示观察一个信号的频谱，其中该信号的来源、功率谱估计参数等都已设定完毕；Create 按钮表示估计一个信号的频谱，但该信号的来源、功率谱估计参数等还需要逐一设定；单击 Update 按钮，将选中的信号频谱替换当前选中的信号频谱。

图 4.21　导入滤波器参数的 4 种形式

仍以信号 chirp 为例，单击频谱模块的 Create 按钮，出现图 4.22 所示界面（Spectrum Viewer）。首先在左下方选择信号来源为 chirpse，再在左侧参数设置栏设定功率谱估计的参数（包括估计方法、该方法对应的参数等），在此我们选择 Yule-Walker AR 模型，阶数为 23，FFT 点数为 1024，设置完毕后单击左下方 Apply 按钮，在 Spectrum Viewer 右方就会出现 chirp 信号的功率谱估计结果。图 4.23 给出的是采用 FFT 方法直接估计功率谱的结果。

使用 Spectrum Viewer 估计功率谱非常方便，这有点类似于使用 FDATool 设计数字滤波器。MATLAB 开发者已经把常见的功率谱估计方法都集成在了这个工具中，并且把每种方法需要的参数都设计为下拉框或文本输入的形式。对于不同的估计方法，不同的参数配置，用户只需要在这个工具中稍微进行调整，单击 Apply 按钮就可以很方便地得到功率谱估计结果并进行对比分析，因此我们可以把精力集中在技术含量更"高"的工作上面，如算法选择、系统性价比分析、硬件资源的分配和平衡等。

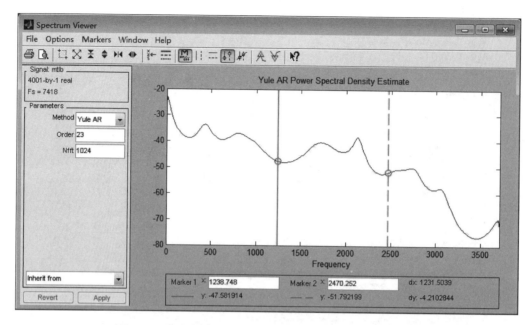

图 4.22　鸟鸣声信号(chirp)的功率谱，Yule-Walker AR 模型

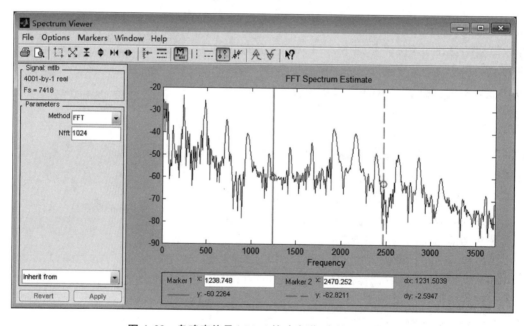

图 4.23　鸟鸣声信号(chirp)的功率谱，直接 FFT 估计

4.8　参考文献

[1] Cooley J W, Tukey J W. An Algorithm for the Machine Calculation of Complex Fourier Series[J]. Math. Comput. 1965, 19: 297-301.

[2] 胡广书. 数字信号处理理论、算法与实现[M]. 3 版. 北京：清华大学出版社, 2015.

[3] 皇甫堪,陈建文,楼生强.现代数字信号处理[M].北京:电子工业出版社,2003.
[4] 万建伟,王玲.信号处理仿真技术[M].长沙:国防科技大学出版社,2008.

本章用到的 MATLAB 函数总结

函数名称及调用格式	函 数 用 途	对应章节数
[Pxx,f] = pwelch(x,window,noverlap,nfft,fs)	采用 Welch 法估计功率谱	4.4 节(例 4.3) 4.5 节(例 4.6)
[Pxx,f] = pmtm(x,nw,nfft,fs)	采用 MTM 法估计功率谱	4.5 节(例 4.4,例 4.6)
[Pxx,f] = pburg(x,p,nfft,fs)	采用最大熵法估计功率谱	4.5 节(例 4.5,例 4.6)
[Pxx,f] = pcov(x,p,f,fs)	采用协方差法估计功率谱	4.5 节(例 4.6)
[Pxx,f] = pmcov(x,p,f,fs)	采用改进的协方差法估计功率谱	4.5 节(例 4.6)
[Pxx,f] = periodogram(x,window,f,fs)	采用周期图法估计功率谱	4.5 节(例 4.6)
[Pxx,f] = pyulear(x,p,f,fs)	采用 Yule-Walker 法估计功率谱	4.5 节(例 4.6)
[S,f] = pmusic(x,p,f,fs)	采用 MUSIC 法估计功率谱	4.5 节(例 4.6)
mesh(X,Y,Z)	绘制三维曲面的表面图	4.6 节(例 4.7)
contour(X,Y,Z)	绘制三维曲面的等值线	4.6 节(例 4.7)
y = chirp(t,f0,t1,f1)	生成扫频信号	4.6 节(例 4.8)
S=spectrogram(x,window,noverlap,nfft,fs)	采用 STFT 求信号的时-频谱	4.6 节(例 4.8)
Y=log10(x)	以 10 为底,取 x 的对数值	4.4 节(例 4.1,例 4.2,例 4.3) 4.5 节(例 4.4,例 4.5) 4.6 节(例 4.7)

第5章

自适应滤波

5.1 自适应滤波基本原理

所谓自适应,从通俗的意义上讲,就是这种滤波器能够根据输入信号统计特性的变化自动调整其结构参数,以满足某种最佳准则的要求。自适应滤波采用的最佳准则有最小均方误差(LMS)准则、最小二乘(LS)准则、最大信噪比准则等,其中应用最广泛的是 LMS 准则。

自适应滤波在通信、控制、语音分析和合成、地震信号处理、雷达和声呐波束形成以及医学诊断等诸多科学领域有着广泛的应用,正是这些应用推动了自适应滤波理论和技术的发展。本章将对一些典型的自适应滤波器应用实例进行介绍。

自适应滤波器一般由参数可调的数字滤波器和自适应算法两部分构成,如图 5.1 所示。

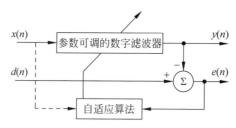

图 5.1　自适应滤波器原理图(闭环系统)

输入信号 $x(n)$ 通过参数可调的数字滤波器后产生输出信号 $y(n)$,将其与参考信号(或者期望响应)$d(n)$ 进行比较,形成误差信号 $e(n)$。通过预设的自适应算法对滤波器参数进行调整,以满足某种最佳准则为目的(如使 $e(n)$ 的均方值最小)。由于图 5.1 的自适应滤波器存在反馈机制,因此这是一种闭环系统。

自适应滤波器实际上是一种可以自动调整自身参数的特殊维纳滤波器,在设计时不需要事先知道关于输入信号和噪声统计特性的先验知识,它能够在自己的工作过程中逐渐"了解"或估计出所需的统计特性,并以此为依据自动调整自己的参数,以达到最佳滤波的目的。一旦输入信号的统计特性发生变化,它又能自动跟踪这种变化,自动调整自身参数,使滤波器的性能重新达到最佳。所以,自适应滤波器在输入过程的统计特性未知时,自适应滤波器调整自己参数的过程称作"学习"过程；当输入过程的统计特性变化时，自适应滤波器调整自己参数的过程称作"跟踪"过程。

最小均方误差(LMS)自适应滤波器与递推最小二乘(RLS)自适应滤波器是两种最常用的自适应滤波器，由于它们采用的最佳准则不一样，因此这两种自适应滤波器在原理、性能等方面均有较大差别，本章接下来将主要介绍这两种自适应滤波器。

5.2 最小均方误差自适应滤波

最小均方误差(Least Mean Square，LMS)滤波的准则在于，使得滤波器的输出与期望信号误差的平方统计平均值最小[1,2]。LMS 自适应横向滤波器原理图如图 5.2 所示。

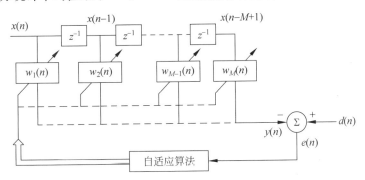

图 5.2　LMS 自适应横向滤波器原理图

该自适应滤波器的输入矢量为
$$\boldsymbol{X}(n) = [x(n), x(n-1), \cdots, x(n-M+1)]^\mathrm{T}$$
加权矢量(即滤波器参数矢量)为
$$\boldsymbol{W}(n) = [w_1(n), w_2(n), \cdots, w_M(n)]^\mathrm{T}$$
滤波器的输出为
$$y(n) = \sum_{i=1}^{M} w_i(n) x(n-i+1) = \boldsymbol{W}^\mathrm{T}(n)\boldsymbol{X}(n) = \boldsymbol{X}^\mathrm{T}(n)\boldsymbol{W}(n)$$
$y(n)$ 相对于滤波器期望输出 $d(n)$ 的误差为
$$e(n) = d(n) - y(n) = d(n) - \boldsymbol{W}^\mathrm{T}(n)\boldsymbol{X}(n)$$
根据最小均方误差准则，最佳的滤波器参量应使得均方误差最小，即
$$\min\{E[e^2(n)]\}$$

最小均方误差算法是一种简单实用的方法，其突出特点就是计算量小，易于实现，而且不要求离线计算。其关键技术在于按照 $e(n)$ 及各 $x(n)$ 值，通过某种算法，确定 $E[e^2(n)]$ 最小时各个 $w^*(n)$ 的取值，从而自动调节各 $w(n)$ 值至 $w^*(n)$。

LMS 自适应横向滤波器具有 FIR 滤波器的结构，虽然有简单和容易实现的优点，但也存在着计算量大的缺点，在实际应用中常需要采用阶数很高的 FIR 滤波器。如果此时改用 IIR 递推结构，滤波器阶数可以明显降低，而且在某些应用中必须采用 IIR 滤波器。

IIR 自适应滤波器的主要优点是可以大幅降低运算量，并且具有谐振和锐截止特性，但它也有两个主要不足：第一是由于递归结构存在着反馈支路，故在自适应过程中有可能使极点移到单位圆外从而使滤波器失去稳定性;第二是它的性能曲面一般高于二次的曲面,有可能存在一些局部最小值,使得搜索全局极小值的工作变得复杂和困难。为了克服第一个缺点,必须采取措施限制滤波器参数的取值范围;对于第二个缺点,则必须寻找更好的自适应算法,以便在复杂的性能曲面上能够正确地搜索全局最低点[1]。

图 5.3 所示为 LMS 自适应 IIR 滤波器原理图,图中输入信号矢量 $\boldsymbol{x}(n)$ 可以是单输入的,也可以是多输入的。

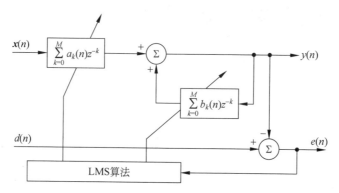

图 5.3　LMS 自适应 IIR 滤波器原理图

单输入情况下,IIR 滤波器的差分方程为

$$y(n) = \sum_{i=0}^{M} a_i(n) x(n-i) + \sum_{i=1}^{M} b_i(n) y(n-i)$$

误差为

$$e(n) = d(n) - y(n) = d(n) - \boldsymbol{W}^{\mathrm{T}}(n)\boldsymbol{U}(n) = d(n) - \boldsymbol{U}^{\mathrm{T}}(n)\boldsymbol{W}(n)$$

其中,复合权矢量 $\boldsymbol{W}(n)$ 和复合数据矢量 $\boldsymbol{U}(n)$ 分别定义为

$$\boldsymbol{W}(n) = [a_0(n), a_1(n), \cdots, a_M(n), b_1(n), \cdots, b_M(n)]^{\mathrm{T}}$$

$$\boldsymbol{U}(n) = [x(n), x(n-1), \cdots x(n-M), y(n-1), \cdots, y(n-M)]^{\mathrm{T}}$$

除此之外,还存在 LMS 自适应格型滤波器。这种格型结构中的反射系数可以根据输入数据直接进行计算,有迭代形式和非迭代形式两种算法,有兴趣的读者可以参阅有关文献[1]。

5.3　递归最小二乘自适应滤波

LMS 自适应横向滤波器和 LMS 自适应 IIR 滤波器等,根据的最佳准则都是最小均方误差(LMS)准则,即使得滤波器输出与期望信号误差的平方的统计平均值最小。LMS 准则根据输入数据的长期统计特性寻求最佳滤波。但是,通常已知的仅为一组数据,只能对长期统计特性进行估计或近似,LMS 算法、格型梯度算法等均是如此。在此介绍的最小二乘(Least Square,LS)算法,直接根据一组数据寻求最佳,主要包括 RLS 自适应横向滤波器、RLS 自适应格型滤波器和快速横向滤波自适应滤波器等。本章主要介绍 LMS 自适应横向滤波器。

假设输入信号为 $x(1), x(2), \cdots, x(N)$,将其加到一个 M 阶横向滤波器的输入端,其输出 $y(n)$ 满足 $y(n) = x(n) * w(n)$,假如滤波器的期望响应为 $d(n)$,则可得误差分量为

$$e(n) = d(n) - x(n) * w(n)$$

最小二乘算法是在满足误差测度函数 $\varepsilon(\boldsymbol{W})$ 取最小值条件下,求解出最佳的滤波器权系数 W_{opt},这就是最小二乘的基本原理。

$$\min[\varepsilon(\boldsymbol{W})] = \min\left(\sum_{n=i_1}^{i_2} |e(n)|^2\right)$$

这里所讨论的最小二乘滤波器实际上是一个确定性的最小二乘滤波器,求和的上下限 i_1 和 i_2 取决于不同的加窗形式。一般来说,输入数据的加窗方式有协方差法、自相关法、前加窗法和后加窗法等[1]。

RLS 滤波器算法是一种递推的最小二乘算法,n 时刻的滤波器参数可以在 $n-1$ 时刻滤波器参数的基础上,根据 n 时刻到了的输入数据 $x(n)$ 进行更新,因此观察到的数据长度是可变的,为此将误差测度函数写成数据长度 n 的函数 $\varepsilon(n)$。另外,习惯加入一个加权因子(又称遗忘因子)到误差测度函数的定义中,使之成为

$$\varepsilon(n) = \sum_{i=1}^{n} \lambda^{n-i} |e(i)|^2$$

其中,$0 < \lambda \leqslant 1$。引入加权因子 λ^{n-i} 的目的是赋予老数据与新数据不同的权值,以使自适应滤波器具有对输入过程特性变化的快速反应能力。RLS 自适应横向滤波器原理的具体推导过程和算法流程,有兴趣的读者可以参阅有关文献[1]。

LMS 滤波器与 RLS 滤波器是两种不同工作准则的滤波器。LMS 算法是一种有效而简便的方法,其优点是结构简单,算法复杂度低,易于实现,稳定性高,然而 LMS 算法对于快速变化的信号并不适用,因为它的收敛速度较慢。RLS 算法是另外一种基于最小二乘准则的精确方法,它具有快速收敛和稳定的回波抵消器特性,因而被广泛地应用于实时系统识别和快速启动的信道均衡等领域。

5.4 自适应滤波器的应用

许多实际问题无法采用固定的数字滤波器很好地解决,这是因为在设计固定系数滤波器时缺乏足够的信息,或者是在运算过程中输入数据特性发生改变导致预先设计的滤波器准则欠妥。这些问题都可以用自适应滤波器来较好地解决,这是因为自适应滤波器的显著特点就是在运算过程中,在无须人工干预的情况下也能修改自身的响应,从而快速适应外界的变化,提高滤波器的性能。自适应滤波器解决的实际应用问题非常广泛,包括通信中的回波抵消、数据通信中的信道均衡、线性预测编码、噪声抵消等[3]。下面通过几个例子介绍自适应滤波器的应用。

5.4.1 自适应干扰抵消

图 5.4 所示为自适应干扰抵消器的基本原理图,期望信号 $d(n)$ 是有用信号 $s(n)$ 与干扰 $N_1(n)$ 之和,即 $d(n)=s(n)+N_1(n)$,$N_2(n)$ 是与 $N_1(n)$ 相关的另一个干扰,自适应滤波器将调整自己的参数,以使其输出 $y(n)$ 成为 $N_1(n)$ 的最佳估计 $\hat{N}_1(n)$,误差 $e(n)$ 即为对有用信号的最佳估计,干扰 $N_1(n)$ 就得到了一定

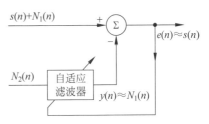

图 5.4 自适应干扰抵消器的基本原理框图

程度的抵消。

在具体应用中,还有两个实际问题需要考虑:

(1) 由于 $N_2(n)$ 与 $N_1(n)$ 相关,因而 $N_1(n)$ 能被很好地抵消。但若另外还有与 $N_1(n)$ 不相关的干扰 $N_3(n)$ 叠加在 $s(n)$ 上,则 $N_3(n)$ 无法被抵消。

(2) 若由于信号 $s(n)$ 输入自适应滤波器的输入端,则有用信号也将有一部分被抵消。因此,应尽可能地避免信号漏入自适应滤波器的输入端。

自适应干扰抵消有着广泛应用,例如在胎心监测中用于抵消胎儿心电图中的母亲的心音。将从母亲腹部取得的信号加在参考输入端,它是胎儿心音与母亲心音的叠加。将从母亲腹部取得的信号加在自适应滤波器输入端,系统输出的将是胎儿心音的最佳估计。下面通过一个类似的例子进行演示。

例 5.1 在鸟叫声 chirp 中混入高斯白噪声,请采用自适应的 LMS 算法提取纯净的鸟叫声信号。

解:chirp.mat 一般存放于 \toolbox\compiler\mcr\matlab\audiovideo 路径下,是 MATLAB 自带的一个数据文件,例题的 MATLAB 源代码如下(见 chp5sec4_1.m),实验结果如图 5.5 所示。

```
% 采用 LMS 自适应滤波器滤除 chirp 信号中的高斯白噪声 chp5sec4_1.m
clear;
clc;
load('chirp','Fs','y');
s = y;
N = length(s);
var = 1;                           % 高斯白噪声方差
n0 = sqrt(var) * randn(N,1);       % 零均值,高斯白噪声
nfilt = fir1(3,0.5);
n1 = filter(nfilt,1,n0);           % 接收到的噪声 n1 与 n0 相关
d = s + n1;                        % 接收到的语音信号,s 被 n1 污染

% LMS 自适应滤波
M = 32;
step = 0.01; % LMS step size.
lk = 1;
W0 = zeros(M,1);
Zi = zeros(M-1,1);
Hadapt = adaptfilt.lms(M,step,lk,W0,Zi);
[y,e] = filter(Hadapt,n0,d);       % y 是对 n1 的估计,误差 e = d - y 是对原始信号 s 的估计

subplot(3,1,1);plot(s);axis([1,N,-2,2]);title('原始语音信号');grid on;
subplot(3,1,2);plot(d);axis([1,N,-3,3]);title('观测到的信号');grid on;
subplot(3,1,3);plot(e);axis([1,N,-2,2]);title('恢复后的信号');grid on;
% sound(s,Fs);                     % 接上外接设备就可以听到声音效果
```

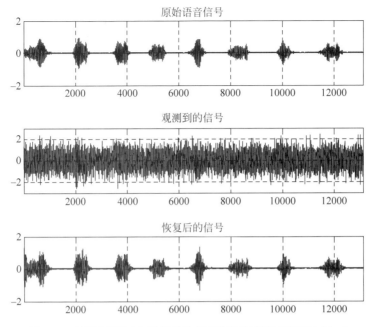

图 5.5 利用自适应 LMS 算法恢复被噪声污染的鸟叫声(chirp)

例 5.2 与例 5.1 类似,请采用自适应的 RLS 算法提取纯净的鸟叫声信号。

解:将自适应滤波器由 adaptfilt.lms 改为 adaptfilt.rls,并对输入参数进行必要的修改,例题的 MATLAB 源代码如下(见 chp5sec4_2.m),实验结果如图 5.6 所示。

```
% 采用 RLS 自适应滤波器滤除 chirp 信号中的高斯白噪声 chp5sec4_2.m
clear;
clc;
load('chirp','Fs','y');
s = y;
N = length(s);
var = 1;                              % 高斯白噪声方差
n0 = sqrt(var) * randn(N,1);          % 零均值,高斯白噪声
nfilt = fir1(3,0.5);
n1 = filter(nfilt,1,n0);              % 接收到的噪声 n1 与 n0 相关
d = s + n1;                           % 接收到的语音信号,s 被 n1 污染

% RLS 自适应滤波
M = 32;
lambda = 0.99;                        % RLS 算法遗忘因子
P0 = 10 * eye(M);                     % 输入信号协方差的逆矩阵
W0 = zeros(M,1);
Zi = zeros(M-1,1);
Hadapt = adaptfilt.rls(M,lambda,P0,W0,Zi);
[y,e] = filter(Hadapt,n0,d);          % y 是对 n1 的估计,误差 e = d-y 是对原始信号 s 的估计

subplot(3,1,1);plot(s);axis([1,N, -2,2]);title('原始语音信号');grid on;
subplot(3,1,2);plot(d);axis([1,N, -3,3]);title('观测到的信号');grid on;
subplot(3,1,3);plot(e);axis([1,N, -2,2]);title('恢复后的信号');grid on;
% sound(s,Fs);                        % 接上外接设备就可以听到声音效果
```

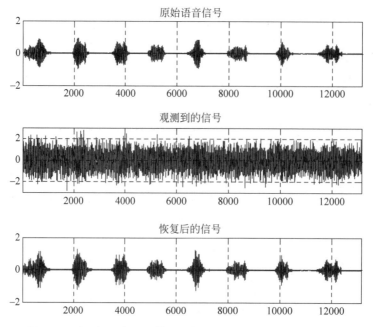

图 5.6 利用自适应 RLS 算法恢复被噪声污染的鸟叫声(chirp)

5.4.2 自适应预测

若将自适应干扰抵消器中的输入信号替换为有用信号的时延,则构成自适应预测器,其原理如图 5.7 所示。当完成自适应调整后,将自适应滤波器的参数复制移植到预测滤波器上,那么后者的输出便是对有用信号的预测,预测时间与时延时间相等。

自适应预测的应用之一是分离窄带信号和宽带信号。在图 5.7 所示的自适应预测器中,若在 A 端加入的是一个窄带信号 $s_N(n)$ 和一个宽带信号 $s_B(n)$ 的混合,窄带信号的自相关函数 $R_N(k)$ 比宽带信号的自相关函数 $R_B(k)$ 的有效带宽要短。当延迟时间选择为 $k_B < \Delta < k_N$ 时,信号 $s_B(n)$ 与 $s_B(n-\Delta)$ 将不再相关,而 $s_N(n)$ 与 $s_N(n-\Delta)$ 仍然相关,因而自适应滤波器的输出将只是 $s_N(n)$ 的最佳估计 $\hat{s}_N(n)$,$s_B(n)+s_N(n)$ 与 $s_N(n)$ 相减后将得到 $s_B(n)$ 的最佳估计 $\hat{s}_B(n)$,这样就可以把 $s_N(n)$ 和 $s_B(n)$ 分开。

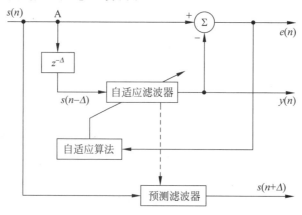

图 5.7 自适应预测器原理框图

如果宽带信号是白噪声，窄带信号是周期信号，则分离后滤波器输出为 $y(n) = \hat{s}_N(n)$，即谱线被突出了，这就是所谓的谱线增强。另外，录音磁带中的交流声，留声机转台中的隆隆声等均可利用上述原理进行消除。下面也通过一个类似的例子进行演示。

例 5.3 采用自适应滤波器恢复被白噪声污染的单频信号，算法实现流程如图 5.8 所示。

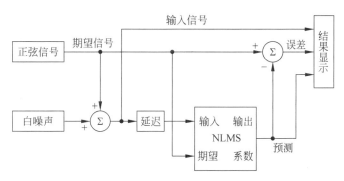

图 5.8 NLMS 算法实现流程图

解：在此采用 NLMS（归一化最小二乘）算法进行预测，MATLAB 源代码如下（见 chp5sec4_3.m），实验结果如图 5.9～图 5.12 所示。

```
% 采用自适应滤波器恢复白噪声下的正弦信号 chp5sec4_3.m
clear;
clc;
N = 500;
% 输入信号,两个单频
sig = [sin(2*pi*0.015*(0:N-1)), 0.5*cos(2*pi*0.008*(0:N-1))];
figure(1);plot(0:2*N-1,sig);axis([0, 2*N, -3 3]);
grid on;title('输入信号');
nvar = 0.5;                      % 白噪声方差
noise = sqrt(nvar)*randn(1,2*N);
n = sig + noise;                 % 输入信号 = 信号 + 噪声
x = [0 n];                       % 线性预测的延时
d = [sig 0];                     % 预期输入滤波器的 sig 信号
M = 32;                          % 滤波器阶数
step = 0.2;                      % 步长
figure(2);plot(0:2*N,x);axis([0, 2*N, -3 3]);
grid on; title('输入自适应滤波器前的信号');

% 通过自适应滤波器预测信号
Hadapt = adaptfilt.nlms(M,step,1,1e-6);
[y,e] = filter(Hadapt,x,d);
figure(3);plot(0:2*N,[d',y']);axis([0, 2*N, -3 3]);
grid on;title('自适应滤波器输出的信号');
legend('实际信号','预测信号');

% 预测误差分析
X = xcorr(e(50:end),'coeff');
[maxX idx] = max(X);
```

```
figure(4);plot(X(idx:end));
grid on;title('预测信号的自校正');
```

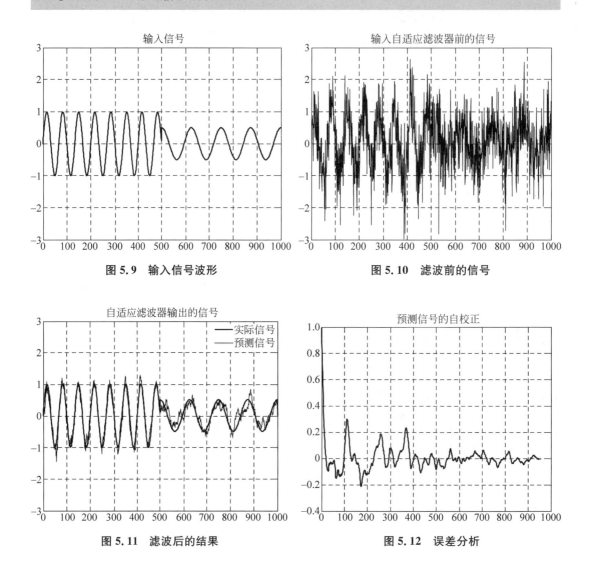

图 5.9　输入信号波形

图 5.10　滤波前的信号

图 5.11　滤波后的结果

图 5.12　误差分析

5.4.3　自适应信号分离器

参考信号是原始输入的 k 步延时的自适应对消器可以组成自适应预测系统、谱线增强系统以及信号分类系统等。自适应信号分离器的原理框图如图 5.13 所示。

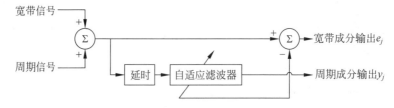

图 5.13　自适应信号分离器原理框图

当输入信号包括两种成分：宽带信号(或噪声)与周期信号(或噪声)时，为了分离两种信号，可以一方面将该输入信号送入 d_i 端，另一方面把它延时足够长时间后送入自适应滤波器的输入端。经过延时后宽带成分与原来的输入不相关，而周期成分延时前后保持强相关。于是在 e_i 输出中将周期成分抵消只存在宽带成分，在 y_i 输出中只存在周期成分，此时自适应滤波器自动调节 W^*，以达到对周期成分选通的作用。如果将所得到的 W^* 利用 FFT 变换成频域特性，则将得到窄带选通的"谐振"特性曲线。该方法可以有效地应用于从白噪声中提取周期信号。下面通过两个例子进行演示。

例 5.4 选取信号为正弦信号 $s[n] = \sin(\pi n/5)$，宽带噪声信号为高斯白噪声，时延为 $D=1$。请给出收敛因子 u 为 0.001 和 0.3 时的滤波效果。

解：MATLAB 源代码如下(见 chp5sec4_4.m)，实验结果如图 5.14 和图 5.15 所示。

```
% 采用自适应信号分离器恢复白噪声下的正弦信号 chp5sec4_4.m
clear;
clc;
N = 100;
n = 0:N-1;
var_noise = 0.3^2;                  % 白噪声方差
s = sin(2 * pi * n/10);
x = s + sqrt(var_noise) * randn(1,N);
subplot(2,1,1);
plot(n,x); title('自适应滤波器输入'); grid on;

k = 5;
e = 0;
D = 1;                              % 时延
u = 0.001;                          % 收敛因子
y = zeros(1,N);
y(1:D+k) = x(1:D+k);
W = 1/k * ones(1,k);
for i = (D+k+1):N
```

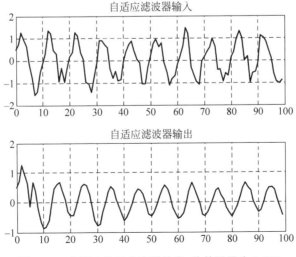

图 5.14 自适应信号分离器输出，收敛因子为 0.001

```
        X = x((i-D-k+1):(i-D));
        y(i) = W * X';
        e = x(i) - y(i);
        W = W + 2 * u * e * X;
end
subplot(2,1,2);
plot(n,y); title('自适应滤波器输出'); grid on;
```

将收敛因子改为 0.3 得到的输出结果如图 5.15 所示。

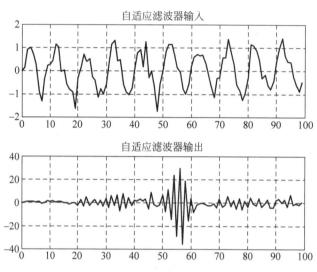

图 5.15 自适应信号分离器输出，收敛因子为 0.3

从上面两种不同的滤波结果可以看出，当收敛因子选取适当时，滤波器输出效果较好；当收敛因子超过一定门限时，滤波器输出结果发散。

例 5.5 选取信号为 $s=\sin(\pi t/10)$，干扰信号为 $n=0.5\cos(\pi t/5+\varphi)$，请用自适应滤波器消除干扰信号，$\varphi=\pi/3$。

解：MATLAB 源代码如下（见 chp5sec4_5.m），实验结果如图 5.16 所示。

```
% 采用自适应陷波器分离两个单频信号 chp5sec4_5.m
clear;
clc;
N = 200;
t = 0:N-1;
s = sin(pi*t/10);                    % 原始信号
fai = pi/3;
n = 0.5*cos(2*pi*t/10+fai);          % 干扰信号
x = s+n;
subplot(2,2,1);plot(t,s);
title('原始信号'); axis([0,N,-1.5,1.5]); grid on;
subplot(2,2,2);plot(t,x);
axis([0,N,-1.5,1.5]); grid on; title('受干扰后的信号');
x1 = cos(2*pi*t/10);
x2 = sin(2*pi*t/10);
w1 = 0.1;
```

```
w2 = 0.2;
e = zeros(1,N);
y = 0;
u = 0.05;              %收敛因子
for i = 1:N;
    y = w1 * x1(i) + w2 * x2(i);
    e(i) = x(i) - y;
    w1 = w1 + u * e(i) * x1(i);
    w2 = w2 + u * e(i) * x2(i);
end
subplot(2,2,3);plot(t,e);
axis([0,N, -1.5,1.5]); grid on; title('滤波输出结果');
subplot(2,2,4);plot(t,s - e);
axis([0,N, -1.5,1.5]); grid on; title('滤波误差');
```

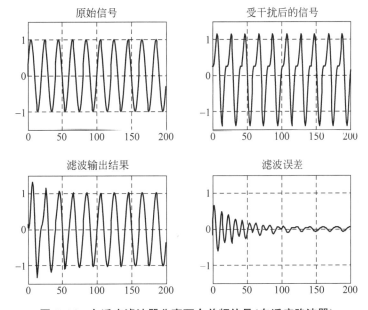

图 5.16 自适应滤波器分离两个单频信号(自适应陷波器)

例 5.5 给出的噪声是单色干扰,此时的自适应信号分类器也称为自适应陷波器。理想自适应陷波器的缺口肩部任意窄,可马上进入平的区域,具有能够自适应地准确跟踪干扰频率、带宽容易控制等优点。

5.4.4 自适应图像去噪

函数 wiener2 能够自适应地对带噪声图像进行滤波处理,当噪声方差较大时该函数取较大的平滑窗,当噪声方差较小时取较小的平滑窗。函数 wiener2 的滤波效果比传统的线性滤波效果较好,但是以提高运算量为代价的。当噪声功率谱平坦的时候(如高斯白噪声),函数 wiener2 的滤波效果最好。

例 5.6 采用维纳滤波器来自适应的滤除图像文件 saturn.png 中的噪声(注:该例题来自于 MATLAB 的帮助文档)。

解:MATLAB 源代码如下(见 chp5sec4_6.m),实验结果如图 5.17 所示。

```matlab
% 自适应滤波器(winener2)滤除带噪图像 chp5sec4_6.m
clear;
clc;
RGB = imread('saturn.png');          % 读取图像数据
I = rgb2gray(RGB);                    % RGB 真彩色转灰度图
subplot(1,3,1);imshow(I);title('原始图像');
J = imnoise(I,'gaussian',0,0.025);    % 在图像中加入高斯白噪声
subplot(1,3,2);imshow(J);title('未处理');
K = wiener2(J,[5 5]);                 % wiener2 型滤波器滤除噪声
subplot(1,3,3);imshow(K);title('滤波结果');
```

原始图像　　　　　　　未处理　　　　　　　滤波结果

图 5.17　维纳滤波处理后的图像

5.4.5　自适应信道均衡

在实际通信环境中,由于信道带宽有限会导致前后脉冲信号相互干扰(码间干扰现象,ISI),信道均衡的目的就是用来抑制或降低码间干扰。从滤波器的观点来看,信道均衡相当于设计一个可以对信道频率响应进行白化处理的滤波器,力图将不平整的信道频率响应尽量拉直。

例 5.7　采用自适应均衡器对传输信道进行均衡处理,请分别给出 BPSK 和 QPSK 调制的情况(注:该例题来自于 MATLAB 的帮助文档)。

解:MATLAB 源代码如下(见 chp5sec4_7.m),实验结果如图 5.18 所示。

```matlab
% 自适应信道均衡 chp5sec4_7.m
clear;
clc;
close all;

% 参数设置
M = 4;                                               % 调制字母表大小
msg = randi([0 M-1],1500,1);                         % 随机信息序列
hMod = comm.QPSKModulator('PhaseOffset',0);
% hMod = comm.BPSKModulator('PhaseOffset',0);        % M = 2 BPSK 调制
modmsg = step(hMod,msg);                             % QPSK 调制.
trainlen = 500;                                      % 训练数据长度
chan = [.986; .845; .237; .123+.31i];                % 信道模型系数
filtmsg = filter(chan,1,modmsg);                     % 模拟信道传输失真,ISI 现象

% 对接收信号进行均衡
eq1 = lineareq(8, lms(0.01));
```

```
eq1.SigConst = step(hMod,(0:M-1)')';                    % 信号星座图
[symbolest,yd] = equalize(eq1,filtmsg,modmsg(1:trainlen)); % 信道均衡

h = scatterplot(filtmsg,1,trainlen,'bx'); hold on;
scatterplot(symbolest,1,trainlen,'g.',h);
scatterplot(eq1.SigConst,1,0,'k*',h);
legend('接收到的信号','均衡后的信号','理想信号星座图');
hold off;
```

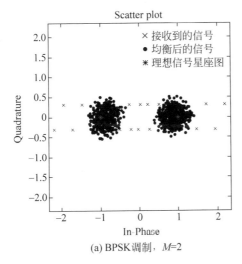

(a) BPSK调制，$M=2$

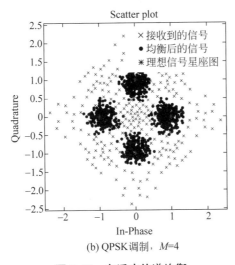

(b) QPSK调制，$M=4$

图 5.18 自适应信道均衡

5.5 参考文献

[1] 皇甫堪,陈建文,楼生强. 现代数字信号处理[M]. 北京：电子工业出版社,2003.
[2] 万建伟,王玲. 信号处理仿真技术[M]. 长沙：国防科技大学出版社,2008.
[3] Manolakis D G, Ingle V K, Kogon S M. 统计与自适应信号处理(中译版)[M]. 北京：电子工业出版社,2003.

本章用到的 MATLAB 函数总结

函数名称及调用格式	函 数 用 途	对应章节数
ha = adaptfilt.lms(l,step,leakage,coeffs,states)	LMS 自适应滤波器	5.4 节(例 5.1)
sound(s,Fs)	按照速率 Fs 来播放信号 s	5.4 节(例 5.1,例 5.2)
ha = adaptfilt.rls(l,lambda,invcov,coeffs,states)	RLS 自适应滤波器	5.4 节(例 5.2)
X = eye(m,n)	产生 n×n 维单位矩阵	5.4 节(例 5.2)
ha = adaptfilt.nlms(l,step,leakage,offset,coeffs,states)	NLMS 自适应滤波器	5.4 节(例 5.3)
X = ones(m,n)	产生 m×n 维全 1 数组	5.4 节(例 5.4)
A = imread(filename,fmt)	读取图像文件	5.4 节(例 5.6)
J = imnoise(I,type)	在图像中加入噪声	5.4 节(例 5.6)
imshow(I,[low high])	显示图像	5.4 节(例 5.6)
J = wiener2(I,[m n],noise)	二维自适应滤除噪声	5.4 节(例 5.6)
I = rgb2gray(RGB)	把 RGB 真彩色转换为灰度图	5.4 节(例 5.6)
out = randint(m,n,rg)	产生均匀分布的随机整数	5.4 节(例 5.7)
y = pskmod(x,M)	M-PSK 调制	5.4 节(例 5.7)
y = equalize(eqobj,x)	信道均衡	5.4 节(例 5.7)
scatterplot(x,n)	绘制散点图	5.4 节(例 5.7)

注：randint 为 MATLAB 2008 版本函数名，在 MATLAB 2015 版本中该函数已更名为 randi。

第6章

信号检测

6.1 简单假设检验

在实际中经常需要根据观测得到的数据对所有可能的情况进行判决。在实际的雷达回波信号中,总存在一定的环境杂波干扰和雷达接收机内部噪声,因此雷达信号检测的任务就是从被杂波和噪声淹没的观测数据中,对目标回波信号存在与否做出判断。在数字通信系统中,假设发送端随机输出 0 和 1 两种比特,在传输过程中会受到信道噪声的影响,接收端的任务就是从被噪声"污染"的数据中,做出传递的比特是 0 还是 1 的判断。

噪声中信号检测的理论基础就是假设检验理论。如果判决结果只有两种可能(如 0 和 1,真和假),称为二元假设检验问题;如果判决结果有多种可能,就称为多元假设检验问题。在二元假设检验中,如果表征假设的参数都是已知的,称为简单假设检验;如果表征假设的参数是未知的,称为复合假设检验[1]。

6.1.1 简单假设检验

假设就是对可能判决结果的陈述,而假设检验就是根据观测对几种假设做出判决。比如雷达信号检测中,"目标不存在"和"目标存在"就是雷达信号检测的两种可能结果,用 H_0 表示"目标不存在",用 H_1 表示"目标存在",此时 H_0 和 H_1 就是雷达信号检测提出的两种假设。对应于每一种假设,都有一个观测:在 H_0 假设下是没有目标的,雷达接收机的输出只有噪声;在 H_1 假设下目标存在,雷达接收机的输出为信号加噪声。因此,得到的观测为

$$H_0: z = v$$
$$H_1: z = s + v$$

其中,v 代表噪声,s 代表信号。由于噪声 v 是随机变量,因此观测 z 也是随机变量。

观测可能是单次观测,也可能是多次观测,对于多次观测一般用观测矢量来表示,即 $z=[z_1,z_2,\cdots,z_n]^T$。所有观测值构成的空间称为观测空间,对于单次观测,其观测空间是一维空间;对于多次观测,其观测空间是多维空间。二元假设检验的实质就是将观测空间

划分为两个部分(图 6.1),如果观测数据落在 Z_0 区域,就判断 H_0 成立;如果观测数据落在 Z_1 区域,就判断 H_1 成立。所以把 Z_0 称作 H_0 的判决域,把 Z_1 称作 H_1 的判决域。

6.1.2 判决准则

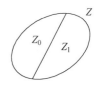

图 6.1 观测空间

为了获得较好的判决性能,对观测空间的划分必须遵循一定的准则,常见的准则包括最大后验概率(Maximum *a posteriori* Probability,MAP)准则、贝叶斯(Bayes)准则、最小错误概率准则、极大极小准则和纽曼-皮尔逊(Neyman-Pearson,NP)准则,下面分别对这些判决准则进行简要介绍。

1. 最大后验概率准则(MAP 准则)

该准则按照后验概率的大小对观测空间进行划分。在得到观测 z 的情况下,分别计算两种假设的后验概率 $P(H_0|z)$ 和 $P(H_1|z)$,比较二者大小,判后验概率大者对应的假设成立,这就是最大后验概率准则的基本思想,即

$$\frac{P(H_1|z)}{P(H_0|z)} \underset{H_0}{\overset{H_1}{\gtrless}} 1$$

根据贝叶斯公式

$$P(H_i \mid z) = \frac{f(z|H_i)P(H_i)}{f(z)}, \quad i=0,1$$

可得

$$\frac{f(z|H_1)}{f(z|H_0)} \underset{H_0}{\overset{H_1}{\gtrless}} \frac{P(H_0)}{P(H_1)}$$

其中,$f(z|H_i)$ 称为似然函数,$\Lambda(z) = \frac{f(z|H_1)}{f(z|H_0)}$ 称为似然比,$\gamma = \frac{P(H_0)}{P(H_1)}$ 为判决门限。

可以看出,判决表达式就是似然比检验的形式,即似然比与门限进行对比后作出判断。

$$\Lambda(z) \underset{H_0}{\overset{H_1}{\gtrless}} \gamma$$

例 6.1 设有两种假设:

$$H_0: z = v$$
$$H_1: z = 1 + v$$

其中,噪声 $v \sim N(0,1)$,假设 $P(H_0) = P(H_1)$,求最大后验概率准则的判决表达式,计算检测概率 P_D,并利用仿真程序验证 P_D 数值。

解:最大后验概率准则的判决表达式为似然比检验的形式,即

$$\Lambda(z) = \frac{f(z|H_1)}{f(z|H_0)} = \frac{\frac{1}{\sqrt{2\pi}}\exp\left[-\frac{(z-1)^2}{2}\right]}{\frac{1}{\sqrt{2\pi}}\exp\left(-\frac{z^2}{2}\right)} = \exp\left(z - \frac{1}{2}\right)$$

故似然比判决表达式为

$$\exp\left(z - \frac{1}{2}\right) \underset{H_0}{\overset{H_1}{\gtrless}} 1$$

对上式两边取对数整理后可得判决表达式为

$$z \underset{H_0}{\overset{H_1}{\gtrless}} \frac{1}{2}$$

因此,H_1 的判决域为 $Z_1 = \left(\frac{1}{2}, \infty\right)$,检测概率为

$$P_D = P(D_1|H_1) = \int_{1/2}^{\infty} f(z|H_1) \mathrm{d}z$$

其中

$$\int_{1/2}^{\infty} f(z|H_1) \mathrm{d}z = \int_{1/2}^{\infty} \frac{1}{\sqrt{2\pi}} \exp\left[-\frac{(z-1)^2}{2}\right] \mathrm{d}z = \int_{-1/2}^{\infty} \frac{1}{\sqrt{2\pi}} \exp\left(-\frac{z^2}{2}\right) \mathrm{d}z$$

因此 $P_D = Q(-0.5) \approx 0.6915$,正态概率右尾函数 $Q(x)$ 的定义如下:

$$Q(x) = \int_{x}^{\infty} \frac{1}{\sqrt{2\pi}} \exp\left(-\frac{t^2}{2}\right) \mathrm{d}t$$

下面用 MATLAB 程序对 P_D 数值进行验证,其基本思想就是按照先验概率和噪声分布产生足够多的观测数据,根据似然比检验对这些观测数据进行分类,通过统计分类结果的正误率计算 P_D 数值。

MATLAB 源代码如下(见 chp6sec1_1.m),实验结果见图 6.2。

```
%例6.1 计算检测概率 Pd chp6sec1_1.m
clear;
clc;
close all;
N = 1e3:2e3:2e4;       %仿真实验的次数
Pd = zeros(1,length(N));           %不同仿真点数的检测概率

for k = 1:length(N)
    x = round(rand(1,N(k)));       %等概率地产生 0 和 1
    v = randn(1,N(k));             %均值为 0、方差为 1 的高斯白噪声
    z = x + v;                     %观测值
    x_det = zeros(size(x));        %对 x 的判决结果
    %似然比判决
    for i = 1:N(k)
```

```
            if z(i)>=1/2;
                x_det(i) = 1;
            end
        end
        % 统计判决结果(检测概率)
        Pd_num = 0;                        % x=1,判决结果 x_det=1 的个数
        for i = 1:N(k)
            if x(i) == 1 && x_det(i) == 1
                Pd_num = Pd_num + 1;
            end
        end
        Pd(k) = Pd_num/(N(k)/2);           % 检测概率估计值,0 和 1 的次数都是 N/2
end
plot(N,Pd,'r',N,qfunc(-0.5) * ones(1,length(N)));
legend('仿真值','理论值');grid on;
xlabel('仿真次数');ylabel('检测概率');
axis([N(1),N(end),0.5,1]);
```

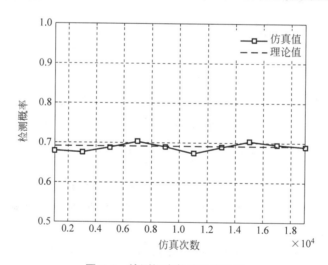

图 6.2 检测概率数值仿真结果

从图 6.2 中可以看出,程序得到的检测概率数值 $\widetilde{P}_D$ 并不严格等于 0.6915,这是因为估计检测概率的基本思想就是"频率逼近概率",即计算"H_1 假设情况下,正确判断的百分比"。随着仿真次数逐渐增大,估计得到的检测概率值会越来越接近理论值。

$$\widetilde{P}_D = \frac{实际为 H_1,判决也为 H_1 的次数}{H_1 实际出现的次数}$$

在许多实际情况下,系统的性能并没有一个理论结果可供对比,只能根据"频率逼近概率"的思想,通过大量的仿真运算检验系统性能[2,3]。

2. 贝叶斯准则

对于二元假设检验问题,在进行判决时可能发生以下 4 种情况:

(1) H_0 为真,判 H_0 成立;

(2) H_1 为真,判 H_1 成立;

(3) H_0 为真,判 H_1 成立;

(4) H_1 为真,判 H_0 成立。

很显然第(1)种和第(2)种属于正确判决,第(3)种和第(4)种属于错误判决。其中第(3)种判决称为第一类错误("无"判作"有"),在雷达检测中称为虚警,虚警概率用 P_F 表示;第(4)种判决称为第二类错误("有"判作"无"),在雷达检测中称为漏警,漏警概率用 P_M 表示。

因此,总的错误概率为

$$P_e = P(D_1, H_0) + P(D_0, H_1) = P_F P(H_0) + P_M P(H_1)$$

其中,D_0 和 D_1 分别表示判断 H_0 成立和 H_1 成立。

对于二元假设检验的 4 种判决情况,有 2 种判决是错误的,2 种判决是正确的。做出错误的判决需要付出代价,做出正确的判决也要付出代价(正确判决的代价一般较小)。用代价因子 C_{ij} 表示 H_j 为真判 H_i 成立所付出的代价,因此判决的平均代价为 $C_{ij}P(D_i,H_j)$,总的平均代价为

$$C = \sum_{i=0}^{1} \sum_{j=0}^{1} C_{ij} P(D_i, H_j)$$

贝叶斯准则的基本思想就是选择最佳判决区域,使得总的平均代价 C 最小,其判决表达式仍然是似然比检验的形式[1]:

$$\frac{f(z|H_1)}{f(z|H_0)} \underset{H_0}{\overset{H_1}{\gtrless}} \frac{P(H_0)(C_{10}-C_{00})}{P(H_1)(C_{01}-C_{11})}$$

例 6.2 高斯白噪声中恒定电平的检测问题。设有两种假设:

$$H_0: z_i = v_i$$
$$H_1: z_i = A + v_i$$

其中,$\{v_i\}$ 是服从均值为零,方差为 σ^2 的高斯白噪声序列,$i=1,2,\cdots,N$,假定参数 A 是已知的且 $A>0$,试求贝叶斯判决的表达式,并计算检测概率。

解:两种假设下的似然函数为

$$f(\mathbf{z}|H_0) = \prod_{i=1}^{N} \frac{1}{\sqrt{2\pi}\sigma} \exp\left(-\frac{z_i^2}{2\sigma^2}\right)$$

$$f(\mathbf{z}|H_1) = \prod_{i=1}^{N} \frac{1}{\sqrt{2\pi}\sigma} \exp\left[-\frac{(z_i-A)^2}{2\sigma^2}\right]$$

似然比判决为

$$\Lambda(\mathbf{z}) = \frac{f(\mathbf{z}|H_1)}{f(\mathbf{z}|H_0)} = \exp\left[\frac{NA}{\sigma^2}\left(\frac{1}{N}\sum_{i=1}^{N} z_i - \frac{1}{2}A\right)\right]$$

对数似然比为

$$\ln\Lambda(\mathbf{z}) = \frac{NA}{\sigma^2}\left(\frac{1}{N}\sum_{i=1}^{N} z_i - \frac{1}{2}A\right)$$

判决表达式为

$$\frac{NA}{\sigma^2}\left(\frac{1}{N}\sum_{i=1}^{N}z_i - \frac{1}{2}A\right) \underset{H_0}{\overset{H_1}{\gtrless}} \ln\frac{P(H_0)(C_{10}-C_{00})}{P(H_1)(C_{01}-C_{11})}$$

假设 $P(H_0)=P(H_1)$，且 $C_{11}=C_{00}=0$，$C_{01}=C_{10}=1$，最终的判决表达式为

$$\bar{z} \underset{H_0}{\overset{H_1}{\gtrless}} \frac{1}{2}A$$

此时样本均值 $\bar{z}=\frac{1}{N}\sum_{i=1}^{N}z_i$ 为检验统计量。

虚警概率为

$$P_F = P\left(\bar{z}>\frac{1}{2}A\mid H_0\right) = \int_{A/2}^{\infty}\frac{1}{\sqrt{2\pi\sigma^2/N}}\exp\left(-\frac{\bar{z}^2}{2\sigma^2/N}\right)\mathrm{d}\bar{z} = Q\left(\frac{\sqrt{N}A}{2\sigma}\right)$$

因为 $P(H_0)=P(H_1)$，故检测概率为

$$P_D = 1-P_F = 1-Q\left(\frac{\sqrt{N}A}{2\sigma}\right)$$

MATLAB 源代码如下(见 chp6sec1_2.m)。

```
% 例6.2 计算检测概率 Pd chp6sec1_2.m
clear;
clc;
close all;
N_Sim = 5000;                          % 仿真次数
N = 5;                                 % 观测次数
A = 1;                                 % 待检测的电平
sigma2 = 3;                            % 高斯白噪声方差
x_det = zeros(1, N_Sim);               % 对 x 的判决结果
Pd_num = 0;                            % 实际为1、判决也为1的次数

for i = 1:N_Sim
    x = round(rand(1,1));              % 等概率地产生 0 和 1
    v = sqrt(sigma2) * randn(1, N);    % 均值为 0、方差为 1 的高斯白噪声
    z = A * x + v;                     % 观测值
    z_ave = mean(z);                   % 检验统计量(z 的均值)
    if z_ave >= A/2
        x_det(i) = 1;
    else
        x_det(i) = 0;
    end
    % 统计判决结果(检测概率)
    if x == 1 && x_det(i) == 1
        Pd_num = Pd_num + 1;
    end
end
Pd = Pd_num/(N_Sim/2)                  % 检测概率估计值,0 和 1 的次数都是 N_Sim/2
Pd_Theory = 1 - qfunc(sqrt(N) * A/2/sqrt(sigma2))  % 检测概率理论值
```

运行结果如下:

```
Pd = 0.7332
Pd_Theory = 0.7407
```

修改程序中的参数 N(观测次数),发现将多次观测的平均值作为检验统计量,可显著改善检测性能。根据 P_D 的理论表达式,图 6.3 给出了观测次数 N 与检测概率 P_D 的变化关系。

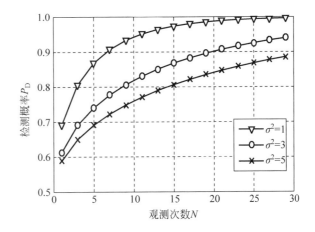

图 6.3 观测次数 N 与检测概率 P_D 的关系($A=1$)

在给定信噪比的情况下,以检测概率 P_D 为横坐标,虚警概率 P_F 为纵坐标绘图,得到的 P_D-P_F 曲线称为接收机工作特性(Receiver Operating Characteristic,ROC)曲线。

ROC 曲线的理论表达式如下[1],其中信噪比 $d=A/\sigma$。

$$P_D = Q[Q^{-1}(P_F) - \sqrt{N}d]$$

```
% 接收机工作特性曲线 ROC
clear;
clc;
close all;
pf = 0:0.01:1;
N = 8;
d = [0,0.2,0.5,1]; %选取几个信噪比
for i = 1:length(d)
    pd = qfunc(qfuncinv(pf) - sqrt(N) * d(i));
    plot(pf,pd);hold on;
    grid on;
end
xlabel('P_F');ylabel('P_D');
title('ROC 曲线');
```

接收机工作特性总在 45°斜线上方(即信噪比 $d=0$),如图 6.4 所示。随着信噪比的增加,ROC 曲线上抬,当信噪比 $d \to \infty$ 时,ROC 趋向于 $P_D=1$,即对于任何虚警概率,检测概率都等于 1。

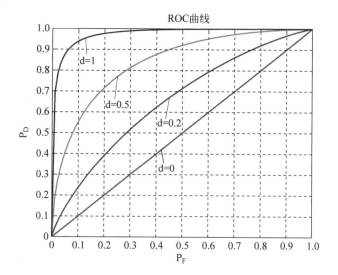

图 6.4 接收机工作特性($N=8$)

3. 最小错误概率准则

如果假设正确判决不需要付出代价,错误判决的代价因子为 1,即 $C_{00}=C_{11}=0$,$C_{10}=C_{01}=1$,此时总的平均代价等于总的错误概率:

$$C = P(D_0, H_1) + P(D_1, H_0) = P_F P(H_0) + P_M P(H_1)$$

总的判决代价最小就等价于总的错误概率最小,此时最小错误概率准则的判决表达式为

$$\frac{f(z|H_1)}{f(z|H_0)} \underset{H_0}{\overset{H_1}{\gtrless}} \frac{P(H_0)}{P(H_1)}$$

上式表明最大后验概率准则等价于最小错误概率准则。

4. 极大极小准则

贝叶斯准则确定判决门限需要知道代价因子和先验概率,如果先验概率未知,这时可采用极大极小准则。

假设 $p_1 = P(H_1)$,则 $P(H_0) = 1 - p_1$,此时的似然比判决表达式为

$$\Lambda(z) = \frac{f(z|H_1)}{f(z|H_0)} \underset{H_0}{\overset{H_1}{\gtrless}} \frac{(1-p_1)(C_{10}-C_{00})}{p_1(C_{01}-C_{11})}$$

此时得到的 C 是对应于先验概率 p_1 的最小平均代价(即贝叶斯代价)[1]:

$$C_{\min}(p_1) = C_{00}(1-P_F) + C_{10}P_F + p_1[(C_{11}-C_{00}) + (C_{01}-C_{11})P_M - (C_{10}-C_{00})P_F]$$

很显然,不同的先验概率 p_1,对应的似然比判决的门限和最小判决代价都是不同的。可知,存在一个"最差"的先验概率 p_1^*,此时对应的最小判决代价达到最大值。

极大极小准则的基本思想就是根据这个"最差"的先验概率来确定判决门限,此时的平均代价是一个恒定值。让最小平均代价 $C_{\min}(p_1)$ 对 p_1 求偏导为零可求 p_1^*,即

$$\left.\frac{\partial C_{\min}(p_1)}{\partial p_1}\right|_{p_1 = p_1^*} = 0$$

上式称为极大极小方程。

当 $C_{00} = C_{11} = 0, C_{10} = C_{01} = 1$ 时，此时的平均代价等于总的错误概率。

例 6.3 判决问题如例 6.1，此时假设 $C_{11} = C_{00} = 0, C_{01} = 2, C_{10} = 1$，求极大极小准则的判决表达式和判决门限，计算检测概率 P_D，并利用仿真程序验证 P_D 数值。

解：因为判决代价不再为 0 和 1，此时的判决门限为

$$\eta_0 = \frac{(1-p_1)(C_{10}-C_{00})}{p_1(C_{01}-C_{11})} = \frac{1-p_1}{2p_1}$$

判决表达式为

$$\exp\left(z - \frac{1}{2}\right) \underset{H_0}{\overset{H_1}{\gtrless}} \frac{1-p_1}{2p_1}$$

化简后得

$$z \underset{H_0}{\overset{H_1}{\gtrless}} \frac{1}{2} + \ln\left(\frac{1-p_1}{2p_1}\right) = \gamma$$

检测概率为

$$P_D = P(D_1 \mid H_1) = \int_\gamma^\infty \frac{1}{\sqrt{2\pi}} \exp\left[-\frac{(z-1)^2}{2}\right] dz = Q(\gamma - 1)$$

MATLAB 源代码如下（见 chp6sec1_3.m）。

```
% 例6.3 极大极小准则 计算检测概率 Pd chp6sec1_3.m
clear;
clc;
close all;
N = 5000;                                % 仿真实验的次数
C00 = 0;C11 = 0;C01 = 2;C10 = 1;         % 判决代价
p1 = 0.4;                                % H1假设的先验概率
gamma = 0.5 + log((1-p1)/(2*p1));        % 判决门限
x = randsrc(1,N,[0,1;(1-p1),p1]);        % 以p1的概率产生1,以1-p1的概率产生0
v = randn(1,N);                          % 均值为0、方差为1的高斯白噪声
z = x + v;                               % 观测值
x_det = zeros(size(x));                  % 对x的判决结果
% 似然比判决
for i = 1:N
    if z(i)>= gamma;
        x_det(i) = 1;
    end
end
% 统计判决结果(检测概率)
Pd_num = 0;                              % x=1,判决结果x_det=1的个数
for i = 1:N
```

```
            if x(i) == 1 && x_det(i) == 1
                Pd_num = Pd_num + 1;
            end
    end
    Pd = Pd_num/(N * p1)                    % 检测概率估计值,1 的次数为 N * p1
    Pd_Theory = qfunc(gamma - 1)            % 检测概率理论值
```

运行结果如下:

```
Pd = 0.7960
Pd_Theory = 0.7846
```

对应于先验概率 p_1 存在一个最小平均代价 $C_{\min}(p_1)$,代入本题的已知条件可得

$$C_{\min}(p_1) = (1-p_1)\int_{\gamma}^{\infty}\frac{1}{\sqrt{2\pi}}\exp\left(-\frac{z^2}{2}\right)\mathrm{d}z + 2p_1\int_{-\infty}^{\gamma}\frac{1}{\sqrt{2\pi}}\exp\left[-\frac{(z-1)^2}{2}\right]\mathrm{d}z$$
$$= (1-p_1)Q(\gamma) + 2p_1[1-Q(\gamma-1)]$$

```
% Cmin(p1)曲线
clear;
clc;
close all;
p1 = 0:0.01:1;                              % H1 的先验概率值
gamma = 0.5 + log((1-p1)./(2*p1));          % 判决门限
cmin = (1-p1).*qfunc(gamma) + 2*p1.*(1-qfunc(gamma-1));
plot(p1,cmin);
grid on;
axis([0,1,0,0.5]);
xlabel('p_1');ylabel('C_m_i_n(p_1)');
```

$C_{\min}(p_1)$ 曲线如图 6.5 所示。

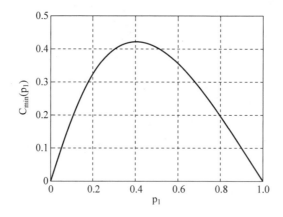

图 6.5　$C_{\min}(p_1)$ 曲线

当 $p_1=0.4$ 时取到"最差"的先验概率值,此时最小平均代价取到最大值 $C_{\min}=0.422$,对应的判决门限为 $\gamma=0.212$。在极大极小准则中,"最差"的先验概率取值和判决代价 C_{ij} 是紧密相关的。

5. 纽曼-皮尔逊准则（NP 准则）

在实际的信号检测问题中，要确定代价因子和先验概率是非常困难的，前面介绍的几种准则就不能使用了，此时可以采用纽曼-皮尔逊准则。纽曼-皮尔逊准则的基本思想就是在预先给定虚警概率 $P_F=\alpha$ 的前提下，使得检测概率最大，此时的判决表达式仍然为似然比检验的形式：$\Lambda(z)=\dfrac{f(z|H_1)}{f(z|H_0)}\underset{H_0}{\overset{H_1}{\gtrless}}\lambda$，判决门限 λ 由给定的虚警概率 α 确定[1]，即

$$\int_\lambda^\infty f_\Lambda(z|H_0)\mathrm{d}z=\alpha$$

其中，$f_\Lambda(z)$ 表示似然比 $\Lambda(z)$ 的概率密度函数。

例 6.4 判决问题如例 6.1，此时假定要求的虚警概率为 $P_F=0.1$，求纽曼-皮尔逊准则的判决表达式，计算检测概率 P_D，并利用仿真程序验证 P_D 数值。

解：由前可知，判决表达式为

$$z\underset{H_0}{\overset{H_1}{\gtrless}}\gamma$$

其中判决门限由事先给定的虚警概率确定，即

$$\int_\lambda^\infty f(z|H_0)\mathrm{d}z=\int_\lambda^\infty \frac{1}{\sqrt{2\pi}}\exp\left(-\frac{z^2}{2}\right)\mathrm{d}z=P_F$$

可知判决门限 $\gamma=Q^{-1}(P_F)$，此时对应的检测概率为

$$P_D=\int_\gamma^\infty \frac{1}{\sqrt{2\pi}}\exp\left[-\frac{(z-1)^2}{2}\right]\mathrm{d}z=Q(\gamma-1)=Q[Q^{-1}(P_F)-1]$$

代入条件 $P_F=0.1$，可知判决门限 $\gamma=1.282$，检测概率 $P_D=0.3891$。

MATLAB 源代码如下（见 chp6sec1_4.m）。

```
% 例 6.4 N-P 准则 计算检测概率 Pd chp6sec1_4.m
clear;
clc;
close all;
N = 5000;                       % 仿真实验的次数
Pf = 0.1;                       % 事先给定的虚警概率
gamma = qfuncinv(Pf);           % 判决门限
x = round(rand(1,N));           % 等概率地产生 0 和 1
v = randn(1,N);                 % 均值为 0、方差为 1 的高斯白噪声
z = x + v;                      % 观测值
x_det = zeros(size(x));         % 对 x 的判决结果
% 似然比判决
for i = 1:N
    if z(i) >= gamma;
        x_det(i) = 1;
```

```
        end
    end
    % 统计判决结果(检测概率)
    Pd_num = 0;    % x = 1,判决结果 x_det = 1 的个数
    for i = 1:N
        if x(i) == 1 && x_det(i) == 1
            Pd_num = Pd_num + 1;
        end
    end
    Pd = Pd_num/(N/2)              % 检测概率估计值,0 和 1 的次数都是 N/2
    Pd_Theory = qfunc(gamma - 1)   % 检测概率理论值
```

运行结果如下:

```
Pd = 0.3880
Pd_Theory = 0.3891
```

在给定虚警概率的情况下,以信噪比为横坐标,检测概率 P_D 为纵坐标绘图,得到的 P_D-d 曲线称为检测器的检测性能曲线,它反映了在给定虚警概率后,某个信噪比能够获得多大的检测概率。

```
% 检测性能特性曲线
clear;
clc;
close all;
pf = [1e-2,1e-3,1e-4,1e-5];
SNR = -10:0.1:10;                  % 信噪比 dB 为单位
d = 10.^(SNR/20);                  % Pd 理论公式中的信噪比
N = 8;
for i = 1:length(pf)
    pd = qfunc(qfuncinv(pf(i)) - sqrt(N) * d);
    plot(SNR,pd);
    grid on; hold on;
end
axis([-10,10,0.01,1]);
xlabel('信噪比/dB');ylabel('P_D');
title('检测性能曲线');
```

需要注意的是,在接收机工作特性曲线(图 6.4)中,信噪比 $d = A/\sigma$ 是一个事先给定的值,曲线的横坐标是 P_F,纵坐标是 P_D;在检测性能曲线中,检测概率 P_F 是一个事先给定的值,曲线的横坐标是信噪比(单位为 dB),纵坐标是 P_D。

接收机工作特性曲线和检测性能曲线中两种信噪比的换算关系为

$$\text{SNR} = 20\lg\frac{A}{\sigma} = 20\lg d$$

因此,在检测性能曲线中,横-纵坐标的关系为

$$P_D = Q\left[Q^{-1}(P_F) - \sqrt{N} \times 10^{\frac{\text{SNR}}{20}}\right]$$

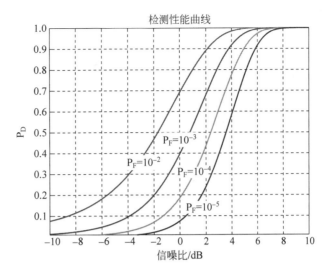

图 6.6 检测性能曲线（$N=8$）

6.2 复合假设检验

在简单假设检验中，表征假设的参数都是已知的，但是在实际情况下，表征假设的参数很有可能是未知的，例如

$$H_0: z_i = \theta_0 + v_i$$
$$H_1: z_i = \theta_1 + v_i$$

其中，参数 θ_0 和 θ_1 是未知的（或者是随机变量），$i=1,2,\cdots,N$，这种含有未知参量的假设检验称为复合假设检验。

6.2.1 贝叶斯方法

假定参数 θ_0 和 θ_1 是随机变量，且先验概率 $f(\theta_0)$ 和 $f(\theta_1)$ 已知，那么

$$f(z|H_1) = \int_{-\infty}^{\infty} f(z \mid \theta_1, H_1) f(\theta_1) \mathrm{d}\theta_1$$

$$f(z|H_0) = \int_{-\infty}^{\infty} f(z \mid \theta_0, H_0) f(\theta_0) \mathrm{d}\theta_0$$

似然比检验表达式为

$$\frac{f(z|H_1)}{f(z|H_0)} \underset{H_0}{\overset{H_1}{\gtrless}} \eta_0$$

此时判决门限 η_0 取决于判决准则。

例 6.5 对于下面的复合假设检验问题

$$H_0: z = a + v$$
$$H_1: z = b + v$$

其中，噪声 $v \sim N(0,\sigma^2)$，随机变量 $a \sim N(-1,1)$，$b \sim N(1,1)$，且随机变量 a、b 和 v 相互独立，假设 $P(H_0)=P(H_1)$，求最小错误概率准则的判决表达式，计算检测概率 P_D，并利用仿真程序验证 P_D 数值。

解： 因为 a、b 和 v 都服从正态分布，故观测值 z 也服从正态分布，且 H_0 条件下的均值 $E[z|H_0]=E(a)+E(v)=-1+0=-1$，方差 $D[z|H_0]=D(a)+D(v)=1+\sigma^2$，类似地也有 $E[z|H_1]=1, D[z|H_1]=1+\sigma^2$，所以条件概率为

$$f(z|H_0) = \frac{1}{\sqrt{2\pi(1+\sigma^2)}} \exp\left[-\frac{1}{2} \cdot \frac{(z+1)^2}{1+\sigma^2}\right]$$

$$f(z|H_1) = \frac{1}{\sqrt{2\pi(1+\sigma^2)}} \exp\left[-\frac{1}{2} \cdot \frac{(z-1)^2}{1+\sigma^2}\right]$$

判决表达式为

$$\frac{f(z \mid H_1)}{f(z \mid H_0)} = \exp\left(\frac{2z}{1+\sigma^2}\right) \mathop{\gtrless}_{H_0}^{H_1} \frac{P(H_0)}{P(H_1)}$$

两边取对数且代入条件 $P(H_0)=P(H_1)$ 可得

$$z \mathop{\gtrless}_{H_0}^{H_1} 0$$

检测概率为

$$P_D = \int_0^\infty f(z \mid H_1) \mathrm{d}z = Q\left(-\frac{1}{\sqrt{1+\sigma^2}}\right)$$

MATLAB 源代码如下（见 chp6sec2_1.m）。

```
% 例6.5 复合假设检验 计算检测概率 Pd chp6sec2_1.m
clear;
clc;
close all;
N = 5000;                              % 仿真实验的次数
s = 2 * round(rand(1,N)) - 1;          % 等概率的 -1 和 +1
x = s + randn(1,N);                    % -1 和 +1 为均值的高斯白噪声
sigma2 = 1;                            % 噪声方差
v = sqrt(sigma2) * randn(1,N);         % 均值为 0、方差为 sigma2 的高斯白噪声
z = x + v;                             % 观测值
s_det = zeros(size(s));                % 对 s 的判决结果
% 似然比判决
for i = 1:N
    if z(i) >= 0;
        s_det(i) = 1;
    end
end
% 统计判决结果(检测概率)
Pd_num = 0;                            % x = 1,判决结果 x_det = 1 的个数
for i = 1:N
```

```
        if s(i) == 1 && s_det(i) == 1
            Pd_num = Pd_num + 1;
        end
    end
    Pd = Pd_num/(N/2)                          % 检测概率估计值,H0 和 H1 的次数都是 N/2
    Pd_Theory = qfunc( - 1/sqrt(1 + sigma2))   % 检测概率理论值
```

运行结果如下：

```
Pd = 0.7652
Pd_Theory = 0.7602
```

6.2.2 一致最大势检验

当 θ_0 和 θ_1 为未知常数时,可采用纽曼-皮尔逊准则,即约束虚警概率为常数,使检测概率最大。一般来说,这个最佳检测器的结构与未知参数 θ_0 和 θ_1 有关,因此此时的最佳检测器是无法实现的。如果最佳检测器的结构与未知参数 θ_0 和 θ_1 无关,那么就可以实现最佳检验,此时的检验称为一致最大势(Uniformly Most Powerful,UMP)检验[1,4]。

例 6.6 高斯白噪声中恒定电平的检测问题。设有两种假设：

$$H_0: z_i = v_i$$
$$H_1: z_i = A + v_i$$

其中,$\{v_i\}$ 是服从均值为零,方差为 σ^2 的高斯白噪声序列,$i=1,2,\cdots,N$,假定参数 A 是未知,但 A 的符号已知,试判断 UMP 是否存在,如存在,给出判决表达式并计算检测概率。

解：在例 6.2 中,参数 A 是已知的且大于零,在本题中,只知道参数 A 的正负号而不知道其绝对值。在例 6.2 中,得到的判决表达式为

$$A\bar{z} \underset{H_0}{\overset{H_1}{\gtrless}} \frac{\sigma^2}{N} \ln \frac{P(H_0)(C_{10} - C_{00})}{P(H_1)(C_{01} - C_{11})} + \frac{1}{2}A^2$$

因为 A 的正负已知,在此假设 $A>0$,可得最终的判决表达式为

$$\bar{z} \underset{H_0}{\overset{H_1}{\gtrless}} \frac{\sigma^2}{NA} \ln \frac{P(H_0)(C_{10} - C_{00})}{P(H_1)(C_{01} - C_{11})} + \frac{1}{2}A = \gamma$$

虚警概率为

$$P_F = P(\bar{z} > \gamma \mid H_0) = \int_\gamma^\infty \frac{1}{\sqrt{2\pi\sigma^2/N}} \exp\left(-\frac{\bar{z}^2}{2\sigma^2/N}\right) d\bar{z} = Q\left(\frac{\sqrt{N}\gamma}{\sigma}\right)$$

根据纽曼-皮尔逊准则,虚警概率为一个事先给定的值,所以判决门限为

$$\gamma = \frac{\sigma}{\sqrt{N}} Q^{-1}(P_F)$$

可以看出此时的判决表达式和判决门限都与参数 A 无关(当 $A<0$ 时的分析相同[1]),因此

存在一致最大势检验。

检测概率为

$$P_\mathrm{D} = \int_\gamma^\infty \frac{1}{\sqrt{2\pi\sigma^2/N}} \exp\left[-\frac{(\bar{z}-A)^2}{2\sigma^2/N}\right] \mathrm{d}\bar{z} = Q\left[Q^{-1}(P_\mathrm{F}) - \frac{\sqrt{N}A}{\sigma}\right]$$

MATLAB 源代码如下（见 chp6sec2_2.m）。

```
% 例6.6 N-P准则 一致最大势检验 计算检测概率Pd chp6sec2_2.m
clear;
clc;
close all;
N_Sim = 5000;                                    % 仿真次数
N = 10;                                          % 观测次数
A = 0.8;                                         % 待检测的电平,绝对值未知,正负已知
sigma2 = 1.5;                                    % 高斯白噪声方差
Pf = 0.1;                                        % 事先给定的虚警概率
Pd_num = 0;                                      % 实际为1、判决也为1的次数
gamma = sqrt(sigma2/N) * qfuncinv(Pf);           % 判决门限
for i = 1:N_Sim
    x = round(rand(1,1));                        % 等概率地产生0和1
    v = sqrt(sigma2) * randn(1,N);               % 均值为0、方差为1的高斯白噪声
    z = A * x + v;                               % 观测值
    z_ave = mean(z);                             % 检验统计量(z的均值)
    if z_ave >= gamma
        x_det = 1;
    else
        x_det = 0;
    end
    % 统计判决结果(检测概率)
    if x == 1 && x_det == 1
        Pd_num = Pd_num + 1;
    end
end
Pd = Pd_num/(N_Sim/2)                            % 检测概率估计值,0和1的次数都是N_Sim/2
Pd_Theory = qfunc(qfuncinv(Pf) - A * sqrt(N/sigma2))    % 检测概率理论值
```

运行结果如下：

```
Pd = 0.7840
Pd_Theory = 0.7835
```

需要注意的是,在程序中需要给参数 A 赋一个确定值（如 $A=0.8$）,但在实际的似然比判决过程中并没有用到 A 的这个具体取值,比如检验统计量以及判决门限的计算。

如果 A 的符号未知,因为不等式两边同时除以一个正数不会改变不等号方向,但除以一个负数会改变不等号方向,此时就无法进行判决。在这种情况下,可以对不等式两边取绝对值,采用双边检验的方法,此时得到的是准最佳检验[1]。

6.2.3 广义似然比检验

对于例 6.6,如果 A 的绝对值和符号都是未知的就不存在一致最大势检验,此时可以采用广义似然比检验,此时未知参数采用最大似然估计来替代。

此时的广义似然比检验表达式为

$$\Lambda(z) = \frac{f(z|H_1,\hat{\theta}_1)}{f(z|H_0,\hat{\theta}_0)} \underset{H_0}{\overset{H_1}{\gtrless}} \eta$$

其中,$\hat{\theta}_1$ 和 $\hat{\theta}_0$ 分别为 H_1 假设和 H_0 假设下对参数 θ_1 和 θ_0 的最大似然估计结果。

例 6.7 高斯白噪声中恒定电平的检测问题。设有两种假设:
$$H_0: z_i = v_i$$
$$H_1: z_i = A + v_i$$

其中,$\{v_i\}$ 是服从均值为零,方差为 σ^2 的高斯白噪声序列,$i = 1, 2, \cdots, N$,假定参数 A 未知,试给出似然比判决表达式并计算检测概率。

解: 由于参数 A 未知,首先需要计算 H_1 假设下 A 的最大似然估计。由最大似然估计理论可知,A 的最大似然估计即为样本均值[1],即

$$\hat{A}_{ml} = \bar{z} = \frac{1}{N}\sum_{i=1}^{N} z_i$$

所以似然比检验表达式为

$$\Lambda(z) = \frac{f(z|H_1,\hat{A}_{ml})}{f(z|H_0,\hat{\theta}_0)} = \frac{\frac{1}{(2\pi\sigma^2)^{\frac{N}{2}}}\exp\left[-\frac{1}{2\sigma^2}\sum_{i=1}^{N}(z_i-\bar{z})^2\right]}{\frac{1}{(2\pi\sigma^2)^{\frac{N}{2}}}\exp\left[-\frac{1}{2\sigma^2}\sum_{i=1}^{N}z_i^2\right]}$$

对数似然比表达式为

$$\ln\Lambda(z) = \frac{1}{2\sigma^2}\sum_{i=1}^{N}z_i^2 - \frac{1}{2\sigma^2}\sum_{i=1}^{N}(z_i-\bar{z})^2 = \frac{N\bar{z}^2}{2\sigma^2}$$

最终的判决表达式为($\gamma > 0$)

$$|\bar{z}| \underset{H_0}{\overset{H_1}{\gtrless}} \gamma$$

门限 γ 可由纽曼-皮尔逊准则确定,虚警概率为

$$P_F = P(|\bar{z}| > \gamma | H_0) = 2\int_{\gamma}^{\infty} \frac{1}{\sqrt{2\pi\sigma^2/N}}\exp\left(-\frac{\bar{z}^2}{2\sigma^2/N}\right)d\bar{z} = 2Q\left(\frac{\sqrt{N}}{\sigma}\gamma\right)$$

故判决门限 γ 为

$$\gamma = \frac{\sigma}{\sqrt{N}}Q^{-1}\left(\frac{1}{2}P_F\right)$$

可以看出此时的判决表达式和判决门限都与参数 A 无关[1]。

检测概率为

$$P_D = P(|\bar{z}| > \gamma | H_1)$$

$$= \int_\gamma^\infty \frac{1}{\sqrt{2\pi\sigma^2/N}} \exp\left[-\frac{(\bar{z}-A)^2}{2\sigma^2/N}\right] d\bar{z} + \int_{-\infty}^{-\gamma} \frac{1}{\sqrt{2\pi\sigma^2/N}} \exp\left[-\frac{(\bar{z}-A)^2}{2\sigma^2/N}\right] d\bar{z}$$

$$= Q\left[\frac{\sqrt{N}}{\sigma}(\gamma-A)\right] + Q\left[\frac{\sqrt{N}}{\sigma}(\gamma+A)\right]$$

$$= Q\left[Q^{-1}\left(\frac{1}{2}P_F\right) - A\frac{\sqrt{N}}{\sigma}\right] + Q\left[Q^{-1}\left(\frac{1}{2}P_F\right) + A\frac{\sqrt{N}}{\sigma}\right]$$

MATLAB 源代码如下(见 chp6sec2_3.m)。

```
% 例 6.7 N-P 准则 最大似然估计 计算检测概率 Pd chp6sec2_3.m
clear;
clc;
close all;
N_Sim = 5000;                              % 仿真次数
N = 10;                                    % 观测次数
A = 0.8;                                   % 待检测的电平,绝对值未知,正负已知
sigma2 = 1.5;                              % 高斯白噪声方差
Pf = 0.1;                                  % 事先给定的虚警概率
Pd_num = 0;                                % 实际为 1,判决也为 1 的次数
gamma = sqrt(sigma2/N) * qfuncinv(0.5 * Pf);  % 判决门限
for i = 1:N_Sim
    x = round(rand(1,1));                  % 等概率地产生 0 和 1
    v = sqrt(sigma2) * randn(1,N);         % 均值为 0、方差为 1 的高斯白噪声
    z = A * x + v;                         % 观测值
    z_ave_abs = abs(mean(z));              % 检验统计量(z 的均值的绝对值)
    if z_ave_abs >= gamma
        x_det = 1;
    else
        x_det = 0;
    end
    % 统计判决结果(检测概率)
    if x == 1 && x_det == 1
        Pd_num = Pd_num + 1;
    end
end
Pd = Pd_num/(N_Sim/2)                      % 检测概率估计值,0 和 1 的次数都是 N_Sim/2
Pd_Theory = qfunc(qfuncinv(0.5 * Pf) - A * sqrt(N/sigma2)) + ...
    qfunc(qfuncinv(0.5 * Pf) + A * sqrt(N/sigma2))    % 检测概率理论值
```

运行结果如下:

```
Pd = 0.6648
Pd_Theory = 0.6631
```

在例 6.6 和例 6.7 中,无论是一致最大势检验还是广义似然比检验,检验统计量和判决门限都与参数 A 无关,但检测性能还是与参数 A 有关的。

6.3 多元假设检验

当可能的判决结果有 M 种可能时,称为 M 元假设检验问题,也称为多元假设检验问题。在通信中经常需要检测 M 个信号中哪一个出现,模式识别问题中也经常遇到区分 M 种模式的问题。对于多元假设检验问题,通常采用最小错误概率准则或者贝叶斯准则[1]。

假定希望对 M 种可能假设 $\{H_0, H_1, \cdots, H_{M-1}\}$ 进行判决,H_j 为真判 H_i 成立付出的代价为 C_{ij}。如果判断正确的代价为 0,判断错误的代价为 1,那么总的平均代价就等于总的错误概率[1]。此时如果 $P(H_k|z) > P(H_i|z), i=0,1,\cdots,M-1, i \neq k$,则判断 H_k 成立。

如果先验概率相等,那么

$$P(H_i|z) = \frac{f(z|H_i)P(H_i)}{f(z)} = \frac{1}{M} \cdot \frac{f(z|H_i)}{f(z)}$$

使后验概率 $P(H_i|z)$ 最大等效于使似然函数 $f(z|H_i)$ 最大。

因此,在先验概率相等的情况下,最大后验概率准则等效于最大似然准则,即如果

$$f(z \mid H_k) > f(z \mid H_i)$$

则判断 H_k 成立,其中 $i=0,1,\cdots,M-1, i \neq k$。

本书案例篇的"基于图像模式识别的多元假设检验"就是一个多元假设检验的典型应用[5],在此仍然以高斯白噪声中的恒定电平检测为例讲解多元假设检验。

例 6.8 高斯白噪声中多个恒定电平的检测问题。设有三种假设:

$$H_0: z_i = -A + v_i$$
$$H_1: z_i = v_i$$
$$H_2: z_i = A + v_i$$

其中,$\{v_i\}$ 是服从均值为零,方差为 σ^2 的高斯白噪声序列,$i=1,2,\cdots,N$,A 是大于零的常数,三种假设的先验概率相等,试给出最小总错误概率准则的判决表达式,并计算总的错误概率。

解:先验概率相等时,最小总错误概率准则等价于最大似然准则,似然函数为

$$f(z \mid H_j) = \frac{1}{(2\pi\sigma^2)^{\frac{N}{2}}} \exp\left[-\frac{1}{2\sigma^2} \sum_{i=1}^{N}(z_i - A_j)^2\right]$$

其中,$A_0 = -A, A_1 = 0, A_2 = A$。

$f(z|H_j)$ 最大实际上就是使 $\sum_{i=1}^{N}(z_i - A_j)^2$ 最小,等价于使 $(\bar{z} - A_j)^2$ 最小,故判决规则如下

$$D_0: \bar{z} \leqslant -\frac{A}{2}$$

$$D_1: -\frac{A}{2} < \bar{z} \leqslant \frac{A}{2}$$

$$D_2: \bar{z} > \frac{A}{2}$$

总的错误概率为[1]

$$P_e = \frac{4}{3}Q\left(\frac{\sqrt{N}A}{2\sigma}\right)$$

MATLAB 源代码如下(见 chp6sec3_1.m)。

```
% 例6.8 多元假设检验 计算总的错误概率 Pe chp6sec3_1.m
clear;
clc;
close all;
N_Sim = 5000;                                    % 仿真次数
N = 10;                                          % 观测次数
A = 1;                                           % 待检测的电平
sigma2 = 1.5;                                    % 高斯白噪声方差
x_det = zeros(1,N_Sim);                          % 对 x 的判决结果
Pe_num = 0;                                      % 判决错误的次数
for i = 1:N_Sim
    x = randsrc(1,1,[-1,0,1;1/3,1/3,1/3]);       % 以1/3的概率产生 -1,0 和 1
    v = sqrt(sigma2) * randn(1,N);               % 均值为0、方差为1的高斯白噪声
    z = A * x + v;                               % 观测值
    z_ave = mean(z);                             % 检验统计量(z 的均值)
    if z_ave <= -A/2
        x_det(i) = -1;
    elseif z_ave <= A/2 && z_ave > -A/2
        x_det(i) = 0;
    else
        x_det(i) = 1;
    end
    % 统计判决结果(错误概率)
    if x ~= x_det(i)
        Pe_num = Pe_num + 1;                     % 判决不正确的总次数
    end
end
Pe = Pe_num/N_Sim                                % 总的错误概率估计值
Pe_Theory = (4/3) * qfunc(sqrt(N) * A/2/sqrt(sigma2))  % 总的错误概率理论值
```

运行结果如下:

```
Pe = 0.1380
Pe_Theory = 0.1311
```

6.4 参考文献

[1] 罗鹏飞,张文明. 随机信号分析与处理[M]. 2版. 北京:清华大学出版社,2016.
[2] 许可. Turbo 解码与 Turbo 均衡关键技术研究[D]. 长沙:国防科技大学,2011.
[3] Khalighi M A. Effect of Mismatched SNR on the Performance of Log-MAP Turbo Detector[J]. IEEE Trans. Veh. Technol,2003,52(5):1386-1397.
[4] Kay S M. 统计信号处理基础——估计与检测理论[M]. 罗鹏飞,张文明,刘忠,等,译. 北京:电子工业出版社,2006.

[5] 许可,李敏,罗鹏飞. 基于图像模式识别的多元假设检验教学实验[J]. 电气电子教学学报,2008,30(5): 51-53.

本章用到的 MATLAB 函数总结

函数名称及调用格式	函 数 用 途	对应章节数
qfunc(x)	正态概率右尾函数 $Q(x)=\int_{x}^{\infty}\frac{1}{\sqrt{2\pi}}\exp\left(-\frac{t^2}{2}\right)\mathrm{d}t$	贯穿本章
qfuncinv(x)	正态概率右尾函数的反函数	贯穿本章
y= randsrc(m,n,[m, n; p,(1−p)])	产生 1×N 的均匀分布随机数 m 和 n,其中 m 的概率为 p,n 的概率为 p	6.1 节(例 6.3), 6.3 节(例 6.8)
y=log(x)	y=ln(x),e 为底的自然对数	6.1 节(例 6.3)

案例篇

案例1

周期信号的分解与合成

实验要求

时域上的周期信号,只要满足狄利克雷条件,就可以将其展开为三角形式傅里叶级数[1]。换句话说,周期信号总可以表示成若干正弦信号和余弦信号相加的形式。

对于图 E1.1* 和图 E1.2 给出的周期矩形信号和周期三角波信号,请将其分解为三角形式的傅里叶级数,然后再将其合成为原来的信号,并对结果进行分析[2]。

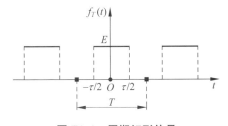

图 E1.1　周期矩形信号

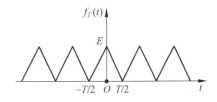

图 E1.2　周期三角波信号

理论分析

一个周期为 T 的时域信号 $f_T(t)$,可以在一个完整周期内将 $f_T(t)$ 分解为三角形式的傅里叶级数,即

$$f_T(t) = a_0 + \sum_{k=1}^{\infty} [a_k \cos(k\omega_0 t) + b_k \sin(k\omega_0 t)]$$

其中,$\omega_0 = \dfrac{2\pi}{T}$ 为周期信号的基波频率,$a_0 = \dfrac{1}{T}\int_0^T f_T(t)\mathrm{d}t$ 为信号的直流分量幅度,$a_k = \dfrac{2}{T}\int_0^T f_T(t)\cos(k\omega_0 t)\mathrm{d}t$ 为信号的余弦分量幅度,$b_k = \dfrac{2}{T}\int_0^T f_T(t)\sin(k\omega_0 t)\mathrm{d}t$ 为信号的正弦分量幅度。

对于图 E1.1 给出的周期矩形信号,在一个周期 T 内只有时长为 τ 的部分有值,因此其占空比为 τ/T,其解析表达式为

---

* 案例篇中,图和表的编号用图 Ex.x 或表 Ex.x 的形式,与算法篇区分。

$$f_T(t) = \begin{cases} E & |t| \leqslant \tau/2 \\ 0 & 其他 \end{cases}$$

按照傅里叶级数展开的公式计算可得,周期矩形信号的直流分量 $a_0 = \dfrac{E\tau}{T}$,余弦分量为 $a_k = \dfrac{2E}{k\pi}\sin\left(k\pi\dfrac{\tau}{T}\right)$,正弦分量 $b_k = 0$,因此周期矩形信号可以展开为如下形式[1, 3]

$$f_T(t) = \frac{E\tau}{T} + \sum_{k=1}^{\infty} \frac{2E}{k\pi}\sin\left(k\pi\frac{\tau}{T}\right)\cos(k\omega_0 t)$$

对于图 E1.2 给出的周期三角波信号,其解析表达式为

$$f_T(t) = \begin{cases} \dfrac{2E}{T}t + E, & -\dfrac{T}{2} \leqslant t < 0 \\ -\dfrac{2E}{T}t + E, & 0 < t \leqslant \dfrac{T}{2} \end{cases}$$

按照傅里叶级数展开的公式计算可得,周期三角波信号的直流分量 $a_0 = \dfrac{E}{2}$,余弦分量为 $a_k = \dfrac{2E}{k^2\pi^2}[\cos(k\pi)-1]$,故余弦分量只有奇数项非零 $a_{2k-1} = \dfrac{-4E}{\pi^2(2k-1)^2}$,正弦分量 $b_k = 0$,因此周期三角波信号可以展开为如下形式[1, 3]

$$f(t) = \frac{E}{2} + \sum_{k=1}^{\infty} \frac{-4E}{\pi^2(2k-1)^2}\cos[(2k-1)\omega_0 t]$$

从理论分析结果可以看出,图 E1.1 和图 E1.2 给出的周期信号正弦分量都为 0,这是因为图 E1.1 和图 E1.2 给出的信号都是偶信号,因此 b_k 积分表达式就是一个奇信号,奇信号在一个周期内积分为 0。

还需要注意的是:实验要求中强调的信号形式是"图 E1.1 和图 E1.2 给出的",因为同样的周期信号,既可以是偶信号[图 E1.3(a) 和图 E1.4(a)],也可以是奇信号[图 E1.4(b)],还可以是非奇非偶信号[图 E1.3(b)]。有兴趣的读者可以推导计算图 E1.3(b) 和图 E1.4(b) 给出的信号的正弦分量,验证其幅度是否为零。

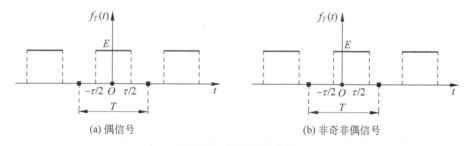

图 E1.3 周期矩形信号

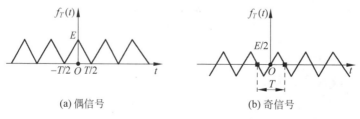

图 E1.4 周期三角波信号

周期信号的分解与合成实验

周期信号分解与合成实验流程图如图 E1.5 所示[2]。对于周期信号的分解，利用硬件系统来实现往往更快捷方便，其基本原理就是借助滤波器组提取信号各次谐波的幅度值，例如通过 CPLD 分频及四阶有源滤波器对信号进行分解[4]，或者通过 RLC 选频电路对周期信号的频谱进行分解提取[5]。

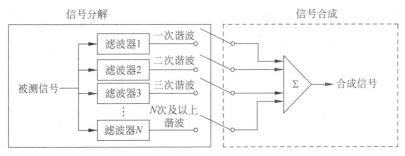

图 E1.5　周期信号分解与合成实验流程图

目前各种 DSP 数字信号处理系统构成的数字滤波器已基本取代了传统的模拟滤波器，相比模拟滤波器，数字滤波器灵活性高、精度高、稳定性高，而且功耗小、体积小，便于编程实现，因此建议在教学实验中采用数字滤波器组实现信号的分解。

例如凌特公司生产的 LTE-XH03A 信号与系统综合实验箱[2]，采用的是 8 路输出的 D/A 转换器 TLV5608。数字滤波器组的滤波器个数为 8，分别利用 1 个低通、6 个带通和 1 个高通滤波器得到一次谐波、二至七次谐波、八次及以上谐波。通过调节"信号源与频率计模块"设置输入信号（被测信号）的波形、模式、占空比、幅度等参数（见图 E1.6），通过设置"数字信号处理模块"的拨码开关加载不同的固化程序，以及设置信号合成的模式（即选用哪几次谐波进行累加，见图 E1.7），最后利用示波器观察各次谐波，记录各次谐波的峰峰值[2]。

图 E1.6　信号源与频率计模块

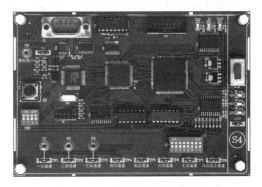

图 E1.7　数字信号处理模块

图 E1.8 给出了 500Hz 周期矩形信号各次谐波的合成效果图，从图 E1.8(a)~(f)看出：合成的阶数越多，越逼近原始信号，同时，一次谐波（图 E1.8(a)）和前两次谐波（图 E1.8(b)）的合成效果，以及前三次谐波（图 E1.8(c)）和前四次谐波（图 E1.8(d)）的合成效果是相同的，这是因为在占空比为 0.5 的前提下，周期矩形信号的偶次余弦分量都为零。

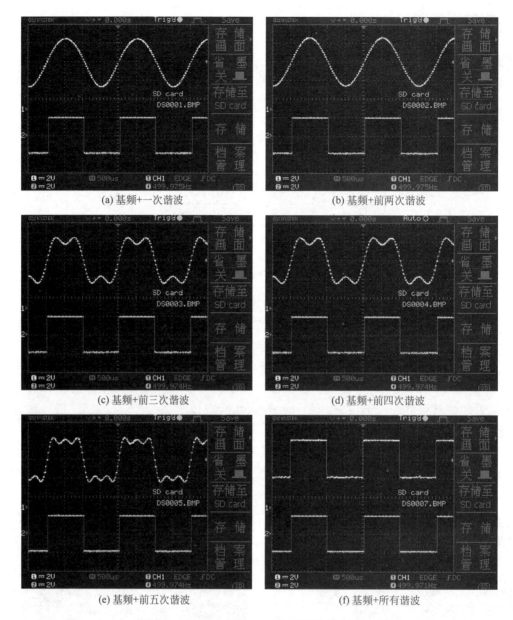

图 E1.8 500Hz 周期矩形信号各次谐波合成效果

对于周期信号的合成,既可以采用硬件系统和示波器直观演示,也可以采用编程的方式灵活实现。下面给出合成周期矩形信号和周期三角波信号的 MATLAB 源代码,仿真结果分别见图 E1.9 和图 E1.10。

```
% 周期矩形信号的合成实验
clear;
clc;
t = -2:0.01:2;
E = 1;              % 周期矩形信号的幅度
tao = 0.5;          % 占空比 tao/T = 0.5
```

```matlab
T = 1;                    % 周期矩形信号的周期

temp = 0;
% 前 3 项之和
for k = 1:3
    temp = temp + (2*E/k/pi)*sin(k*pi*tao/T)*cos(k*2*pi*t/T);
end
x = E*tao/T + temp;
subplot(2,2,1);plot(t,x);title('前 3 项之和'); grid on;

% 前 7 项之和
temp = 0;
for k = 1:7
    temp = temp + (2*E/k/pi)*sin(k*pi*tao/T)*cos(k*2*pi*t/T);
end
x = E*tao/T + temp;
subplot(2,2,2);plot(t,x);title('前 7 项之和');grid on;

% 前 10 项之和
temp = 0;
for k = 1:10
    temp = temp + (2*E/k/pi)*sin(k*pi*tao/T)*cos(k*2*pi*t/T);
end
x = E*tao/T + temp;
subplot(2,2,3);plot(t,x);title('前 10 项之和');grid on;

% 前 20 项之和
temp = 0;
for k = 1:20
    temp = temp + (2*E/k/pi)*sin(k*pi*tao/T)*cos(k*2*pi*t/T);
end
x = E*tao/T + temp;
subplot(2,2,4);plot(t,x);title('前 20 项之和');grid on;

% 周期三角波信号的合成实验
clear;
clc;
t = -1.5:0.05:1.5;
E = 1;                    % 三角波信号的幅度
T = 1;                    % 三角波信号的周期

temp = 0;
% 前 1 项之和
for k = 1:1
    temp = temp+(-4*E/(2*k-1)/(2*k-1)/pi/pi)*cos((2*k-1)*(2*pi/T)*t);
end
x = E/2 + temp;
subplot(2,2,1);plot(t,x);title('基频 + 第 1 项'); grid on;axis([-1.5 1.5 -0.1 1.5]);

temp = 0;
% 前 2 项之和
```

```
for k = 1:2
    temp = temp+(-4*E/(2*k-1)/(2*k-1)/pi/pi)*cos((2*k-1)*(2*pi/T)*t);
end
x = E/2 + temp;
subplot(2,2,2);plot(t,x);title('前2项之和'); grid on;axis([-1.5 1.5 -0.1 1.5]);

temp = 0;
% 前3项之和
for k = 1:3
    temp = temp+(-4*E/(2*k-1)/(2*k-1)/pi/pi)*cos((2*k-1)*(2*pi/T)*t);
end
x = E/2 + temp;
subplot(2,2,3);plot(t,x);title('前3项之和'); grid on;axis([-1.5 1.5 -0.1 1.5]);

temp = 0;
% 前5项之和
for k = 1:5
    temp = temp+(-4*E/(2*k-1)/(2*k-1)/pi/pi)*cos((2*k-1)*(2*pi/T)*t);
end
x = E/2 + temp;
subplot(2,2,4);plot(t,x);title('前5项之和'); grid on; axis([-1.5 1.5 -0.1 1.5]);
```

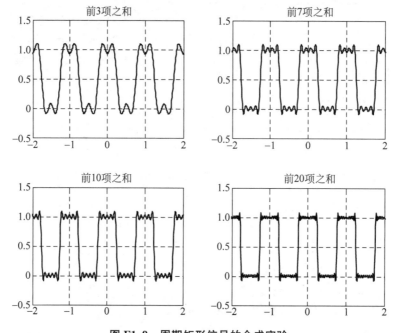

图 E1.9 周期矩形信号的合成实验

从 MATLAB 仿真结果可以看出,累加的谐波次数越多,越逼近原始信号,这个结论与硬件仿真效果类似。

仿真结果分析

从谐波累加逼近周期信号的效果而言,周期三角波信号比周期矩形信号需要的谐波次数少得多。这是因为周期三角波的余弦分量只有奇数项,而且分量的幅度与 k 的平方呈反

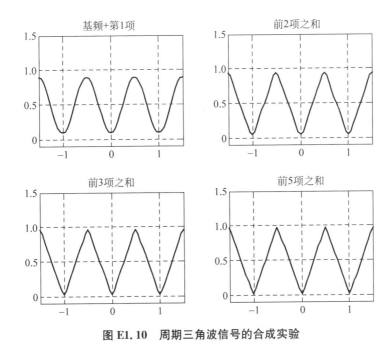

图 E1.10 周期三角波信号的合成实验

比。图 E1.11 给出了周期矩形信号和周期三角波信号余弦分量的变化趋势,为了方便比较,对各阶余弦分量的幅度进行了归一化和取绝对值操作。从图 E1.11 可以直观地看出:同阶周期三角波信号余弦分量的幅度一般都比周期矩形信号的小,而且下降更快,因此前面几项累加就可以得到很好的逼近效果。

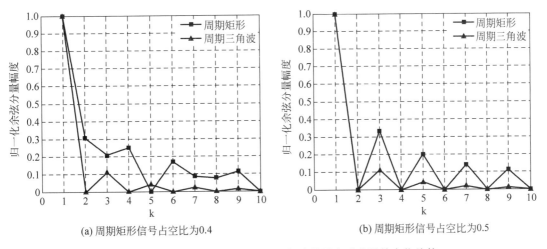

(a) 周期矩形信号占空比为0.4　　　　(b) 周期矩形信号占空比为0.5

图 E1.11 周期矩形信号和周期三角波信号余弦分量的变化趋势

对这种现象还可以直观理解:三角波信号是"尖"的,矩形信号是"平坦"的,在一个周期内余弦信号本来就"像"三角波信号那样"尖"。因此用一个"尖"信号去逼近一个"尖"信号就很"容易",而用一个"尖"信号去逼近一个"平坦"信号就很"困难",这种"困难"也就是指需要更多次谐波信号去修正累加结果。

此外，从前面的傅里叶级数展开的理论分析可以知道，"周期信号＝常数项＋余弦分量＋正弦分量"，因为余弦信号是偶信号，正弦信号是奇信号，因此就很好理解为什么偶信号展开就只有余弦分量，奇信号展开就只有正弦分量，非奇非偶信号展开就既有余弦分量又有正弦分量。

参考文献

[1] 吴京,王展,万建伟,等.信号分析与处理[M].北京：电子工业出版社，2008.
[2] 吴京,安成锦.信号处理与系统课程设计[Z].长沙：国防科技大学本科实验指导书，2015.
[3] 同济大学数学系.高等数学(下册)[M]. 6版. 北京：高等教育出版社，2007.
[4] 王傲,易伯年.信号波形合成分解的设计与实现[J].电气自动化，2013，35(3)：24-26.
[5] 侯宁.基于选频电路的周期信号傅里叶分解的研究[J].计算机与现代化，2008(9)：132-133.

案例2

测试滤波器的幅频特性

基本原理

设计滤波器的目的就是使特定频段的信号能够通过,而其他频段的信号能被很好地抑制。从系统的角度分析,滤波器这种系统使得输入信号的幅度和相位等都会发生特定的变化。

有两种方法可以分析滤波器的系统传递函数:一种是分析法[1,2],也就是当滤波器的结构和参数都是已知的,可以根据系统各部分依据的自然规律来建立相应的数学模型和传递函数,例如在 RLC 电路中依据各分立元器件的电气特性、电路的串并联关系以及基尔霍夫定律等来建立整个电路的传递函数;另一种是实验法[3],也就是滤波器的结构和参数都是未知的(这种"未知"可能是人为的,也可能是非人为的),无法从理论上对系统进行分析,需要在系统的输入端施加某种测试信号,在输出端观测该测试信号的响应来对系统的传递函数进行分析。

一般采用余弦信号来测试滤波器特性[3-5],这是因为对任何系统输入余弦信号,输出的仍然是同频率的余弦信号,只有幅值和相位会发生变化,其基本原理如图 E2.1 所示。假设待测试的滤波器传递函数为 $H(j\omega)$,输入一个频率为 ω_0 的余弦信号 $x(t)=A_{in}\cos(\omega_0 t+\varphi_{in})$,那么输出信号为 $y(t)=A_{out}\cos(\omega_0 t+\varphi_{out})$。

$x(t)=A_{in}\cos(\omega_0 t+\varphi_{in})$ → 被测系统 $H(j\omega)$ → $y(t)=A_{out}\cos(\omega_0 t+\varphi_{out})$

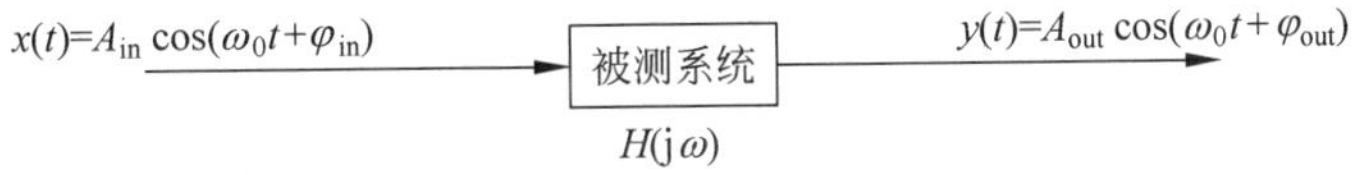

图 E2.1 滤波器频率特性测试原理

输出信号与输入信号的幅度之比 A_{out}/A_{in},就是滤波器传递函数在频率为 ω_0 时的幅频响应值,即

$$\frac{A_{out}}{A_{in}} = |H(j\omega)|\big|_{\omega=\omega_0}$$

输出信号与输入信号的相位之差 $\varphi_{out}-\varphi_{in}$,就是滤波器传递函数在频率为 ω_0 时的相频响应值,即

$$\varphi_{out} - \varphi_{in} = \angle H(j\omega)\big|_{\omega=\omega_0}$$

如果把频率取值 ω_0 由小到大地逐步变化,然后记录下不同取值的 ω_0 对应的幅频响应值,并在直角坐标系中描点绘图,得到的就是滤波器的幅频响应曲线,与此类似也可以得到滤波器的相频响应曲线,这就是利用实验法测试滤波器频率特性的基本原理[3]。

利用余弦信号来测试滤波器的幅频特性,还有以下三点需要注意:

(1) 正弦信号也可以用来测试滤波器的频率特性。因为正弦信号和余弦信号都是单频信号,两者只有 90°的相位差,如果输入为 $A_{in}\sin(\omega_0 t+\varphi_{in})$,输出就是 $A_{out}\sin(\omega_0 t+\varphi_{out})$。

(2) 如果幅频特性曲线的纵坐标采用 dB 为单位,此时幅频响应值的计算表达式为

$$20\lg\left(\frac{A_{out}}{A_{in}}\right)=\mid H(j\omega)\mid\mid_{\omega=\omega_0}$$

(3) 采用描点绘图的方法给出滤波器的幅频特性,效率比较低,在实际应用中一般采用扫频信号作为输入信号[3, 4, 6],也就是一个频率随时间线性增长的余弦信号,这样可以"一次性"地绘出滤波器的幅频特性曲线。

实验要求

设计一个 10 阶的低通数字滤波器,要求通带截止频率为 960Hz,阻带截止频率为 1200Hz,采样率为 4800Hz,利用 FDATool 工具给出滤波器的各阶系数并绘出滤波器的幅频响应曲线,再利用实验法测试该滤波器的幅频响应曲线,并与 FDATool 得到的结果进行对比。

在 MATLAB 命令行中输入 fdatool 命令,然后按照实验要求输入滤波器设计参数,得到如图 E2.2 所示的幅频响应曲线。

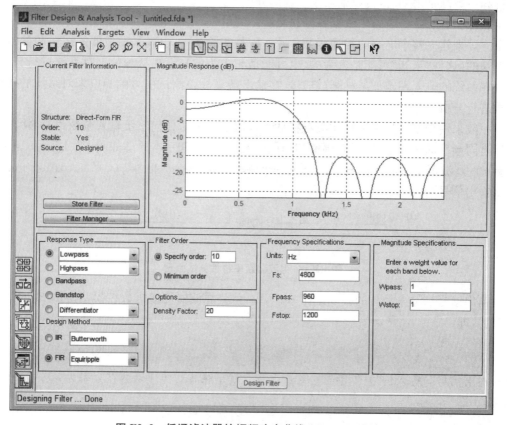

图 E2.2　低通滤波器的幅频响应曲线(**FDATool** 设计)

得到滤波器的系数为一个 11 维的向量,具体取值如下:

```
 0.059369000638830487
-0.098058722322965017
-0.11730435468159667
 0.037138614808976692
 0.30793535404276634
 0.44611744464593028
 0.30793535404276634
 0.037138614808976692
-0.11730435468159667
-0.098058722322965017
 0.059369000638830487
```

利用余弦信号测试滤波器的幅频特性

利用一个余弦信号测试滤波器的幅频响应值,然后不停地增大余弦信号的频率,记录下所有结果,MATLAB 源代码如下,实验结果如图 E2.3~图 E2.6 所示。

```
% 用一个余弦(单频)信号测试滤波器的幅频响应
clear;
clc;
f = 200;                                    % 测试信号的频率为 f Hz,这个频率需要不停地改变
T = 1/f;                                    % 测试信号周期
fs = 4800;                                  % 由 FDATool 输入设定
t_in = 0:1/fs:10 * T;                       % 将 10 个周期时长的测试信号输入系统
phai = randn(1,1) * 2 * pi;                 % 随机相位
signal_in = cos(2 * pi * f * t_in + phai);  % 输入的测试信号
% 滤波器
h = [0.0594, -0.0981, -0.1173, 0.0371, 0.3079, 0.4461, 0.3079, 0.0371, -0.1173, -0.0981, 0.0594];
% 输出信号
signal_out = conv(signal_in,h);
subplot(1,2,1);plot(t_in,signal_in);
title('输入信号');grid on; axis([0 10 * T -1.5 1.5]);
t_temp = (t_in(end) + 1/fs):1/fs:(t_in(end) + (length(h) - 1)/fs);
t_out = [t_in,t_temp];                      % 输出信号的时间坐标
subplot(1,2,2);plot(t_out,signal_out);
```

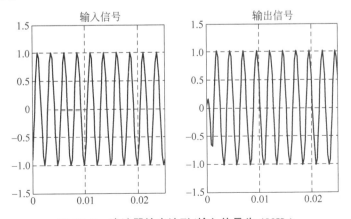

图 E2.3　滤波器输出波形(输入信号为 400Hz)

```
title('输出信号');grid on; axis([0 10 * T -1.5 1.5]);
signal_out2 = signal_out(ceil(0.3 * length(signal_out)):ceil(0.7 * length(signal_out)));
                                                % 稳定状态的输出信号
amp = max(abs(signal_out2))                     % 输出的幅度
amp_dB = 20 * log10(amp)
```

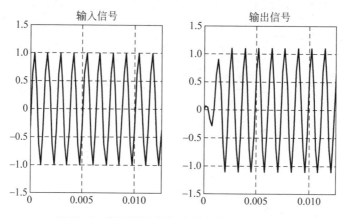

图 E2.4　滤波器输出波形（输入信号为 800Hz）

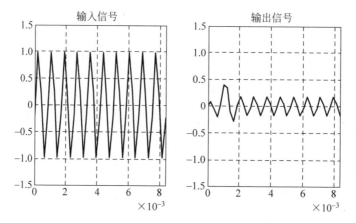

图 E2.5　滤波器输出波形（输入信号为 1200Hz）

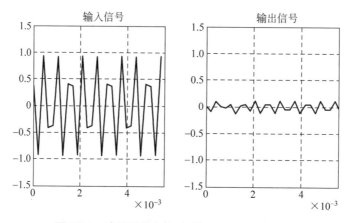

图 E2.6　滤波器输出波形（输入信号为 1800Hz）

图 E2.3~图 E2.6 分别给出了在不同频率的输入信号激励下，滤波器输出端的波形。可以大概看出来，随着输入余弦信号频率的增大，输出端余弦信号的幅度在逐渐降低，表 E2.1 详细记录了各个频率点的输出幅度与输入幅度之比。

表 E2.1　不同频率点输出输入幅度之比

输入频率/Hz	200	400	600	800	1000
幅度之比	0.08719	0.9835	1.0806	1.0979	0.7235
幅度之比/dB	-1.1903	-0.1445	0.6735	0.8116	-2.8109
输入频率/Hz	1200	1400	1600	1800	2000
幅度之比	0.1554	0.1561	0.0940	0.1235	0.1508
幅度之比/dB	-16.1718	-16.1329	-20.5329	-18.1640	-16.4313

将表 E2.1 记录的结果描点绘图，得到滤波器的幅频响应曲线，如图 E2.7 所示。

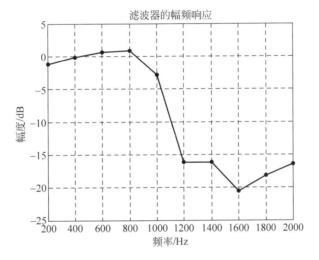

图 E2.7　实验测试得到的滤波器幅频响应曲线

也可以用一组余弦信号来测试滤波器的幅频响应，这样就可以"一口气"绘制出一个频率范围内的幅频响应曲线，无须手动更改输入频率和记录幅度之比。这样一组余弦信号，其实就是用到 MATLAB 内部的一个 for 循环，具体源代码如下，实验结果如图 E2.8 所示。

```
% 用一组单频信号测试滤波器的幅频响应
clear;
clc;
fs = 4800;                              % 由 FDATool 输入设定
f = 10:10:0.48*fs;                      % 一组测试信号
amp_dB = zeros(1,length(f));
for i = 1:length(f)
    T = 1/f(i);                         % 测试信号周期
    t_in = 0:1/fs:20*T;                 % 将 10 个周期时长的测试信号输入系统
    phai = randn(1,1)*2*pi;             % 随机相位
    signal_in = cos(2*pi*f(i)*t_in+phai);  % 输入的测试信号
    % 滤波器
```

```
    h = [0.0594, -0.0981, -0.1173, 0.03713, 0.3079, 0.4461, 0.3079, 0.0371, -0.1173, -0.0981, 0.0594];
    % 输出信号
    signal_out = conv(signal_in, h);
    signal_out2 = signal_out(ceil(0.3 * length(signal_out)):ceil(0.7 * length(signal_out)));
                                                        % 稳定状态的输出信号
    amp = max(abs(signal_out2));                        % 输出的幅度
    amp_dB(i) = 20 * log10(amp);
end
plot(f, amp_dB); grid on;
title('滤波器的幅频响应');
xlabel('频率/Hz'); ylabel('幅度/dB');
```

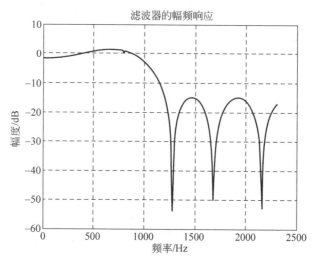

图 E2.8 用一组余弦信号测试滤波器的幅频响应

将图 E2.7 和图 E2.8 进行对比,发现图 E2.8 给出的曲线更加逼近 FDATool 给出的结果(图 E2.2),其实这只是在频率轴上描点绘图的间隔不同而已。图 E2.7 的绘图数据在横坐标上以 200Hz 为间隔,而图 E2.8 的横坐标间隔是 10Hz,当然图 E2.8 的曲线更"好看",更"逼真"。

利用扫频信号测试滤波器的幅频特性

在实际应用中,一般采用扫频信号来测试滤波器的幅频特性[4,6]。输入的是频率随时间线性增长的余弦信号,而输出信号的包络就是滤波器的幅频特性,MATLAB 源代码如下,实验结果如图 E2.9~图 E2.11 所示。

```
% 用一个扫频信号 chirp 测试滤波器的幅频响应
clear;
clc;
fs = 4800;                              % 采样率
T = 0.1;                                % Ts 时长的 chirp 信号
t_in = 0:1/fs:T;
signal_in = chirp(t_in, 0, T/2, fs/4);  % 在 0.5T 时正好是 fs/4,那么在 T 时就是 fs/2
% 滤波器
h = [0.0594, -0.0981, -0.1173, 0.03713, 0.3079, 0.4461, 0.3079, 0.0371, -0.1173, -0.0981, 0.0594];
```

```
signal_out = conv(signal_in,h);              % 输出信号
plot(t_in,signal_in);grid on;
title('输入的扫频信号');axis([0 T -1.2 1.2]);
xlabel('时间(s)');ylabel('幅度');
figure;
t_temp = (t_in(end) + 1/fs):1/fs:(t_in(end) + (length(h) - 1)/fs);
t_out = [t_in,t_temp];                       % 输出信号的时间坐标
plot(t_out,signal_out); grid on;
title('输出信号');axis([t_out(1) t_out(end) -1.2 1.2]);
xlabel('时间/s');ylabel('幅度');
figure;
plot(t_out,20 * log10(abs(signal_out))); grid on;
title('输出信号');axis([t_out(1) t_out(end) -60 10]);
xlabel('时间/s');ylabel('幅度/dB');
```

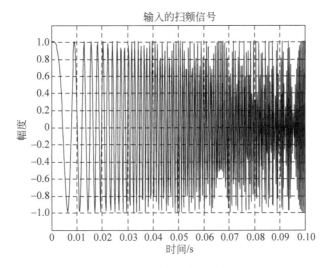

图 E2.9　输入的扫频信号

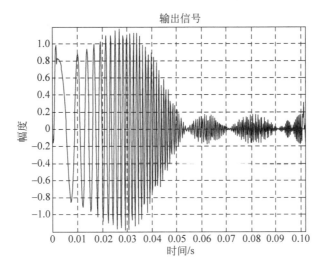

图 E2.10　输出信号的包络

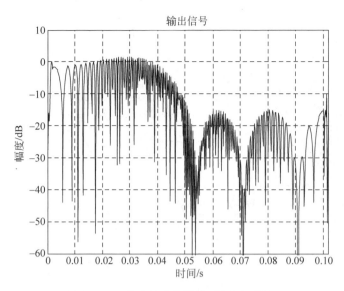

图 E2.11　输出信号的包络（幅度取对数）

图 E2.9 给出的是输入的扫频信号，该信号时长为 0.1s。在这 0.1s 的时长内，余弦信号的频率由 0Hz 线性增长到 2400Hz。图 E2.10 给出的是该扫频信号通过低通滤波器后的时域波形图，从图 E2.10 可以看出随着时间的增长输出波形的幅度在下降，同时因为输入信号的频率是随着时间线性增长的，也就是说随着频率的增长，输出波形的幅度在下降，因此就可以初步判断这是一个低通滤波器。如果把图 E2.10 的波形每个点都取对数运算，就可以得到以 dB 为单位的时域波形，该波形正好就是滤波器的幅频响应曲线（见图 E2.11）。

图 E2.12 给出了利用扫频信号来测试无源滤波器幅频特性的输入输出波形包络[3]，上半幅为输入的时域信号，下半幅为输出信号的包络。可以很直观地看出，图 E2.12(a) 为一个低通滤波器，图 E2.12(b) 为一个带通滤波器。

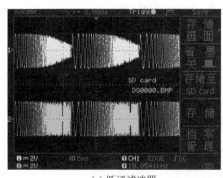

(a) 低通滤波器

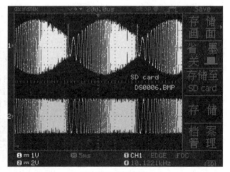

(b) 带通滤波器

图 E2.12　数字存储示波器波形图

结果分析与注意事项

对于前面的实验过程和实验结果，还有以下几个方面需要注意：

（1）图 E2.3～图 E2.6 所示的余弦信号"不像"余弦信号，尤其是当输入信号的频率增大时，余弦信号变得"尖锐"起来。根据经验，在一个周期内起码要有 20 个以上的采样点，画出来的余弦信号才"逼真",但根据采样定理,在余弦信号的一个周期内只要有 2 个以上的采样点就可以对其无失真地恢复。在一个周期内用于绘图的数据点少,只是余弦波形不够"美观"而已,但并不影响对频率、能量等参数的计算。

(2) 扫频信号的表达式为 $x(t)=A\cos[\omega(t) \cdot t+\varphi]$,其中频率为 $\omega(t)=kt+b$,即频率是随着时间 t 线性增长的一个直线函数。而余弦信号是一个单频信号,其频率不会随着时间 t 的增长而变化,因此严格地说扫频信号并不是一个余弦信号。在前面的实验讲解中把扫频信号描述为"一个频率随时间线性增长的余弦信号",只是为了便于理解采用的一个比喻。

(3) 幅频特性曲线的横坐标应该是频率,而利用扫频信号测试得到的幅频特性曲线横坐标是时间。根据 $\omega(t)=kt+b$ 可知,在这里频率和时间是一个线性变换的关系,因此想把时间轴转换为频率轴,只需要一个线性映射即可,有兴趣的读者可以自行转换。

(4) 图 E2.8 和图 E2.11 都表示滤波器的幅频特性,但图 E2.11 所示的信号包络出现了很多下拉的"瀑布"。这是因为根据幅频特性的定义,应该是对输出信号的幅值求对数,也就是对输出的余弦信号的峰峰值求对数,而图 E2.11 是直接对输出的扫频信号求对数得到的结果。

(5) 本实验只演示了滤波器幅频特性的测试,对于滤波器的相频特性也可以根据定义进行计算和测试。相频特性的横坐标是频率,纵坐标是相位差,此时的关键就在于如何根据输出信号和输入信号起始位置的不同,以及滤波器的采样率来计算二者的相位之差[6,7],有兴趣的读者可以自行实验。

参考文献

[1] 张爱民.自动控制原理[M].北京:清华大学出版社,2013.
[2] 吴京,王展,万建伟,等.信号分析与处理[M].北京:电子工业出版社,2008.
[3] 吴京,安成锦.信号处理与系统课程设计[Z].长沙:国防科技大学本科实验指导书,2015.
[4] 沈伟,兰山.伺服系统频率特性测试方法研究[J].实验技术与管理. 2011,28(11):268-271.
[5] 张维杰.基于单片机的滤波器幅频特性自动测试技术[D].南京:南京理工大学,2013.
[6] 李旭方.基于 Chirp 信号的电液伺服系统频率特性测试方法研究[D].兰州:兰州理工大学,2014.
[7] 汪俊,郑宾.虚拟仪器环境下的扫频仪设计[J].电测与仪表,2008,45(509):38-40.

案例3

利用离散傅里叶变换区分两个单频信号

实验背景

电子计算机只能处理离散的、有限长的序列。时域采样定理实现了信号时域的离散化,而离散傅里叶变换(DFT)理论实现了频域的离散化,因此 DFT 架起了有限长序列从时域到频域的桥梁。这不仅在理论上有重要意义,最重要的是开辟了用计算机在频域处理信号的新途径,从而推进了信号的频谱分析技术向更深更广的领域发展。

但是在 DFT 的教学实践中,存在着许多理解上的误区或混淆之处:例如,容易混淆 DFT 和 DTFT(离散时间傅里叶变换);不清楚 DFT 运算中对原始数据补零,以及增加原始数据的作用等。为此,我们设计了一个利用离散傅里叶变换区分两个单频信号的实验,通过该实验理解"高分辨率频谱"和"高密度频谱"的关系和区别。

实验原理

对于一个长度为 N 的有限长序列 $x(n)$,其 DFT 为

$$X(k) = \sum_{n=0}^{N-1} x(n) \mathrm{e}^{-\mathrm{j}\frac{2\pi}{N}kn}, \quad k = 0, 1, \cdots, N-1$$

离散时间傅里叶变换(DTFT)为

$$X(\mathrm{e}^{\mathrm{j}\omega}) = \sum_{n=-\infty}^{\infty} x(n) \mathrm{e}^{-\mathrm{j}\omega n}$$

从 DFT 和 DTFT 的定义可以看出,DFT 在时域上和频域上都是离散的,而 DTFT 在时域是离散的,在频域上是连续的,DFT 是 DTFT 在频域主值区间上的等间隔采样。因为只有 DFT 能够用计算机进行很高效率的运算,它架起了计算机分析时域连续信号频率特性的一个桥梁。

DFT 的一个重要应用就是对时域连续信号的频谱进行分析,为此我们设计了如下信号模型:设模型序列 $x(n)$ 中含有两种频率成分 $f_1 = 2\mathrm{Hz}$ 和 $f_2 = 2.05\mathrm{Hz}$,采样率 $f_s = 10\mathrm{Hz}$,w 是零均值高斯白噪声,方差待定。要求利用 DFT 分析区分出这两种频率成分,数据长度自行确定。

$$x(n) = \sin(2\pi f_1 n / f_s) + \sin(2\pi f_2 n / f_s) + w$$

根据频率分辨率的定义可知,如果在 $x(n)$ 中有两个频率分别为 f_1 和 f_2 的信号,要从频域上分辨出这两个频率,数据长度 N 必须满足:

$$N > \frac{f_s}{|f_1 - f_2|}$$

代入 $f_1=2\text{Hz}$ 和 $f_2=2.05\text{Hz}$,采样率 $f_s=10\text{Hz}$,可知数据长度 N 至少为 200 点。

源代码

在此给出用 MATLAB 区分两个单频信号的 MATLAB 源代码。

```
% 利用DFT区分两个余弦信号 freqdetc.m.m
clear;
clc;
fs = 10;                                              % 采样率
f1 = 2;f2 = 2.05;
N = [128,256,384,512];                                % 信号点数

for k = 1:4                                           % 4种数据长度
    n = 0:N(k) - 1;
    noise = 0.25 * randn(size(n));
    xn = sin(2 * pi * f1 * n/fs) + sin(2 * pi * f2 * n/fs) + noise;   % 信号模型
    xn1 = [xn,zeros(1,3 * N(k))];                     % 补零点数 = 3倍数据长度
    Xk1 = fft(xn1,length(xn1));
    k1 = (0:length(xn1)/2 - 1) * fs/length(xn1);
    mXk1 = abs(Xk1(1:length(xn1)/2));
    mXk1 = mXk1/max(mXk1);
    subplot(2,2,k);plot(k1,mXk1); grid on;
    title(['数据长度' num2str(N(k))]);
    axis([1.5 2.5 0 1.1]);
end
```

在源代码中,可以通过修改数据点数 N 来展示 DFT 对两个单频信号的区分能力,此外还可调整白噪声的方差来设置信噪比。

实验结果

图 E3.1 给出了不同点数的 DFT 用来区分两个单频信号的结果。从图中可以看出,当数据点数为 128 时,从 DFT 结果中无法看到两根谱线;当数据点数为 256、384 和 512 时,在 DFT 结果中可以看到两根独立的谱线,通过补零,这两根谱线越来越清晰。

注意事项

在利用 DFT 区分两个单频信号的案例中,还需要注意区分"高分辨率频谱"和"高密度频谱"。"高分辨率频谱"表示在观察或实验中取得更长的有效数据,给算法提供更多"货真价实"的新信息来区分两个频率。"高密度频谱"是指"补零",该方法只是在现有数据的前提下,试图充分发掘既有数据的信息,提供采样间隔较密的频谱样本,有点"挖潜"的意味在里面。

为了生动演示"改变数据点数"和"补零"对区分两个单频信号的影响,可以用 Mathematica 语言来编写交互式小程序。Mathematica 是美国 Wolfram 公司开发的一款综合数学软件,该软件内容丰富,功能强大,覆盖了初等数学、微积分和线性代数等众多的数学领域。可用 Mathematica 语言编写、调试源程序,再转换为可计算格式的文档(Computable Document Format,CDF),而使用者只需安装一个小巧的播放器(CDF player)即可进行很

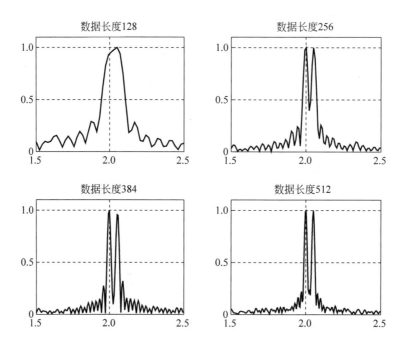

图 E3.1 利用 DFT 来区分两个单频信号，补零点数为 3 倍数据长度

方便的操作。这种 CDF 格式的文档，类似于 Flash 或 Java 小程序，既可以在电脑上单机运行，也可以嵌入网页中执行，非常适合于教学演示或在线教学互动。

利用我们设计的交互式小程序，下面分别给出数据长度不足和足够两种情况下的实验结果。图 E3.2 和图 E3.3 为数据长度不足时的结果。当实际的数据点小于 200 时，无论如何增加补零点数，都无法清晰区分 2Hz 和 2.05Hz 这两个信号。

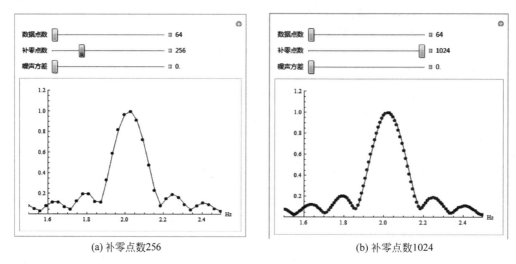

(a) 补零点数256 (b) 补零点数1024

图 E3.2　数据长度 64，噪声方差为 0

图 E3.4 和图 E3.5 为数据长度足够时的结果。可以看出只要数据长度满足频率分辨率的要求，即使不补零也可以清晰地区分这两个信号，补零后的频谱样本显得更密。改变白噪声的强度(方差分别为 0 和 0.5)，都有类似的结论。

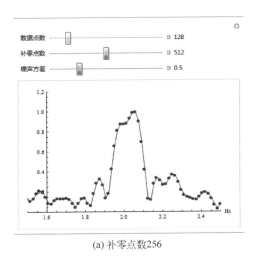 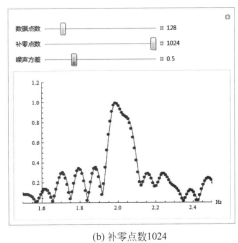

(a) 补零点数256　　　　　　　　　　　　(b) 补零点数1024

图 E3.3　数据长度 128，噪声方差为 0.5

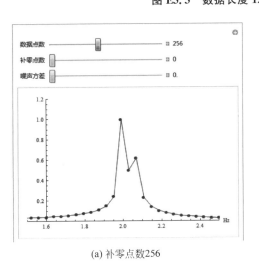 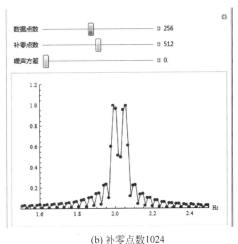

(a) 补零点数256　　　　　　　　　　　　(b) 补零点数1024

图 E3.4　数据长度 256，噪声方差为 0

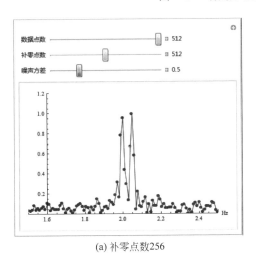 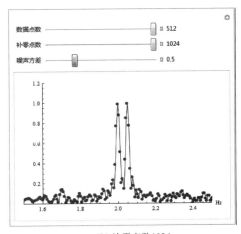

(a) 补零点数256　　　　　　　　　　　　(b) 补零点数1024

图 E3.5　数据长度 512，噪声方差为 0.5

参考文献

[1] 许可,黄兵超,王玲,等. 基于Mathematica的离散傅里叶变换动态演示实验原理与设计[J]. 工业和信息化教育,2016(9):64-66.
[2] 万建伟,王玲. 信号处理仿真技术[M]. 长沙:国防科技大学出版社,2008.
[3] 陈怀琛. 数字信号处理教程——MATLAB释义与实现[M]. 3版. 北京:电子工业出版社,2013.
[4] 李素芝,万建伟. 时域离散信号处理[M]. 长沙:国防科技大学出版社,1994.
[5] 张韵华,王新茂. Mathematica7实用教程[M]. 合肥:中国科学技术大学出版社,2011.
[6] http://demonstrations.wolfram.com/[Z].
[7] http://www.wolfram.com/cdf-player[Z].

案例 4

产生特定功率谱的随机数

在电子系统的仿真技术中,经常涉及随机过程的模拟,如雷达地杂波、海杂波的模拟[1],电子战技术中的电子干扰信号模拟等。在这些模拟中,不仅需要指定随机过程的概率分布,还需要指定随机过程的功率谱形状,因此也称作"色噪声的模拟"。有多种方法可以产生特定功率谱的随机数,常用的方法包括时域滤波法[2-4]和随机相位法[5]。

一、时域滤波法

基本原理

如果要模拟产生功率谱为 $G_X(f)$ 的高斯色噪声,只需要设计一个传递函数为 $H(f)$ 的滤波器,其中 $H(f)=\sqrt{G_X(f)}$,让高斯白噪声通过该系统即可,如图 E4.1 所示。易知,输出的噪声仍然服从高斯分布,功率谱为 $G_X(f)=|H(f)|^2$。

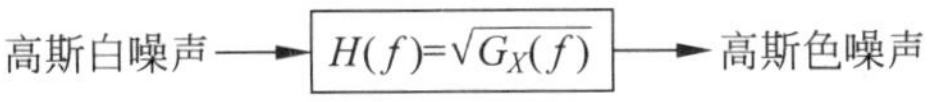

高斯白噪声 ⟶ $H(f)=\sqrt{G_X(f)}$ ⟶ 高斯色噪声

图 E4.1 时域滤波法产生特定功率谱随机数

实验要求与源代码

假设要产生一段 5ms 的零均值高斯白噪声数据[2],要求功率谱密度为如下表达式

$$G_X(f) = \frac{1}{1+(f/\Delta f)^4}$$

其中 $\Delta f=3\text{kHz}$ 为功率谱密度的 3dB 带宽,设 $B=6\Delta f$。

解:对该功率谱表达式进行分解可得滤波器的传递函数为

$$H(f) = \frac{(\Delta f)^2}{(f-\Delta f \cdot e^{j\pi/4})(f-\Delta f \cdot e^{j3\pi/4})}$$

对上式进行傅里叶逆变换可得系统的冲激响应为

$$h(t) = -2\omega_0 e^{-\omega_0 t}\cos(\omega_0 t), \quad t \geqslant 0$$

其中 $\omega_0=\sqrt{2}\pi\Delta f$。

在此给出时域滤波法产生特定功率谱随机数的 MATLAB 源代码。

```
% 利用时域滤波法产生特定功率谱的随机数
clear;
clc;
close all;
N = 2000;                        % 随机数点数
delta_f = 1000;                  % 1kHz
B = 6 * delta_f;
f = -B:(2*B/100):B;              % f 的取值范围
Gx_f = 1./(1+(f/delta_f).^4);
w0 = sqrt(2)*pi*delta_f;
time_dur = 0.005;                % 5ms 时长
fs = 1/(time_dur/100);           % 时域采样率
t = 0:(1/fs):time_dur;
h = -2*w0*exp(-w0*t).*cos(w0*t);
x = randn(1,N);
y = conv(x,h);
% 随便取一截随机数,功率谱都应该一样
N_fft = 1024;
y_test = y(100:100+N_fft-1);     % 100 的目的是不要前面一截数据
figure;
Yk = fft(y_test,N_fft);          % N_fft 点的 FFT
Yk_temp = zeros(1,N_fft+1);
Yk_temp(1:N_fft/2) = Yk(N_fft/2+1:N_fft);
Yk_temp(N_fft/2+1:N_fft) = Yk(1:N_fft/2);
Yk_temp = abs(Yk_temp/max(Yk_temp));
f_k = -B:(2*B/N_fft):B;
plot(f_k,Yk_temp); grid on;
hold on;plot(f,Gx_f);
axis([-B B 0 1.1]);
legend('随机数功率谱','理论功率谱');
xlabel('频率/Hz');ylabel('归一化功率谱');
hold off;
```

结果分析

图 E4.2 给出了利用时域滤波法产生的随机数的功率谱。从结果可以看出,采用时域滤波法得到的随机数功率谱,其估计结果与理论曲线基本吻合,故满足实验要求。在具体编程实现中,还有以下两个需要注意的地方。

(1) 按照时域滤波法产生的白噪声数据,任意截取一段对其进行功率谱估计,得到的功率谱曲线都应该与理论曲线吻合。因此,实验要求产生 5ms 的噪声数据,产生 1ms 或者 10ms 的数据都应该得到类似的结果,只需要在源代码中将采样率或随机数点数进行相应修改即可。

(2) 在时域通过卷积得到的白噪声数据,只是选取了其中一段作为输出结果,一方面是为了满足 FFT 点数基 2 的需求,另一方面是为了得到稳定的输出结果,需要舍弃滤波器初始阶段的输出值。

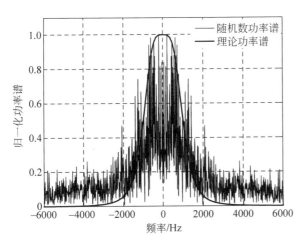

图 E4.2 时域滤波法产生的随机数功率谱

二、随机相位法

基本原理

利用直接法估计信号的功率谱，得到的估计结果是带有相位信息的，通过傅里叶逆变换可以准确恢复原始时域信号，即时域信号是确定性数据 $x(n)$；而通过间接法估计功率谱（即维纳-辛钦定理），得到的估计结果是不包含相位信息的，此时通过傅里叶逆变换无法严格地恢复原始时域信号。随机相位法正好利用了间接法的这个"缺陷"，通过在频域中引入随机相位信息，再通过傅里叶逆变换得到时域的随机数 $x'(n)$，基本原理如图 E4.3 所示。

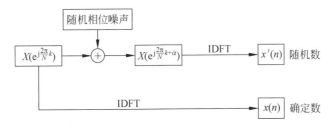

图 E4.3 随机相位法基本原理图

随机相位法只是改变了随机数的相位信息，并不会改变功率谱的幅值（绝对值），因此产生得到的随机数功率谱与引入随机相位之前的情况是一致的。此外，相位信息是一组随机序列，因此傅里叶逆变换后得到的时域数据既是"随机的"，也是"不唯一的"。

实验要求与源代码

利用随机相位法，根据给定的功率谱形状产生一组随机数，并估计随机数的功率谱，与给定功率谱做比较。

该实验的基本思想主要来自于中科院宋知用老师撰写的教材[5]，在此给出利用随机相位法产生色噪声的 MATLAB 源代码。

```
% 随机相位法产生色噪声
clear;
```

```
clc;
close all;
freq = 0:0.1:6;                              % 期望功率谱频率范围
fs = 2 * max(freq);                          % 采样率,为带宽 freq 的两倍
Gx = freq. * exp(-0.5 * freq.^2);
L = length(freq);                            % 正频率长度
N = (L-1) * 2;                               % 数据长度
Gxx = Gx;                                    % 双边功率谱密度
Gxx(2:L-1) = Gx(2:L-1)/2;                    % 把单边功率谱密度幅值变为双边功率谱密度幅值
Ax = sqrt(Gxx * N * fs);                     % 计算期望双边频谱幅值
% 用随机数构成相角
fik = pi * randn(1,L);                       % 产生随机相位角
Xk = Ax. * exp(1j * fik);                    % 产生单边频谱
Xk = [Xk conj(Xk(L-1:-1:2))];                % 利用共轭对称性求出双边频谱
Xm = ifft(Xk);                               % 傅里叶逆变换
xm = real(Xm);                               % 取实部
time = (0:N-1)/fs;                           % 时间序列
% 对随机序列 xm 求周期图法的功率谱密度
[Gx1,f1] = periodogram(xm,boxcar(N),N,fs,'onesided');
figure;
plot(freq,Gx,f1,Gx1);
xlabel('频率/Hz'); ylabel('功率谱密度幅值/m^2/(s^4Hz)')
title('功率谱密度'); grid;
legend('期望值','估计值');
```

结果分析

图 E4.4 给出了利用随机相位法产生的随机数的功率谱。从图 E4.4 的结果可以看出,由于随机相位法只改变随机数的相位,并不会改变随机数的幅度,因此得到的功率谱密度与期望值非常接近,误差仅在 10^{-7} 数量级。

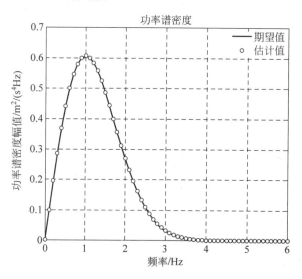

图 E4.4 随机相位法产生的随机数功率谱

此外，功率谱的横坐标和纵坐标可以是"现成"的，通过读取一个数据文件就可以得到功率谱的坐标数据，这种方法适用于利用频谱仪测量真实数据的情况，此时不用考虑这些数据的功率谱理论表达式。在本案例的源代码中，功率谱的坐标数据是"计算"得到的，功率谱的能量（纵坐标）和频率（横坐标）之间具有一个给定的解析关系。在实际应用中，可以灵活运用这两种方案。

参考文献

[1] 杨俊岭.海杂波建模及雷达信号模拟系统关键技术研究[D].长沙：国防科技大学，2006.
[2] 罗鹏飞,张文明.随机信号分析与处理[M].2版.北京：清华大学出版社，2016.
[3] 施毅坚.具有特定功率谱形式的随机信号数字模拟[J].南京航空学院学报.1991，23(4)：135-139.
[4] 沈民奋.具有指定功率谱伪随机信号发生器的分析[J].汕头大学学报（自然科学版）.1992，7(1)：40-46.
[5] 宋知用.MATLAB数字信号处理85个实用案例精讲——入门到进阶[M].北京：北京航空航天大学出版社，2016.

案例5

基于自适应滤波的系统辨识

系统辨识

系统辨识是一种系统建模方法,根据一个系统的输入及输出关系确定系统的参数,如系统的系统函数(传递函数)。一旦解出了一个未知系统的系统函数,也就是对该系统建立了一个已知的(或近似的)数学模型[1]。

一般情况下,建立系统模型的方法主要有两种:一种是理论建模,即从系统的内部机理出发,利用已有的定理和公式,用数学推导的方法得出系统的数学模型,也称为解析方法,这是"白箱"问题。这种方法不仅要求对基本的定理、定律有充分的理解,而且对系统内部元器件的特征参数也要有比较精确的描述,因而对于简单的线性系统而言,不失为一种实用的方法。但对于复杂系统,尤其是对于非线性系统而言,再采用理论建模的方法就显得有些困难了。

随着科学技术的迅猛发展,控制系统越来越复杂,对控制精度的要求也越来越高,很难用解析的方法得到比较满意的模型,这就要求采用更加方便、有效的建模方式,即利用系统的输入输出数据,用统计的方法建立系统的数学模型,这是"黑箱"问题,也称作"系统辨识"。实际上,所有的定理、定律都是在实验数据的基础上,经演绎、抽象的数学方法得到的。因此,系统辨识适用于机理尚不明确的复杂系统的建模和近似,在航空、航天、工程控制、生物学、医学、天文学、水文学及社会经济学等领域有着广泛的应用[1]。

实验原理

采用自适应滤波器对未知系统进行建模[2,3],在相同的输入激励下,自适应滤波器通过一定的自适应滤波算法调整自身参数,使得滤波器的输出最佳逼近未知系统的输出,则滤波器本身就可以很好地拟合未知系统,从而实现对未知系统的近似,也达到了辨识未知系统的目的。辨识过程的基本原理如图E5.1所示。

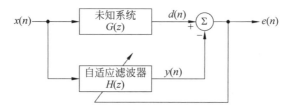

图 E5.1　自适应系统辨识原理

图 E5.1 中 $G(z)$ 是待辨识的未知系统，自适应滤波器 $H(z)$ 是长度为 M 的 FIR 滤波器，$x(n)$ 是两个系统的共同输入，$d(n)$ 和 $y(n)$ 分别是未知系统的输出和自适应滤波器(已知系统)的输出，二者的输出误差为 $e(n)=d(n)-y(n)$。

通过 N 次数据观测以及调整自适应滤波器 $H(z)$ 的系数 $h(n)$，将如下的目标函数(平方误差能量)最小化：

$$\varepsilon_M = \sum_{n=0}^{N}\left[d(n)-\sum_{l=0}^{M-1}h_l(n)x(n-l)\right]^2$$

当上式达到最小值时自适应滤波器 $H(z)$ 收敛。由自适应滤波器理论可知[2,3]，若未知系统 $G(z)$ 是一个 FIR 系统，则可以用一个有限长的横向自适应滤波器对其进行准确建模。若未知系统 $G(z)$ 是一个 IIR 系统，则可以用一个有限长的 FIR 系统对其进行等效逼近。所以收敛后的滤波器系数所决定的系统 $H(z)$ 就是对未知系统 $G(z)$ 的建模或逼近，最终达到了对未知系统进行辨识的目的。

实验要求与实现

假设一个高通滤波器的 3dB 边缘截止频率为 100Hz，试采用最小均方误差(LMS)自适应滤波算法对该高通滤波器进行系统辨识。

分析：输入一个包含若干个频率成分的信号，将该信号分别通过高通滤波器和自适应滤波器，不断地调整自适应滤波器的参数，当二者输出一致时，自适应滤波器就对该高通滤波器进行了很好的逼近，实现了对高通滤波器这个未知系统的辨识。

如下为 LMS 算法对未知高通滤波器进行系统辨识的 MATLAB 源代码，不断地调整自适应滤波器参数(如滤波器长度 N)，实验结果见图 E5.2～图 E5.4。

```
% 利用LMS算法对未知的高通滤波器系统进行系统辨识
% version 2
clear;
clc;
fs = 600;
delta = 1/fs;
t = [0:delta:2 - delta];
f1 = 30; f2 = 50; f3 = 70; f4 = 120; f5 = 150; f6 = 200;
x = cos(2 * pi * f1 * t) + cos(2 * pi * f2 * t) + cos(2 * pi * f3 * t)...
    + cos(2 * pi * f4 * t) + cos(2 * pi * f5 * t) + cos(2 * pi * f6 * t) + randn(size(t));
% 未知系统
[b,a] = butter(5,100 * 2/fs,'high');
d = filter(b,a,x);
% 自适应滤波器
N = 5;                          % 自适应滤波器长度
alpha = 0.05;
M = length(x);
y = zeros(1,M);
h = zeros(1,N);
for n = N:M
    x1 = x(n: -1:n - N + 1);
    y(n) = h * x1';
    e(n) = d(n) - y(n);
```

```
        h = h + alpha. * e(n). * x1;
    end
X = abs(fft(x,2048));
D = abs(fft(d,2048));
Y = abs(fft(y,2048));
F = (0:1023) * fs/2048;

subplot(3,1,1);
plot(F,X(1:1024)); title('输入信号频谱');grid on;
subplot(3,1,2);
plot(F,D(1:1024)); title('未知系统输出信号频谱');grid on;
subplot(3,1,3);
plot(F,Y(1:1024)); title('自适应滤波器输出信号频谱'); grid on;xlabel('f/Hz');
```

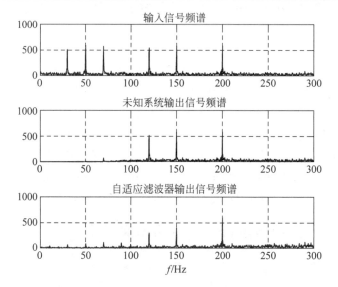

图 E5.2　系统辨识的滤波效果($N=3$)

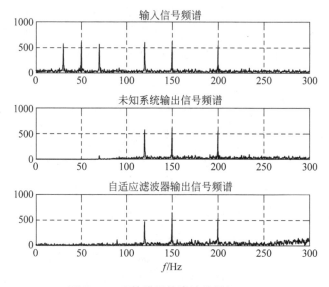

图 E5.3　系统辨识的滤波效果($N=6$)

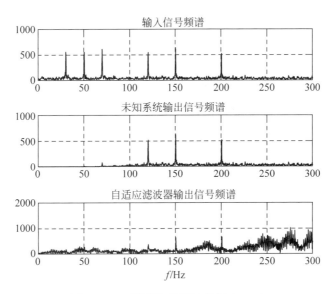

图 E5.4　系统辨识的滤波效果（$N=7$）

从图 E5.2～图 E5.4 的滤波效果可以看出，当滤波器长度 N 取值为 6 时，LMS 自适应滤波器很好地逼近了未知系统，两者对原始信号都实现了高通滤波的效果，而且两个滤波器对于输入信号高频部分的响应也保持一致。当 N 的取值变大时，LMS 滤波器开始无法收敛，因此自适应滤波器的长度并不是越长越好。

如果为了更形象直观地了解自适应滤波器对高通滤波器的逼近效果，可以画出两个滤波器的幅频特性进行比较，也可以用扫频信号作为输入信号测试两个系统的幅频特性。

参考文献

[1] 刘金琨. 系统辨识理论及 Matlab 仿真[M]. 北京：电子工业出版社，2013.
[2] 胡广书. 数字信号处理理论、算法与实现[M]. 3 版. 北京：清华大学出版社，2015.
[3] 皇甫堪，陈建文，楼生强. 现代数字信号处理[M]. 北京：电子工业出版社，2003.

案例6

时域信号的插值重构

基本原理

根据奈奎斯特采样定理[1,2]：若 $x_a(t)$ 是带限信号，要想采样后能够无失真地还原出原信号，则采样频率 Ω_s 必须大于等于信号最高频率分量 Ω_h 的两倍，即 $\Omega_s \geqslant 2\Omega_h$。

时域离散（采样），对应着频域的周期延拓。如果对带限信号 $x_a(t)$ 进行时域采样，那么 $x_a(t)$ 的频谱在频域就会周期延拓（图 E6.1），延拓的周期为采样率 Ω_s。

如果对 $x_a(t)$ 的采样满足奈奎斯特采样定理，即 $\Omega_s \geqslant 2\Omega_h$，那么 $x_a(t)$ 的频谱在周期延拓的过程中就不会发生频谱混叠现象。进一步的，如果想无失真恢复原始信号，只需要在频域加一个理想低通滤波器即可[1,3]（图 E6.1），低通滤波器的截止频率 $\Omega_h \leqslant \Omega_c \leqslant \Omega_s - \Omega_h$。

如果采样过程不满足奈奎斯特采样定理，那么 $x_a(t)$ 的频谱在周期延拓的过程中就会发生频谱混叠现象，此时就无法无失真的恢复原始信号。

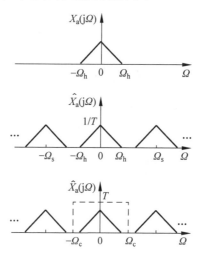

图 E6.1　信号的时域采样与插值重构

假设模拟信号 $x_a(t)$ 的频谱为 $X_a(j\Omega)$，经理想采样（冲激串采样）后的频谱为 $\hat{X}_a(j\Omega)$，$\hat{X}_a(j\Omega)$ 为 $X_a(j\Omega)$ 的周期延拓，在角频率轴上延拓周期为 Ω_s，即[1]

$$\hat{X}_{\mathrm{a}}(\mathrm{j}\Omega) = \frac{1}{T}\sum_{k=-\infty}^{\infty} X_{\mathrm{a}}[\mathrm{j}(\Omega - k\Omega_{\mathrm{s}})]$$

假设理想低通滤波器的幅度函数为 $H(\mathrm{j}\Omega)$[1]，

$$H(\mathrm{j}\Omega) = \begin{cases} T, & |\Omega| \leqslant \dfrac{\Omega_{\mathrm{s}}}{2} \\ 0, & |\Omega| > \dfrac{\Omega_{\mathrm{s}}}{2} \end{cases}$$

对于 $H(\mathrm{j}\Omega)$ 有两点需要注意：①理想采样后的频谱有一个加权因子 $1/T$，为了保证通过低通滤波器后输出的幅值不变，因此低通滤波器的通带幅度设为 T；②根据奈奎斯特采样定理，要求低通滤波器的截止频率 $\Omega_{\mathrm{h}} \leqslant \Omega_{\mathrm{c}} \leqslant \Omega_{\mathrm{s}} - \Omega_{\mathrm{h}}$，为了公式推导和编程方便，本案例设 $\Omega_{\mathrm{c}} = \Omega_{\mathrm{s}}/2$，此时低通滤波器为一个"动态变化的方框"，方框宽度由采样率决定。

理想低通滤波器的冲激响应为

$$h(t) = \frac{1}{2\pi}\int_{-\infty}^{\infty} H(\mathrm{j}\Omega) \mathrm{e}^{\mathrm{j}\Omega t}\,\mathrm{d}\Omega = \frac{1}{2\pi}\int_{-\Omega_{\mathrm{s}}/2}^{\Omega_{\mathrm{s}}/2} T\mathrm{e}^{\mathrm{j}\Omega t}\,\mathrm{d}\Omega = \frac{\sin(\pi t/T)}{\pi t/T}$$

将 $\hat{X}_{\mathrm{a}}(\mathrm{j}\Omega)$ 送入重构用的理想低通滤波器，在频域的输出结果为二者的乘积。如果采样过程满足奈奎斯特采样定理，那么输出的频谱 $Y_{\mathrm{a}}(\mathrm{j}\Omega)$ 就等于原始信号的频谱 $X_{\mathrm{a}}(\mathrm{j}\Omega)$，即实现了对原始信号的无失真恢复。

$$\begin{aligned} Y_{\mathrm{a}}(\mathrm{j}\Omega) &= \hat{X}_{\mathrm{a}}(\mathrm{j}\Omega) \cdot H(\mathrm{j}\Omega) \\ &= \frac{1}{T}\sum_{k=-\infty}^{\infty} X_{\mathrm{a}}[\mathrm{j}(\Omega - k\Omega_{\mathrm{s}})] \cdot H(\mathrm{j}\Omega) \\ &= \left[\frac{1}{T}X_{\mathrm{a}}(\mathrm{j}\Omega)\right] \cdot T \\ &= X_{\mathrm{a}}(\mathrm{j}\Omega) \end{aligned}$$

根据时域卷积定理可知[1,2]，频域相乘（低通滤波），对应着时域卷积。将 $\hat{X}_{\mathrm{a}}(\mathrm{j}\Omega)$ 送入重构用的理想低通滤波器，理想低通滤波器的输出为 $\hat{x}_{\mathrm{a}}(t)$ 与 $h(t)$ 在时域的卷积积分[1]，即

$$\begin{aligned} y_{\mathrm{a}}(t) &= \hat{x}_{\mathrm{a}}(t) * h(t) = \int_{-\infty}^{\infty} \hat{x}_{\mathrm{a}}(\tau)h(t-\tau)\,\mathrm{d}\tau \\ &= \sum_{m=-\infty}^{\infty} x_{\mathrm{a}}(mT)\frac{\sin[\pi(t-mT)/T]}{\pi(t-mT)/T} \end{aligned}$$

其中 $\dfrac{\sin[\pi(t-mT)/T]}{\pi(t-mT)/T}$ 称为内插函数，因此上式又称为信号的内插重构公式。如果采样过程满足奈奎斯特采样定理，那么重构得到的信号与原始信号相同，即 $y_{\mathrm{a}}(t) = x_{\mathrm{a}}(t)$。

根据内插重构公式，$x_{\mathrm{a}}(t)$ 等于各采样结果 $x_{\mathrm{a}}(mT)$ 乘以对应的内插函数的总和，也就是说可以通过信号的采样结果 $x_{\mathrm{a}}(mT)$ 得到连续信号 $x_{\mathrm{a}}(t)$。在每一个采样时刻上对应的内插函数不为零，保证了各个采样时刻的信号值不变，而采样时刻之间的信号波形，由各内插函数波形的延伸加权叠加而成。

余弦信号的插值重构

$x_{\mathrm{a}}(t)$ 是带限信号且 $\Omega_{\mathrm{s}} \geqslant 2\Omega_{\mathrm{h}}$，这是信号 $x_{\mathrm{a}}(t)$ 能够无失真恢复的两个重要前提。现选择余弦信号作为待采样信号，因为余弦信号为单频信号其带宽为零，满足 $x_{\mathrm{a}}(t)$ 是带限信号这个前提。

场景 1 设余弦信号为 $\cos(2\pi \cdot 20t)$,采样率为 $60\mathrm{Hz}$。

时域采样,引起频域的周期延拓,延拓的周期正好就是采样率。余弦信号在频域为冲激函数,用图 E6.2 来分析其采样与插值重构会更方便,此时频率轴采用模拟频率 f 表示,单位为 Hz。

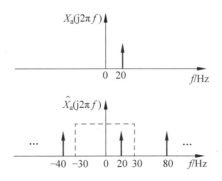

图 E6.2 20Hz 余弦信号的采样与插值重构,采样率为 60Hz

从图 E6.2 中可以看出,对于模拟频率为 20Hz 的余弦信号,用 60Hz 的采样率对其进行时域采样,在频域就会以 60Hz 为周期进行延拓,在 $-40\mathrm{Hz}$,20Hz,80Hz 等频率点处产生冲激函数(在此只考虑 20Hz 正频率分量的周期延拓)。此时再用截止频率为 $f_s/2=30\mathrm{Hz}$ 的低通滤波器进行滤波,从滤波器输出端得到的就只剩下 20Hz 的频率分量,MATLAB 源代码如下所示。

```
% 余弦信号的插值重构
clear;
clc;
close all;

F = 20;                              % 被采样信号频率
T = 1/F;                             % 信号周期
Fs = 30;                             % 采样率
Ts = 1/Fs;                           % 采样间隔
N = 20;                              % 采样数量(sinc 函数重建时累加项的个数)
nT = N*Ts;                           % 采样时长

n = 0:N-1;                           % 时域采样序列(N 个采样)
k = 2;                               % k 个周期
NP = floor( (k/F)/(Ts) );            % k 个周期采样点数也就是累加项的数目
nTs = n*Ts;                          % 时域采样时间序列

subplot(2,1,1);
% 对下列信号进行研究 时域采样
% g = inline( 'cos(2*pi*F*t)','F','t');  % 原始信号
g = inline( 'cos(2*pi*F*t)+sin(2*pi*0.8*F*t)','F','t');
% g = inline( 'cos(2*pi*F*t)+cos(2*pi*2*F*t)+sin(2*pi*0.5*F*t)','F','t');
f = g(F,nTs);                        % 函数 g 有两个 argument
stem(nTs(1:NP),f(1:NP),'b--');
title(['采样频率 Fs = ' num2str(Fs) 'Hz' ' 信号最高频率 F = ' num2str(F) 'Hz']);
grid on;
```

```
% 下面是为了更好地显示出待采样信号的波形
Ts1 = k/F/100;                    % 100 个点用于 plot 绘图(由 NP1 表达式反推),
                                  % 显得图像圆润,像模拟信号
NP1 = floor( (k/F)/(Ts1) );
hold on;
plot([0:NP1-1]*Ts1,g(F,[0:NP1-1]*Ts1),'r-');    % 函数 g 有两个 argument
legend('采样值','模拟信号');
axis([0 (NP1-1)*Ts1 -1.5 1.5]);
hold off;

% 下面开始用内插法重建信号
% 采样信号:x(n) = f               % 采样间隔:T = Ts
% 原理(内插法):y(t) = ∑x(n)sinc((t-nTs)/Ts)
t1 = 0;                           % 开始时间
t2 = k/F;                         % 结束时间(取信号的 k 个周期)
Dt = Ts/50;                       % 重建函数需要显示的时域范围与步进(50 表示重
                                  % 建函数显示范围内一个周期有 50 个点用于 plot)
t = t1:Dt:t2;
fa = f * sinc( Fs*(ones(length(nTs),1)*t - nTs'*ones(1,length(t))) );
                                  % f:时域采样,Fs:采样率
subplot(2,1,2);
plot(t,fa);
axis([t1 t2 -1.5 1.5]);
title('内插重构信号');
grid on;
```

运行源代码,得到的结果如图 E6.3 所示。此实验场景满足信号能够无失真恢复的第二个前提($\Omega_s \geq 2\Omega_h$),此时 20Hz 的余弦信号得到了无失真恢复。

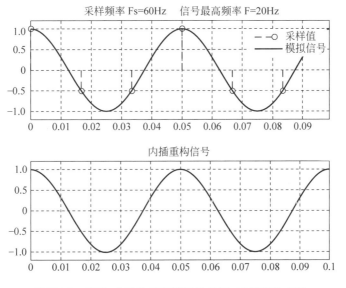

图 E6.3　20Hz 余弦信号插值重构结果,采样率为 60Hz

场景 2 设余弦信号为 $\cos(2\pi \cdot 20t)$,采样率为 30Hz。

对于模拟频率为 20Hz 的余弦信号,用 30Hz 的采样率对其进行时域采样,在频域就会以 30Hz 为周期进行延拓,在 -70Hz,-40Hz,-10Hz,20Hz,50Hz,80Hz 等频率点处产生冲激函数(在此仍只考虑正频率分量)。此时再用截止频率为 $f_s/2=15$Hz 的低通滤波器进行滤波(注意:场景 2 低通滤波器的通带范围随着采样率的取值发生了变化),从滤波器输出端得到的就只剩下 -10Hz 的频率分量(如图 E6.4 所示)。

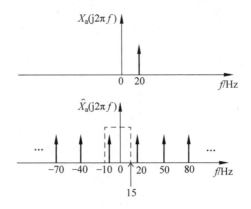

图 E6.4 20Hz 余弦信号的采样与插值重构,采样率为 30Hz

修改 MATLAB 源代码,将采样率设为 30Hz,得到的结果如图 E6.5 所示。此实验场景没有满足信号能够无失真恢复的第二个前提,因此 20Hz 的余弦信号无法得到无失真恢复。

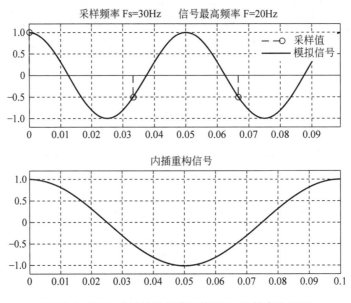

图 E6.5 20Hz 余弦信号插值重构结果,采样率为 30Hz

场景 3 设待采样信号为 $\cos(2\pi \cdot 20t)+\sin(2\pi \cdot 16t)$,采样率为 50Hz。

该实验场景为两个余弦信号之和的形式,最高频率分量为 20Hz,采样率为 50Hz,满足 $\Omega_s \geqslant 2\Omega_h$ 这个前提,因此该信号也能得到无失真恢复。修改 MATLAB 源代码,运行得到的结果如图 E6.6 所示。

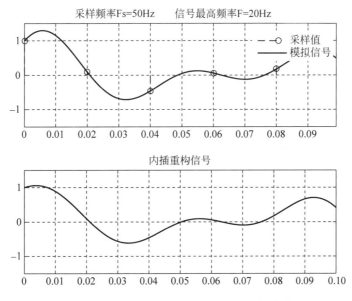

图 E6.6 余弦信号之和的插值重构结果,采样率为 50Hz

场景 4 设待采样信号为 $\cos(2\pi \cdot 20t)+\sin(2\pi \cdot 16t)$,采样率为 30Hz。

该实验场景仍为两个余弦信号之和的形式,最高频率分量为 20Hz,采样率为 30Hz,不满足 $\Omega_s \geqslant 2\Omega_h$ 这个前提,因此该信号无法得到无失真恢复。修改 MATLAB 源代码,运行得到的结果如图 E6.7 所示。

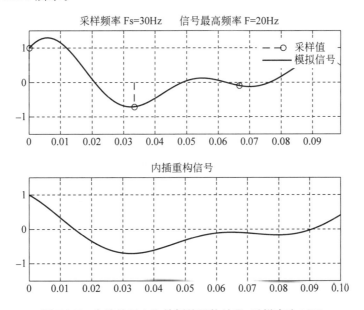

图 E6.7 余弦信号之和的插值重构结果,采样率为 30Hz

线性调频信号的插值重构

场景 5 设 $x_a(t)$ 为线性调频信号,从 0s 到 2.5s,其频率从 10Hz 线性增长到 250Hz,从 2.5s 到 5s,其频率从 250Hz 线性降低到 10Hz,分别用 200Hz 和 2000Hz 的采样率对其进行采样并插值重构。

线性调频信号可以看作频率随时间线性变化的余弦信号,因此线性调频信号为带限信号。对于此场景的线性调频信号,其最高频率分量为 250Hz,如果采样率为 200Hz,只能处理最高频率分量为 100Hz 的信号,此时就会出现频谱混叠现象;如果采样率为 2000Hz,可以处理最高频率分量为 1000Hz 的信号,且不会出现频谱混叠,此时的线性调频信号就能得到无失真恢复。MATLAB 源代码如下所示。

```matlab
%% Chirp 信号被不同采样率采样后重建信号的对比
clear;
close all;
clc;
tic
%% 扫频信号参数设计
f1 = 10;
f2 = 250;
f3 = 500;
dT = 2.5;                              % 采样持续时间,单位:s
%% 原始 chirp 信号
Fs_orig = 2e3;                         % 扫频率 2kHz
Ts = 1/Fs_orig;                        % 扫频时间间隔
t1 = 0:Ts:dT;                          % 扫频时间序列
t2 = dT + Ts:Ts:2 * dT;                % 扫频时间序列
t = [t1 t2];
figure;

%% 以下为两种场景的扫频信号,运行时选择一种 Signal 即可
%% 从 10Hz 到 250Hz,再降到 10Hz(0s - 2.5s - 5s)
Signal1 = chirp(t1,f1,dT,f2);          % 0 时刻为 f1Hz,dT 时刻为 f2Hz
Signal2 = chirp(t2,f3,2 * dT,f1);
Signal = [Signal1 Signal2];            % 先大后小
%% 从 10Hz 到 500Hz(0s - 5s)
% Signal = chirp(t,f1,2 * dT,f3);      % 一直变大
%% 以上为两种场景的扫频信号,运行时选择一种 Signal 即可
subplot(3,1,1);
plot(t,Signal);
axis([0 2 * dT -1.5 1.5]);
grid on; title('线性调频信号');
sound(Signal,Fs_orig,16);
filename1 = 'Chirp_signal.wav';
audiowrite(filename1,Signal,Fs_orig,'BitsPerSample',32)
%% 下面用不同采样率采样然后用内插法重建信号
% 采样信号: x(n) = Signal  % 采样间隔: T = Ts
% 原理(内插法): y(t) = Σx(n)sinc((t-nTs)/Ts)
%% Fs = 0.2KHz
Fs_low = 0.2e3;                        % 采样率为 0.2kHz
Ts_low = 1/Fs_low;                     % 采样间隔
t_low1 = 0:Ts_low:dT;                  % 时域采样时间序列
t_low2 = dT + Ts_low:Ts_low:2 * dT;    % 时域采样时间序列
```

```
t_low = [t_low1 t_low2];
Dt_low = Ts_low/10;                       % 重建函数需要显示的时域范围与步进
t_01 = 0:Dt_low:2 * dT;
%%
Signal_low1 = chirp(t_low1,f1,dT,f2);
Signal_low2 = chirp(t_low2,f3,2 * dT,f1);
Signal_low = [Signal_low1 Signal_low2];     % 先大后小
% Signal_low = chirp(t_low,f1,2 * dT,f3);   % 一直变大
%%
fa_low = Signal_low * sinc( Fs_low * (ones(length(t_low),1) * t_01 - t_low' * ones(1,length(t_01))));
subplot(3,1,2);
plot(t_01,fa_low);
axis([0 2 * dT -1.5 1.5]);
title('重建信号(Fs = 0.2KHz)');
grid on;
sound(fa_low,10 * Fs_low,16);
filename2 = 'Fs_low.wav';
audiowrite(filename2,fa_low,10 * Fs_low,'BitsPerSample',32)
%% Fs = 2KHz
Fs_high = 2e3;                            % 采样率为2kHz
Ts_high = 1/Fs_high;                      % 采样间隔
t_high1 = 0:Ts_high:dT;                   % 时域采样时间序列
t_high2 = dT + Ts_high:Ts_high:2 * dT;    % 时域采样时间序列
t_high = [t_high1 t_high2];
Dt_high = Ts_high/1;                      % 重建函数需要显示的时域范围与步进
t_02 = 0:Dt_high:2 * dT;
%%
Signal_high1 = chirp(t_high1,f1,dT,f2);
Signal_high2 = chirp(t_high2,f3,2 * dT,f1);
Signal_high = [Signal_high1 Signal_high2];     % 先大后小
% Signal_high = chirp(t_high,f1,2 * dT,f3);    % 一直变大
fa_high = Signal_high * sinc( Fs_high * (ones(length(t_high),1) * t_02 - t_high' * ones(1,length(t_02))));
subplot(3,1,3);
plot(t_02,fa_high);
axis([0 2 * dT -1.5 1.5]);
title('重建信号(Fs = 2KHz)');
grid on;
sound(fa_high,Fs_high,16);
filename3 = 'Fs_high.wav';
audiowrite(filename3,fa_high,Fs_high,'BitsPerSample',32)
toc
```

运行 MATLAB 源代码,得到的结果如图 E6.8 所示。从结果可以看出,采样率为 2000Hz 时,线性调频信号得到了无失真恢复。MATLAB 源代码中还使用了 sound 函数,这样可以在演示验证中直观感受线性调频信号"失真恢复"和"无失真恢复"的听觉效果。

场景 6 设 $x_a(t)$ 为线性调频信号,从 0s 到 5s,其频率从 10Hz 线性增长到 500Hz,分别用 200Hz 和 2000Hz 的采样率对其进行采样并插值重构。

与场景 5 分析类似,在该场景中最高频率分量为 500Hz。如果采样率为 200Hz 就会出现频谱混叠现象,如果采样率为 2000Hz 就不会出现频谱混叠,此时的线性调频信号就能得

到无失真恢复。

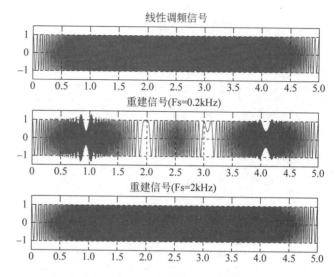

图 E6.8 线性调频信号的插值重构结果

屏蔽源代码中所有备注为"先大后小"的 Signal 变量(共 3 处),采用备注为"一直变大"的 Signal 变量,运行得到的结果如图 E6.9 所示。从结果可以看出,采样率为 2000Hz 时,线性调频信号得到了无失真恢复。

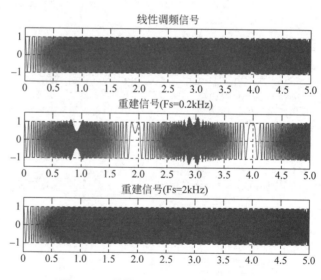

图 E6.9 线性调频信号的插值重构结果

参考文献

[1] 程佩青. 数字信号处理教程[M]. 5 版. 北京:清华大学出版社,2017.
[2] 吴京,王展,万建伟,等. 信号分析与处理(修订版)[M]. 北京:电子工业出版社,2014.
[3] 李素芝,万建伟. 时域离散信号处理[M]. 长沙:国防科技大学出版社,1994.

案例7

频谱泄漏的动态演示

实验背景

所谓"频谱泄漏",通俗的理解就是频谱信息"泄漏"到了设想区域之外,出现了不该出现的频率分量。以窗函数法设计 FIR 低通数字滤波器为例,理想的低通数字滤波器幅频响应应该是一个直上直下的方框[图 E7.1(a)],而实际的低通数字滤波器会存在一个缓慢下降的过渡带[图 E7.1(b)]。

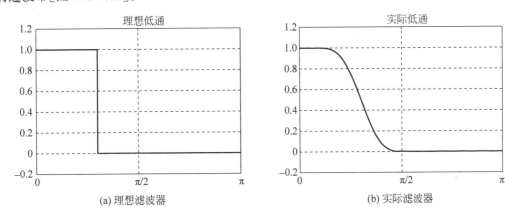

图 E7.1　低通数字滤波器幅频响应

即使对数字滤波器的设计参数或者方法进行优化,实际的 FIR 数字滤波器幅频响应中都会存在过渡带,即一定存在频谱泄漏的现象。频谱泄漏的根本原因就在于时域的截断(加窗),因为实际的 FIR 数字滤波器在时域不可能是无限长的[1]。

基本原理

在此以窗函数法设计 FIR 低通数字滤波器为分析对象,设理想低通数字滤波器的截止频率为 ω_c,其频率响应为 $H_{\text{ideal}}(e^{j\omega})$ [2]:

$$H_{\text{ideal}}(e^{j\omega}) = \begin{cases} e^{-j\omega\tau}, & 0 \leqslant |\omega| \leqslant \omega_c \\ 0, & \omega_c < |\omega| \leqslant \pi \end{cases}$$

则理想低通数字滤波器在时域的单位冲激响应 $h_{\text{ideal}}(n)$ 为[2]

$$h_{\text{ideal}}(n) = \text{IDTFT}[H_{\text{ideal}}(e^{j\omega})] = \frac{1}{2\pi}\int_{-\omega_c}^{\omega_c} e^{-j\omega\tau} e^{j\omega n} d\omega = \begin{cases} \dfrac{\sin[\omega_c(n-\tau)]}{\pi(n-\tau)}, & n \neq \tau \\ \omega_c/\pi, & n = \tau(\tau \text{ 为整数}) \end{cases}$$

理想低通滤波器的单位冲激响应 $h_{\text{ideal}}(n)$ 是无限长的,这在计算机或 DSP 中是无法实现的,故只能用一个有限时长的"窗函数" $w(n)$ 来对无限时长的 $h_{\text{ideal}}(n)$ 进行截断(相乘),设窗的长度为 N 点,则截断后的单位冲激响应为

$$h_{\text{actual}}(n) = h_{\text{ideal}}(n) \cdot w(n)$$

窗函数 $w(n)$ 的形状和长度是两个非常重要的设计参数。

被截断后的单位冲激响应 $h_{\text{actual}}(n)$,其频率响应 $H_{\text{actual}}(e^{j\omega})$ 为

$$H_{\text{actual}}(e^{j\omega}) = \text{DTFT}[h_{\text{ideal}}(n) \cdot w(n)]$$

由频域卷积定理可知[3],时域相乘等效于频域卷积,故实际的频率响应为

$$H_{\text{actual}}(e^{j\omega}) = \frac{1}{2\pi}[H_{\text{ideal}}(e^{j\omega}) * W(e^{j\omega})]$$

$W(e^{j\omega})$ 表示窗函数 $w(n)$ 的 DTFT 结果。

代码实现

线性卷积的一般步骤为"翻转-平移-相乘-求和"[3],将这个过程用动态演示的方式来实现,可以很好地展示时域截断导致频谱泄漏的整个过程。

下面给出案例实现的源代码,其中"平移"的过程是用 for 循环实现的,"相乘-求和"的过程是用积分运算实现的,函数 getframe 获取每一帧的图像并可通过 movie 函数重复播放,实现动态演示的效果。

```
% 频谱泄漏的动态演示
clear;
clc;
close all;
N = 40;                                              % 动态演示总的显示长度
x = 0:0.1:N;                                         % 步长为 0.1

% 理想低通
f1 = zeros(1,length(x));
table1 = 10;                                         % 矩形窗起始位置
table2 = 30;                                         % 矩形窗结束位置
for i = 1:length(x)
    if abs(x(i))<= table2 && abs(x(i))>= table1      % table1 - table2 为宽度,可调整
        f1(i) = 1;                                   % 矩形高度为 1
    end
end

% 线性卷积的动态绘图
for a = 1:2 * N;                                     % a 是图形平移尺度
    wc = 1.2;                                        % 数值 wc 决定了 sinc 函数主瓣宽度
    f2 = (eps + sin(wc * (x - 0.5 * a)))./(eps + wc * (x - 0.5 * a));   % eps 是为了避免 0/0
    
    subplot(2,1,1);                                  % 频域卷积过程
```

```
plot(x,f1,'blue',x,f2,'r--','linewidth',2);        %画出矩形窗和低通波形
hold on;
plot(a/2,0,'ko','linewidth',2,'linewidth',2);      %中心点
hold on;
title('频谱卷积');
legend('理想低通','窗函数');
x1 = table1:0.01:table2;                           %重叠区域
f3 = (eps + sin(wc*(x1-0.5*a)))./(eps + wc*(x1-0.5*a));   %重叠区域的波形
patch([x1,fliplr(x1)],[f3,0*ones(1,length(f3))],'r')      %重叠部分填充颜色
hold off;
axis([0 N - 1 1.5]);grid on;

subplot(2,1,2);                                    %频域卷积结果
s(a) = 0.01 * trapz(f3);                           %梯形法计算积分 x1 的步进是 0.01,
                                                   %乘以 0.01 保证求和与积分一致
plot(0.5*(1:a),s(1:a),'k','linewidth',2);
hold on;
plot(0.5*a,s(a),'ko','linewidth',2);
hold off;
title('卷积结果');
axis([0 N - 1 0.2*(table2 - table1)/wc]);          % 0.2*(table2 - table1)/wc 是经验值
grid on;
F2(:,a) = getframe(gcf);                           %getframe 从当前图形中得到动画的一
                                                   %帧,一共 2*N 帧
end
% movie(gcf,F2,1,10);                              %放映动画 1 次,每秒 10 帧
```

结果分析

图 E7.2 给出了频谱泄漏动态演示结束时刻的波形,为了演示效果,程序中用一个黑色圆圈指示线性卷积的平移过程,用红色填充的方式表示积分运算的结果。

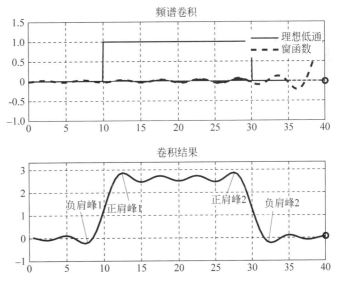

图 E7.2 频谱泄漏动态演示效果(结束时刻)

整个卷积过程是在频域实现的,因此图 E7.2 上半部分的图,蓝色实线表示理想低通滤波器的频谱,红色虚线表示矩形窗函数的频谱,E7.2 下半部分表示理想低通和窗函数频谱在频域卷积的最终结果,也就是实际低通滤波器的幅频响应。

理想低通滤波器的通带幅度为 1,阻带幅度为 0,但实际的低通滤波器在通带和阻带都出现起伏振荡的现象,在其过渡带边缘出现了正、负肩峰,即极大值和极小值。正肩峰出现在窗函数主瓣刚刚全部进入理想低通滤波器[图 E7.3(a)]以及窗函数主瓣即将移出理想低通滤波器[图 E7.3(b)]的时候。

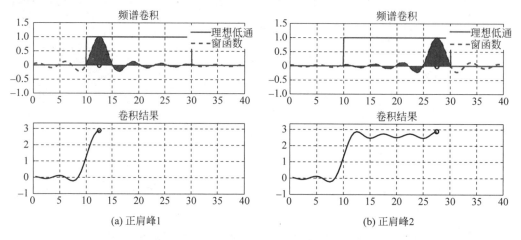

图 E7.3　实际低通滤波器过渡带的正肩峰

负肩峰表示卷积结果的极小值,从动态演示的过程可知:负肩峰出现在窗函数主瓣即将进入理想低通滤波器[图 E7.4(a)]以及窗函数主瓣刚刚全部移出理想低通滤波器[图 E7.4(b)]的时候。

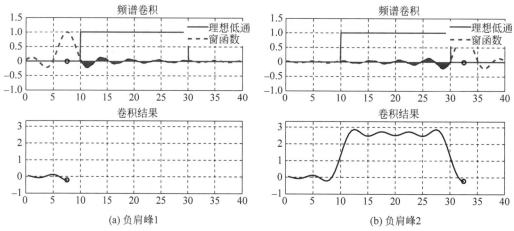

图 E7.4　实际低通滤波器过渡带的负肩峰

从频谱泄漏动态演示的过程中可以看出:实际滤波器幅频响应起伏振荡的幅度取决于窗函数旁瓣的相对幅度,而起伏振荡的次数取决于窗函数旁瓣的数量。在程序中增加窗函数的长度(不改变窗函数的形状),过渡带的宽度变窄,振荡起伏变密,但是滤波器肩峰的相对值(相对于 1 或者 0)保持 8.95% 不变,这种现象称为"吉布斯效应"[1,2]。

参考文献

[1] 李素芝,万建伟. 时域离散信号处理[M]. 长沙:国防科技大学出版社,1994.
[2] 程佩青. 数字信号处理教程[M]. 5 版. 北京:清华大学出版社,2017.
[3] 吴京,王展,万建伟,等. 信号分析与处理(修订版)[M]. 北京:电子工业出版社,2014.

案例8

基于DTW的阿拉伯数字语音识别

实验背景

语音识别可以实现人与机器的信息交流,让机器明白人在说什么,从而执行人的指令,因此也把语音识别系统比作机器的"听觉系统"。目前,语音识别技术的应用相当广泛,如语音拨号、语音输入法、银行语音查询系统、旅行社语音订票服务系统等。以手机中的语音拨号功能为例,通过读出存储在手机通讯录中的人名,或者读出任意的电话号码,手机就可以拨打该号码。

按照识别对象不同,语音识别可以分为孤立词识别[1,2]、关键词识别和连续语音识别[3,4],目前比较实用和成熟的技术一般是孤立词识别。本实验以手机中语音拨号为例,演示机器如何识别出人嘴巴里发出的孤立数字,即0~9的阿拉伯数字语音信号。

实验原理

图E8.1为利用模板匹配法进行语音识别的系统框图,整个流程主要分两个阶段:训练阶段和识别阶段。在训练阶段,用户将0~9每个数字依次朗读一遍,并且将其特征矢量时间序列作为模板存入模板库;在识别阶段,将输入语音的特征矢量时间序列依次与目标库中的每个模板进行相似度比较,将相似度最高的作为识别结果输出。

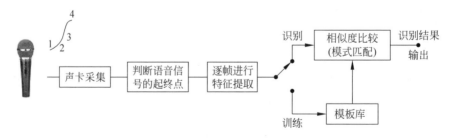

图 E8.1　模板匹配法语音识别系统流程图

训练阶段和识别阶段都需要进行特征提取,本实验采用的是美尔频率倒谱系数(Mel-Frequency Cepstral Coefficients,MFCC)作为识别特征,利用 MFCC 及其一阶和二阶差分作为特征参数。在识别阶段,本实验采用动态时间调整(Dynamic Time Warping,DTW)技术来进行模式匹配。

MFCC 的计算

人耳所听到的声音的高低与声音的频率并不呈线性正比关系,用美尔(Mel)频率尺度则更符合人耳的听觉特征。美尔频率尺度的值大体上对应于实际频率的对数分布关系,其与实际频率的具体关系可用下式表示

$$F_{\text{Mel}}(f) = 1125\ln\left(1+\frac{f}{700}\right)$$

式中,F_{Mel} 是以美尔为单位的感知频率,f 是以 Hz 为单位的实际频率。Mel 频率与实际频率在 1000Hz 以下大致呈线性分布,带宽约为 100Hz,在 1000Hz 以上呈对数增长,具体关系如图 E8.2 所示。

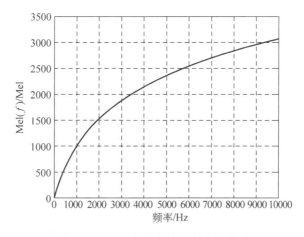

图 E8.2　Mel 频率与实际频率的关系

根据 Mel 频率的概念,MFCC 着眼于人耳的听觉特征,实际上是一种用于反映人耳听觉特征的倒谱。普通的倒谱是直接在 Z 变换域上进行的,而 MFCC 则是先让信号通过一个 Mel 滤波器组,计算每个滤波器输出的能量,再对每个滤波器的输出能量计算倒谱,MFCC 特征参数的具体计算过程如图 E8.3 所示。

图 E8.3　MFCC 特征参数计算流程

动态时间调整(DTW)技术

在识别阶段的模式匹配中,不能简单地将输入模板和词库中的模板相比较来实现识别。因为语音信号具有相当大的随机性,这些随机差异不仅包括音强的大小、频谱的偏移,更重要的是发音持续时间不可能完全相同,而词库中的模板不可能随着输入模板持续时间的变化而变化,所以时间的动态调整是必不可少的。

DTW 技术是把时间调整和距离测度计算结合起来的一种非线性调整技术。假设词库中的某一参考模板的特征矢量序列为 $a_1,\cdots,a_m,\cdots,a_M$,而输入语音的特征矢量序列为 $b_1,\cdots,b_n,\cdots,b_N$,且 $M\neq N$,那么 DTW 技术就是要找到时间调整函数 $m=T(n)$,该函数把输入模板的时间轴 n 非线性地映射到参考模板的时间轴 m 上,并且该函数满足

$$D = \min_{T(n)} \sum_{n=1}^{N} d[n, T(n)]$$

式中，$d[n, T(n)]$ 表示两帧矢量之间的距离，D 是最佳时间路径下两个模板的距离测度，本实验中距离测度采用的是欧氏距离，即 $d(x, y) = \frac{1}{k}\sqrt{\sum_{i=1}^{k}(x_i - y_i)^2}$。

DTW 技术是一个典型的最优化问题，它用满足一定条件的时间调整函数 $T(n)$ 描述输入模板和参考模板之间的时间对应关系，求解两模板匹配时累积距离最小所对应的调整函数。有关 DTW 技术的深入学习，有兴趣的读者可参阅相关文献[5,6]。

语音信号端点检测

该实验有三个主要函数模块，分别是计算语音信号的倒谱系数，通过 DTW 技术计算不同语音文件之间的距离，以及判断语音信号的起点和终点位置。前两个函数的基本原理已有介绍，而判断语音信号的起始位置和终止位置是这个语音识别实验的另外一个关键。一般来说，语音信号的起始位置判断准确了，语音识别就不会有太大问题。例如 1 和 7，6 和 9，它们的浊音部分是一样的，区别就在于前面那一小段清音。

对于语音信号起点和终点的计算，本实验采用的是基于双门限法的端点检测，即以每帧的平均能量为主要检测依据，以短时过零率为辅助依据。该方法通过平均能量初步确定起始点 N1 和终点 N2，N1 帧与 N2 帧之间的语音为浊音段；若 N1 帧之前的过零率大于浊音段过零率的 2 倍（2 倍这个数值是在多次实验中得出的一个经验值），则再根据过零率将 N1 适当调前。除了双门限法端点检测之外，还有基于相关法的端点检测、基于谱熵的端点检测、比例法端点检测、基于对数频谱距离的端点检测等一系列方法，有兴趣的读者可参阅有关文献[5,6]。

实验流程与注意事项

本实验主要分训练和识别两个阶段，算法和程序的基本流程如图 E8.1 所示。在训练阶段，依次读入 0.wav、1.wav、2.wav 等 10 个 wav 文件，计算 0~9 语音信号的倒谱系数并将其存为 .mat 文件；在识别阶段，读入一个待识别的语音文件 n.wav，计算该语音信号的倒谱系数，并通过 DTW 技术计算未知的 n.wav 文件与已知的 10 个 wav 文件的距离，将 n 判别为与其中距离最小的那个数字（如 n.wav 与 2.wav 距离最小，就认为该语音为阿拉伯数字 2）。

此外，通过实验发现：计算 Mel 倒谱时如果不对语音信号去零漂，会对识别的效果造成较大的影响。在同一个实验室噪声环境下训练和测试不存在任何问题，但是换一个环境，即如果模板的训练集是在环境 A 下输入的，要识别的语音是在环境 B 下输入的，如果这两个环境的直流漂移电平不同，那么判别就会出错。因此需要先对语音信号去直流，再计算 Mel 倒谱。

本实验的声卡采样频率为 8kHz，量化比特数为 8bit。由 MATLAB 对信号电平进行了归一化处理，读入的数据为 $-1 \sim +1$。设置语音信号帧长为 20ms（160 点），帧移为 10ms（80 点），窗形采用汉明窗。对 n.wav 进行识别的 MATLAB 程序代码较长，有兴趣的读者可扫描书中二维码获得。

参考文献

[1] 肖利君. 基于DTW模型的孤立词语音识别算法实现研究[D]. 昆明：云南大学，2010.
[2] 廖振东. 基于DTW的孤立词语音识别系统研究[D]. 昆明：云南大学，2015.
[3] 鲁泽茹. 连续语音识别系统的研究与实现[D]. 杭州：浙江工业大学，2016.
[4] 倪崇嘉,刘文举,徐波. 汉语大词汇量连续语音识别系统研究进展[J]. 中文信息学报. 2009, 23(1)：112-123.
[5] 梁端宇,赵力,魏昕. 语音信号处理实验教程[M]. 北京：机械工业出版社，2016.
[6] 宋知用. MATLAB在语音信号分析与合成中的应用[M]. 北京：北京航空航天大学出版社，2016.

案例9

用MATLAB演奏音乐

实验背景

音乐是乐音随时间流动的艺术[1],音乐家将自己的灵感谱写成乐谱,通过乐谱规定好每个音符出现的时刻和持续的时间。用信号处理的观点来看待音乐,音乐就是一系列周期信号随时间节奏变化的一种表述,周期信号的频率、幅度、出现的时刻以及持续的时间,都是乐谱事先规定好了的。

在互联网上可以搜索到不少演奏音乐的MATLAB程序,如《卡门》《最炫民族风》《东方红》等。其实,MATLAB演奏音乐所涉及的乐理知识、信号处理算法和MATLAB函数都非常简单,但用音乐的方式来"倾听"不同频率的信号,可以直观感受频率、相位、音色等抽象概念,提高大家对傅里叶变换等信号处理算法的学习兴趣。

音乐机理

确定乐谱中每个唱名的频率和持续的时间,是实现MATLAB演奏音乐的两个关键要素。在实验之前,先简要地介绍一些乐理知识[1-4]。

1. 唱名和音调

唱名就是我们经常哼唱的do、re、mi、fa、so、la、ti这7个音,每个唱名并没有固定的频率,只有当乐曲的音调被指定以后才能确定唱名对应的频率值。

在钢琴键盘上每个键都对应着一个频率,如C键为261.63Hz,D键为293.66Hz,如果把某个键发出的音唱作do,那么这个乐曲就是什么调。例如从C键开始往后唱作do、re、mi、fa、so、la、ti,那么这首歌曲就是C调的。

2. 十二平均律

十二平均律是一种音乐律制[5],将一个八度平均分成12等分,为目前最标准的调音法。如果我们说两个音之间差八度,指的就是这两个音的频率之比为2,然后再把这八度进行12等分(因此一个八度包含12个音),等分过程中务必保证相邻两个音之间的频率之比相等。下式可以准确计算钢琴键盘中每个按键发音的频率值

$$f = 440 \times 2^{\frac{keynumber-69}{12}}$$

其中,f表示的是唱名的频率,keynumber表示钢琴的键盘编号,12表示12等分,69是标准音la(即A4键)的键盘编号。

3. 标准钢琴键盘

标准音 la,即钢琴的 A4 键(见图 E9.1),定义为 keynumber=69。音高每上升一个半音,keynumber 加 1。从 C4 到 B4 分别对应着 do、re、mi、fa、so、la、ti,它们的 keynumber 值分别为 60、62、64、65、67、69、71,注意中间有黑键。

图 E9.1 标准钢琴键盘

4. 440Hz 国际标准音

将钢琴键盘中央 C 之上的 A 调(keynumber=69,A4 键)设定为 440Hz,这个频率值称作国际标准音。通过这个标准音,就能产生音乐中所有的音调(频率)[6]。

5. 音乐节拍

节拍也就是每个乐音的持续时间,这个参数决定了音乐播放的快慢。例如 1/4 拍表示以四分音符为一拍,每小节 1 拍,而 2/4 拍表示以四分音符为一拍,每小节 2 拍。

如果乐曲规定的速度是每分钟 60 拍,那么每拍持续的时间就是 1s。如果乐曲是 1/4 拍的,那么在这 1s 的时间内,可以有一个四分音符(时长 1s),也可以有两个八分音符(时长 0.5s),以此类推。

6. 附点

附点是指紧接音符或休止符号后面的点,表示其拍数延长 1/2。例如,X· 表示附点接在四分音符后,节拍为四分音符(时长 1s)加八分音符(时长 0.5s),总时长为 1.5s。X· 表示附点接在八分音符后,节拍为八分音符(时长 0.5s)加十六分音符(时长 0.25s),总时长为 0.75s。

7. 切分音

切分音是指改变乐曲中强拍上出现重音的规律,使弱拍或强拍弱部分的音因时值延长而成为重音,这样的重音称为切分音。一般为八分音符(时长 0.5s)加四分音符(时长 1s)加八分音符(时长 0.5s),或者十六分音符(时长 0.25s)加八分音符(时长 0.5s)加十六分音符(时长 0.25s)。

代码实现

前面讲过,音乐就是随着时间节拍响起来的周期信号。这些周期信号在时域上表现为一系列余弦信号,在频域上表现为一根根的直线,用人耳来感受就是一个个跳动的音符,一首首动听的音乐。下面给出用 MATLAB 演奏流行歌曲《最炫民族风》的源代码。

```
% MATLAB 演奏《最炫民族风》
clear;
clc;
fs = 44100;              % sample rate
dt = 1/fs;
T16 = 0.125;
t16 = [0:dt:T16];
[temp k] = size(t16);
```

```matlab
t4 = linspace(0,4*T16,4*k);
t8 = linspace(0,2*T16,2*k);
[temp i] = size(t4);
[temp j] = size(t8);

% Modification functions
mod4 = (t4.^4).*exp(-30*(t4.^0.5));
mod4 = mod4*(1/max(mod4));
mod8 = (t8.^4).*exp(-50*(t8.^0.5));
mod8 = mod8*(1/max(mod8));
mod16 = (t16.^4).*exp(-90*(t16.^0.5));
mod16 = mod16*(1/max(mod16));
f0 = 293.66;                    % reference frequency D 调
ScaleTable = [2/3 3/4 5/6 15/16 ...
    1 9/8 5/4 4/3 3/2 5/3 9/5 15/8 ...
    2 9/4 5/2 8/3 3 10/3 15/4 4 ...
    1/2 9/16 5/8];
% 1/4 notes
do0f = mod4.*cos(2*pi*ScaleTable(21)*f0*t4);
re0f = mod4.*cos(2*pi*ScaleTable(22)*f0*t4);
mi0f = mod4.*cos(2*pi*ScaleTable(23)*f0*t4);
fa0f = mod4.*cos(2*pi*ScaleTable(1)*f0*t4);
so0f = mod4.*cos(2*pi*ScaleTable(2)*f0*t4);
la0f = mod4.*cos(2*pi*ScaleTable(3)*f0*t4);
ti0f = mod4.*cos(2*pi*ScaleTable(4)*f0*t4);
do1f = mod4.*cos(2*pi*ScaleTable(5)*f0*t4);
re1f = mod4.*cos(2*pi*ScaleTable(6)*f0*t4);
mi1f = mod4.*cos(2*pi*ScaleTable(7)*f0*t4);
fa1f = mod4.*cos(2*pi*ScaleTable(8)*f0*t4);
so1f = mod4.*cos(2*pi*ScaleTable(9)*f0*t4);
la1f = mod4.*cos(2*pi*ScaleTable(10)*f0*t4);
tb1f = mod4.*cos(2*pi*ScaleTable(11)*f0*t4);
ti1f = mod4.*cos(2*pi*ScaleTable(12)*f0*t4);
do2f = mod4.*cos(2*pi*ScaleTable(13)*f0*t4);
re2f = mod4.*cos(2*pi*ScaleTable(14)*f0*t4);
mi2f = mod4.*cos(2*pi*ScaleTable(15)*f0*t4);
fa2f = mod4.*cos(2*pi*ScaleTable(16)*f0*t4);
so2f = mod4.*cos(2*pi*ScaleTable(17)*f0*t4);
la2f = mod4.*cos(2*pi*ScaleTable(18)*f0*t4);
ti2f = mod4.*cos(2*pi*ScaleTable(19)*f0*t4);
do3f = mod4.*cos(2*pi*ScaleTable(20)*f0*t4);
blkf = zeros(1,i);
% 1/8 notes
do0e = mod8.*cos(2*pi*ScaleTable(21)*f0*t8);
re0e = mod8.*cos(2*pi*ScaleTable(22)*f0*t8);
mi0e = mod8.*cos(2*pi*ScaleTable(23)*f0*t8);
fa0e = mod8.*cos(2*pi*ScaleTable(1)*f0*t8);
so0e = mod8.*cos(2*pi*ScaleTable(2)*f0*t8);
la0e = mod8.*cos(2*pi*ScaleTable(3)*f0*t8);
ti0e = mod8.*cos(2*pi*ScaleTable(4)*f0*t8);
```

```
do1e = mod8. * cos(2 * pi * ScaleTable(5) * f0 * t8);
re1e = mod8. * cos(2 * pi * ScaleTable(6) * f0 * t8);
mi1e = mod8. * cos(2 * pi * ScaleTable(7) * f0 * t8);
fa1e = mod8. * cos(2 * pi * ScaleTable(8) * f0 * t8);
so1e = mod8. * cos(2 * pi * ScaleTable(9) * f0 * t8);
la1e = mod8. * cos(2 * pi * ScaleTable(10) * f0 * t8);
tb1e = mod8. * cos(2 * pi * ScaleTable(11) * f0 * t8);
ti1e = mod8. * cos(2 * pi * ScaleTable(12) * f0 * t8);
do2e = mod8. * cos(2 * pi * ScaleTable(13) * f0 * t8);
re2e = mod8. * cos(2 * pi * ScaleTable(14) * f0 * t8);
mi2e = mod8. * cos(2 * pi * ScaleTable(15) * f0 * t8);
fa2e = mod8. * cos(2 * pi * ScaleTable(16) * f0 * t8);
so2e = mod8. * cos(2 * pi * ScaleTable(17) * f0 * t8);
la2e = mod8. * cos(2 * pi * ScaleTable(18) * f0 * t8);
ti2e = mod8. * cos(2 * pi * ScaleTable(19) * f0 * t8);
do3e = mod8. * cos(2 * pi * ScaleTable(20) * f0 * t8);
blke = zeros(1,j);
% 1/16 notes
do0s = mod16. * cos(2 * pi * ScaleTable(21) * f0 * t16);
re0s = mod16. * cos(2 * pi * ScaleTable(22) * f0 * t16);
mi0s = mod16. * cos(2 * pi * ScaleTable(23) * f0 * t16);
fa0s = mod16. * cos(2 * pi * ScaleTable(1) * f0 * t16);
so0s = mod16. * cos(2 * pi * ScaleTable(2) * f0 * t16);
la0s = mod16. * cos(2 * pi * ScaleTable(3) * f0 * t16);
ti0s = mod16. * cos(2 * pi * ScaleTable(4) * f0 * t16);
do1s = mod16. * cos(2 * pi * ScaleTable(5) * f0 * t16);
re1s = mod16. * cos(2 * pi * ScaleTable(6) * f0 * t16);
mi1s = mod16. * cos(2 * pi * ScaleTable(7) * f0 * t16);
fa1s = mod16. * cos(2 * pi * ScaleTable(8) * f0 * t16);
so1s = mod16. * cos(2 * pi * ScaleTable(9) * f0 * t16);
la1s = mod16. * cos(2 * pi * ScaleTable(10) * f0 * t16);
tb1s = mod16. * cos(2 * pi * ScaleTable(11) * f0 * t16);
ti1s = mod16. * cos(2 * pi * ScaleTable(12) * f0 * t16);
do2s = mod16. * cos(2 * pi * ScaleTable(13) * f0 * t16);
re2s = mod16. * cos(2 * pi * ScaleTable(14) * f0 * t16);
mi2s = mod16. * cos(2 * pi * ScaleTable(15) * f0 * t16);
fa2s = mod16. * cos(2 * pi * ScaleTable(16) * f0 * t16);
so2s = mod16. * cos(2 * pi * ScaleTable(17) * f0 * t16);
la2s = mod16. * cos(2 * pi * ScaleTable(18) * f0 * t16);
ti2s = mod16. * cos(2 * pi * ScaleTable(19) * f0 * t16);
do3s = mod16. * cos(2 * pi * ScaleTable(20) * f0 * t16);
blks = zeros(1,k);
% Melody
part0 = [mi1f la0e la0e do1f mi1f ...
    re1e re1s mi1s re1e do1e re1e do1e la0f ...
    mi1f la0e la0e do1f mi1f ...
    so1e re1s mi1s re1e do1e re1e do1e ti0e so0e ...
    mi1f la0e la0e do1f mi1f ...
    re1e re1s mi1s re1e do1e re1e do1e la0e so0e ...
    mi1f la0e la0e do1f mi1f ...
```

```
        so1e mi1e blkf blkf blkf ...
        ];
part1 = [la0f la0e so0e la0f la0e do1e ...
        do1f re1e do1e la0f la0f ...
        do1f do1e so0e do1e re1e mi1e so1e ...
        so1e mi1e re1f mi1f mi1f ...
        la1e la1e la1e so1e mi1e mi1f do1e ...
        la0e la0e la0e mi1e re1s mi1s re1e re1f ...
        mi1e mi1e so1e mi1e re1e mi1e re1e do1e ...
        la0f so0f la0f la0f ...
        ];
part2 = [mi1e mi1e so1e mi1e mi1e so1e so1e la1e ...
        do2e la1e so1f la1s do2s la1e la1f ...
        la0f la0e so0e la0f do1f ...
        re1e mi1s re1s do1e re1e mi1f mi1f ...
        la0e la1e la1e so1e re1e mi1s re1s do1e re1e ...
        mi1f mi1f blke blke blkf ...
        do1e la0e la0e do1e re1f so0e so0e ...
        mi1e so1e mi1e re1e do1f do1f ...
        la0e do1e re1e mi1e re1e do1e so0e mi0e ...
        la0f la0f blke blke blkf ...
        ];
part3 = [la0f la0e so0e la0f do1f ...
        re1e mi1s re1s do1e re1e mi1f mi1f ...
        la0e la1e la1e so1e re1e mi1s re1s do1e re1e ...
        mi1f mi1f blke blke blkf ...
        do1e la0e la0e do1e re1f so0e so0e ...
        mi1e so1e mi1e re1e do1f do1e do1e ...
        la0e do1e re1e mi1e so1e mi1e mi1e so1e ...
        la1f la1f la1f la1f ...
        ];
part4 = [la1e la1s la1s la1e la1e la1e la1s so1s mi1e re1e ...
        re1e re1s re1s mi1e mi1s so1s mi1e mi1s re1s do1e do1s la0s ...
        la0f la0e so0e la0f la0e do1e ...
        re1e mi1s re1s do1e re1e mi1f mi1f ...
        la1e so1e mi1e re1e so1e mi1e re1e do1e ...
        do1f do1f la0s do1s re1s mi1s re1s do1s la0s do1s
        ];
part5 = [do2e do2s do2s la1e la1s la1s so1e so1s so1s mi1e mi1s mi1s ...
        re1e mi1s re1s do1e la0s so0s la0s so0s do1s re1s mi1s so1s la1s re2s ...
        do2f do2f blks blks blks blks do1e re1e ...
        mi1f mi1f mi1f so1e mi1e ...
        la1f la1f la1e do1e so1e mi1e ...
        re1f re1e re1s re1s re1e re1e do1e re1e ...
        mi1f mi1e mi1s mi1s mi1e re1s do1s ti0e do1s re1s ...
        mi1f mi1f mi1f so1e mi1e ...
        do2f la1f la1f la1e do1e ...
        re1f so1f so1f la1f ...
        ti1f ti1f ti1f ti1f ...
        ];
```

```
    part6 = [blkf blkf mi1e so1e mi1e so1e ...
        mi1f la0e la0s la0s do1f la0e mi1s la0s ...
        do1e do1s do1s re1e do1s re1s mi1f mi1f ...
        mi1f la0e la0s la0s so1f re1e re1s re1s ...
        mi1f mi1f mi1s re1s do1s la0s mi0s re0s mi0s so0s ...
        do1f la0e la0s la0s re1f so0e so0s so0s ...
        mi0f so0e so0s so0s do1f do1f ...
        la0f do1e do1s la0s mi1e mi1s mi1s re1e re1s mi1s ...
        ];
    % Combination, v1 is complete version, v2 is simple version.
v1 = [part0 part1 part1 part2 part3 part4 part0 part1 part1 part2 part3 part5 part3 part6 part3];
v2 = [part0 part1 part1 part2 part3 part5 part3 part6 part3];
    % Let's rock ^_^
    s = v1;
    s = s/max(s);
    sound(s,fs);
```

虽然 MATLAB 演奏音乐的源代码较长,但大部分的代码都是在做"准备工作",如设定音乐的节拍和音调,定义唱名的频率和波形,修正唱名波形等,而将乐谱"翻译"为 MATLAB 数组(变量 v1 或 v2),并将这个数组播放出来,才算是这个代码的"高潮"部分。

图 E9.2 给出了 MATLAB 演奏音乐的代码流程图,可以看出,对于任何一首歌曲,大部分的工作都仅需完成"把乐谱翻译为 MATLAB 数组"即可。

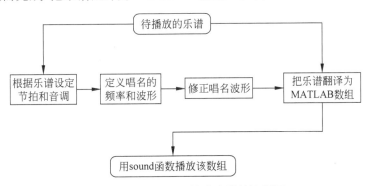

图 E9.2　MATLAB 演奏音乐的流程图

结果分析

在上节的源代码中还有两个值得注意的地方:一个是波形修正(即 mod4、mod8 和 mod16),另一个是通过查表法获取唱名频率(即数组 ScaleTable)。

如果不对唱名波形进行修正,直接用余弦信号代替唱名(令修正函数恒为 1 即可),此时播放音乐就会发现有"啪啪啪"的杂音。这是因为相邻乐音之间相位的不连续产生了高频分量,这种高频分量产生的杂音会严重影响合成音乐的听觉效果。因为根据人耳听觉特性,当主观感受声强为线性变化时,声音信号的功率实际上是呈指数变化的[1]。

为了消除这种杂音,必须对唱名波形进行修正,可以用一个指数衰减的包络对唱名波形进行修正,只要保证相邻乐音连接处信号的幅度为零即可。图 E9.3 所示的为唱名 do 和 re 连接处的包络波形,图(a)为未加衰减的情况,图(b)为加了指数衰减的波形。

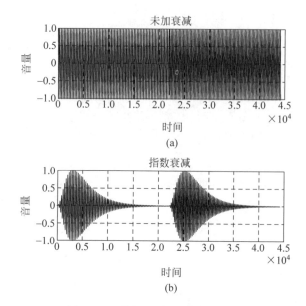

图 E9.3　唱名 do 和 re 的包络波形

唱名的频率本来应该通过十二平均律的计算公式得到,而在本案例的源代码中,唱名的频率是通过查表得到的,即:唱名的频率＝基准频率×有理数之比,而这些有理数之比存放在数组 ScaleTable 中。表 E9.1 给出了用查表法和十二平均律公式计算唱名频率的结果。

表 E9.1　两种方法计算唱名的频率(单位:Hz,参考频率 293.66Hz)

	do	re	mi	fa	so	la	ti
查表法	293.66	330.38	367.08	391.55	440.49	489.43	528.58
十二平均律	293.66	329.63	349.23	392.00	440.00	493.88	523.25

查表法相当于把指数关系映射为了有理数之比的关系。这个映射关系非常完美,得到的结果差异非常小,十二平均律里所有的频率都有非常近似的表示[5,7]。此外,中国古代五声音阶"宫、商、角、徵、羽"正好对应于十二平均律里的 C、D、E、G、A 五个音阶,中国古代的音乐其实是基于 9/8,5/4,3/2 和 5/3 这几个频率之比,这反映了古代中国人朴素、伟大的音乐智慧[8-10]。

用本案例源代码演奏的音乐,听上去完全没有用乐器现场演奏的"动听",有非常明显的电子音乐的感觉(这也是为什么许多人喜欢去听现场音乐会的原因)。这是因为程序对乐谱的"翻译"过于简单,例如:程序中只保留了乐音的基频成分,而真实乐器发出的乐音信号一定有非常丰富的谐波成分[11];程序中简单地用余弦信号模拟唱名波形,而真实的唱名波形不一定是简单的余弦函数,也有可能接近矩形波、锯齿波等;程序中的唱名在时间上是完全分开的,而现场演奏的乐器在相邻唱名间会有重叠部分[1],也就是一个唱名还没有消失的时候另外一个唱名又被演奏出来了。这些都是本案例有待完善的地方,有兴趣的读者可以参考有关文献后对程序进行改进[3,12,13]。

参考文献

[1] 谷源涛,应启珩,郑君里. 信号与系统——MATLAB综合实验[M]. 北京：高等教育出版社,2014.
[2] 张盼盼. Matlab的音乐合成器应用[J]. 企业导报. 2011(11)：297-298.
[3] 程美芳. 钢琴音色识别与电子合成系统的设计与实现[D]. 成都：电子科技大学,2016.
[4] 陈廷梁. 音乐结构分析及应用[D]. 哈尔滨：哈尔滨工业大学,2006.
[5] 王淳,王新华. 数理乐律变迁对西方音乐调式、调性发展的影响研究[J]. 黄河之声. 2017(2)：6-12.
[6] 百度百科. 国际标准音[Z]. 2017.
[7] 黄力民. 五度律七声音阶、调式、音程的数字关系与和谐性[J]. 音乐与表演. 2016(2)：75-80.
[8] 安程. 浅论朱载堉十二平均律与西方十二平均律的关系[J]. 中原文物. 2010(4)：83-85.
[9] 吴志武. 三种律制的差异与钢琴调律[J]. 南昌高专学报. 2001,16(1)：36-41.
[10] 曹晓凤. 五度相生与五声调式[J]. 今日科苑. 2006(5)：64.
[11] 毛春静,关永,刘永梅,等. 数字音乐合成器的研究与设计[J]. 计算机工程与应用. 2009,45(6)：89-91.
[12] 周虹辰,蒋冬梅. 基于谐波的乐纹提取和音乐检索[J]. 计算机工程与应用. 2012,48(2)：139-141.
[13] 韩佩琦,高新存,刘天山,等. 弦乐器泛音的分析及应用（Ⅰ）[J]. 石河子大学学报（自然科学版）. 2006,24(4)：503-506.

案例10

电话拨号音仿真

双音多频键盘

如今,智能手机已经完全融入了我们的日常生活。我们频繁地敲击手机键盘,输入电话号码,输入各种密码或验证码,编辑微信或短信,操作手机银行、网上购物等各种移动 App。每次敲击手机键盘(或座机键盘)时,经常会听见"嘟滴答"的按键声,这些声音听久了就有一种似曾相识的感觉。

通过本案例,我们可以知道这种感觉是正确的,电话机键盘上的数字键与按键声确实是一一对应的。因为我们平常使用的电话,是通过双音多频(Dual Tone Multi-Frequency,DTMF)信号向交换机传递命令的。双音多频信号作为音频电话中的拨号信号,由 AT&T 贝尔实验室提出,因其能提供更高的拨号速率,且容易自动检测和识别,从而迅速取代了传统的转盘式电话机使用的脉冲拨号方式[1,2]。

一个完整的电话机键盘如图 E10.1 所示,有 10 个数字键和 6 个字符键(常用的电话机键盘一般没有 ABCD 四个字符)。根据国际电报电话咨询委员会(国际电信联盟前身)建议,每个数字或字符都要用到两个单频信号的组合进行传输。因此,键盘上每个按键所对应的信号都可以表示为

$$x(t) = A\sin(2\pi f_L t) + B\sin(2\pi f_H t)$$

其中,f_L 和 f_H 分别表示按键所在行和列对应的频率值,4 个行上标注的频率值 697Hz、770Hz、852Hz 和 941Hz 组成了低频组,4 个列上标注的频率值 1209Hz、1336Hz、1477Hz 和 1633Hz 组成了高频组。键盘号码和频率的对应关系如图 E10.1 所示。

这些频率的取值是经过特别设计的[3]:①这些频率都处于人的可听范围内,因此按键下去时人可以听到;②这 8 个频率中没有一个频率是其他任意一个频率的倍数;③任意两个频率的组合,相加或相减都不等于其

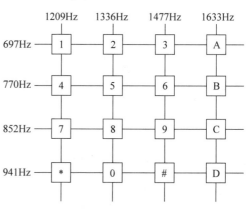

图 E10.1 电话机键盘的频率阵列

他任意一个频率。因此这些特性不仅简化了双音多频信号的解码,同时也降低了双音多频误检的概率。

根据国际电报电话咨询委员会的规定[3],要求每 100ms 传输一个键盘数字或符号,代表数字的音频信号持续时间必须为 45~55ms。为了区分两个连续的按键信号,在 100ms 内其他时间应该为静音(无信号),电话信号的抽样频率应该为 8kHz。

程序实现

请构造任意一个双音多频信号,绘出其时域波形和频域波形,并模拟发出该按键的拨号音。下面为模拟按键 1 信号的 MATLAB 源代码。

```
% 模拟键盘音 DTMF,绘出按键的时域波形和频域波形
clear;
clc;
fs = 8000;                                              % 采样率
t = (0:2000)/fs;
fc1 = 697; fc2 = 770; fc3 = 852; fc4 = 941;             % 低频组
fr1 = 1209; fr2 = 1336; fr3 = 1477;                     % 高频组
num0 = sin(fc4 * 2 * pi * t) + sin(fr2 * 2 * pi * t);   % 数字 0
num1 = sin(fc1 * 2 * pi * t) + sin(fr1 * 2 * pi * t);   % 数字 1
num2 = sin(fc1 * 2 * pi * t) + sin(fr2 * 2 * pi * t);   % 数字 2
num3 = sin(fc1 * 2 * pi * t) + sin(fr3 * 2 * pi * t);   % 数字 3
num4 = sin(fc2 * 2 * pi * t) + sin(fr1 * 2 * pi * t);   % 数字 4
num5 = sin(fc2 * 2 * pi * t) + sin(fr2 * 2 * pi * t);   % 数字 5
num6 = sin(fc2 * 2 * pi * t) + sin(fr3 * 2 * pi * t);   % 数字 6
num7 = sin(fc3 * 2 * pi * t) + sin(fr1 * 2 * pi * t);   % 数字 7
num8 = sin(fc3 * 2 * pi * t) + sin(fr2 * 2 * pi * t);   % 数字 8
num9 = sin(fc3 * 2 * pi * t) + sin(fr3 * 2 * pi * t);   % 数字 9
numStar = sin(fc4 * 2 * pi * t) + sin(fr1 * 2 * pi * t); % 符号 *
numJin = sin(fc4 * 2 * pi * t) + sin(fr3 * 2 * pi * t);  % 符号 #

DialNum = num1;                                         % 按键
subplot(2,1,1);
plot(t,DialNum);xlabel('时间/s');title('按键 1');
axis([0,.04,-2,2]);
grid on;
subplot(2,1,2);
f = fft(DialNum,1024);f1 = fftshift(f);
w1 = 513:1024;w = 4000 * (w1 - 512)/512;
F = abs(f1(513:1024));
plot(w,F);xlabel('频率/Hz');
axis([0,2000,-50,600]);
grid on;
sound(DialNum);                                         % 模拟发出拨号音
```

图 E10.2 给出的就是按键 1 的时域波形和频域波形,可以很直观地看出按键 1 其实就是由两个单频信号构成的(697Hz 和 1209Hz)。为了对比电话机键盘上不同按键的频率关系,下面给出按键 0~9 的时频图。

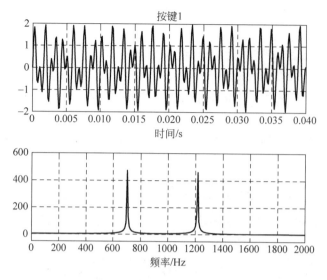

图 E10.2 按键 1 的时域波形和频域波形

```
% 模拟键盘音 DTMF,绘出一组按键信号的时频图
clear;
clc;
fs = 8000;                                          %采样率
t = (0:2000)/fs;
fc1 = 697; fc2 = 770; fc3 = 852; fc4 = 941;         %低频组
fr1 = 1209; fr2 = 1336; fr3 = 1477;                 %高频组
num0 = sin(fc4 * 2 * pi * t) + sin(fr2 * 2 * pi * t);   %数字 0
num1 = sin(fc1 * 2 * pi * t) + sin(fr1 * 2 * pi * t);   %数字 1
num2 = sin(fc1 * 2 * pi * t) + sin(fr2 * 2 * pi * t);   %数字 2
num3 = sin(fc1 * 2 * pi * t) + sin(fr3 * 2 * pi * t);   %数字 3
num4 = sin(fc2 * 2 * pi * t) + sin(fr1 * 2 * pi * t);   %数字 4
num5 = sin(fc2 * 2 * pi * t) + sin(fr2 * 2 * pi * t);   %数字 5
num6 = sin(fc2 * 2 * pi * t) + sin(fr3 * 2 * pi * t);   %数字 6
num7 = sin(fc3 * 2 * pi * t) + sin(fr1 * 2 * pi * t);   %数字 7
num8 = sin(fc3 * 2 * pi * t) + sin(fr2 * 2 * pi * t);   %数字 8
num9 = sin(fc3 * 2 * pi * t) + sin(fr3 * 2 * pi * t);   %数字 9
numStar = sin(fc4 * 2 * pi * t) + sin(fr1 * 2 * pi * t); %符号 *
numJin  = sin(fc4 * 2 * pi * t) + sin(fr3 * 2 * pi * t); %符号 #
blk = zeros(size(num1));                            %拨号间隔时间

% 0 1 2 3 4 5 6 7 8 9
cellnum = [num0 blk num1 blk num2 blk num3 blk num4 blk num5...
    blk num6 blk num7 blk num8 blk num9];
noise = 0.1 * randn(size(cellnum));                 %传输噪声
DialNum = cellnum + noise;
spectrogram(DialNum,128,128/2,128,fs,'yaxis');
colorbar off;
sound(DialNum);
```

图 E10.3 给出的就是按键 0～9 拨号音的时频图，仿真程序为了更好地模拟真实情况，在源代码中还引入了拨号间隔时间(blk)和传输噪声(noise)这两个仿真参数。从图 E10.3 的结果可以看出，按键 1，2，3 具有相同的低频信号(697Hz)，而它们的高频信号是逐个上升的，其他按键频率的变换关系与此类似。

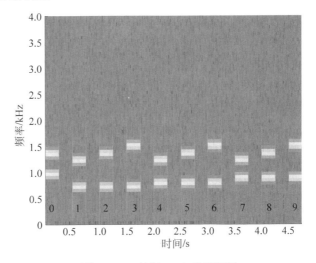

图 E10.3　按键 0～9 的时频图

为了评估仿真的双音多频信号质量，可以尝试用这个信号进行拨号操作。将座机电话设为免提模式，把变量 cellnum 设定为一个特定号码(如 10086)，运行 MATLAB 程序将这组按键信号播放出来，如果能够接通该号码，就证明仿真生成的信号是可以被交换机识别的。在著名日本漫画《名侦探柯南：战栗的乐谱》这集中，柯南在困境中对着十米开外的一个电话机唱了几个音，发出特定频率的声音来模拟电话的按键音，从而实现了从远处拨打报警电话。

实验总结

从本案例可以看出，平时我们耳熟能详的电话按键音中还暗藏"蹊跷"，键盘上所有的按键音竟然都只是两个单频信号的组合，只不过这些频率值是经过精心设计的，有点大巧若拙的意味在其中。MATLAB 中也有一个关于双音多频信号的 Simulink 仿真程序(DTMF Generator and Receiver)[4]，有兴趣的读者可以尝试运行。

参考文献

[1]　徐明远，刘增力. MATLAB 仿真在信号处理中的应用[M]. 西安：西安电子科技大学出版社，2007.
[2]　林永照，黄文准，李宏伟. 数字信号处理实践与应用——MATLAB 话数字信号处理[M]. 北京：电子工业出版社，2015.
[3]　田伟，周新力，吴海荣. DTMF 信号解码抗语音干扰研究[J]. 现代电子技术. 2005(23)：34-36.
[4]　Mathworks. DTMF Generator and Receiver[Z]. 2015.

案例11

听拨号音识别号码

实验背景与原理

2012年8月31日,中国新闻网以《大学生破译360总裁手机号码,李开复欲放"橄榄枝"》为题报道了"3Q大战"(即360公司与腾讯公司的互联网战争)中的一则趣闻[1]:一个记者通过电话采访了360集团总裁周鸿祎,南京大学学生刘靖康利用该采访视频中的拨号声音"破解"了周鸿祎的手机号码。8月31日,周鸿祎在微博上证实确有此事,并开玩笑说"各位就不用验证了,也请大家别在晚上十一点以后打电话……今晚已经有好几十个好奇的电话了"。

如何破解360总裁的手机号,刘靖康在网上是这么介绍的:"我们平常所用的电话,是通过双音多频(Dual Tone Multi-Frequency,DTMF)信号向交换机传递命令的,我们每按下电话键盘上的一个键,就会同时发出两个不同频率的声音,转化为电流在对面解析。通过某些软件手段便可以还原号码按键音,进而解析出号码。"

在本书"电话拨号音仿真"案例中介绍过,一个完整的电话机键盘如图E11.1所示,有10个数字键和6个字符键,每个数字或字符都要用到两个单频信号的组合来进行传输,键盘上每个按键所对应的信号都可以表示为

$$x(t) = A\sin(2\pi f_{\rm L}t) + B\sin(2\pi f_{\rm H}t)$$

其中,$f_{\rm L}$和$f_{\rm H}$分别表示按键所在行和列对应的频率值。

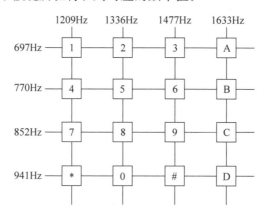

图E11.1 电话机键盘的频率阵列

AT&T 贝尔实验室提出用 DTMF 信号作为音频电话的拨号信号,因为这种方式可以提供更高的拨号速率,且容易被自动检测和识别。但反过来,DTMF 信号的这种"优点"也很容易变为"缺点",因为容易被交换机检测和识别,也就意味着容易被意图未知的第三方破解。破解的原理很简单,只要能估计出 DTMF 信号中两个单频信号的频率值,再根据图 E11.1 的对应关系就可以反推出按键值[2,3]。

图 E11.2 给出的是手机号 13910733521 的时频图(注:该号码来自歌曲《结了》的歌词),依据图 E11.1 的对应关系以及一些先验知识,基本上可以从时频图上反推出手机号码。我们估计大学生刘靖康也是通过观察时频图推断出 360 总裁的手机号,原因在于:①只要熟悉信号处理时频变换关系,就很容易看出不同时间段对应的频率值,再根据 DTMF 信号原理就可以马上反推出按键值;②手机号的数字组合是有规律可循的,例如手机号前两位一般都是 1 和 3(2012 年的号段),只需要推断剩下的 9 个数字即可,再加上手机号码归属地等先验信息,可以很好地帮助我们取舍那些似是而非的推断结果;③人工判断的方法可以"直奔主题",例如可以不用编程序检测拨号音的端点,也可以不利用算法和程序估计频率值,还可以灵活运用一些先验信息等。

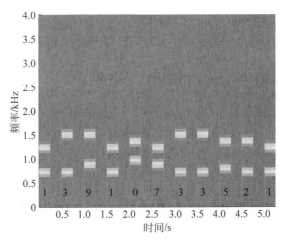

图 E11.2　手机号 13910733521 的时频图

总之,对于破译 360 总裁手机号的个例而言,用人工判读的方法可能会更高效、便捷一些,但要把破译手机号的工作"推广"开来,还是需要利用特定的算法编程实现。

按键识别实验

根据前面的分析可知,根据拨号音识别号码的关键就在于准确估计 DTMF 信号的频率值。有很多种方法可以估计 DTMF 信号的频率值,在此介绍两种实现方法,一种是基于带通滤波器的方法,另一种是基于 Goertzel 算法。

1. 滤波器法

滤波器法识别按键的原理如图 E11.3 所示,该方法最关键的步骤就是设计 8 个带通滤波器,每个带通滤波器的中心频率对应着低/高频组的各个频率点。将待识别的拨号音(DTMF 信号波形)依次通过这 8 个带通滤波器,理论上只有频率成分与滤波器中心频率一致的信号才会通过,在滤波器输出端检测能量最大者即可判断出低/高频序号,最后通过键盘上频率阵列的对应关系即可反推出按键值。

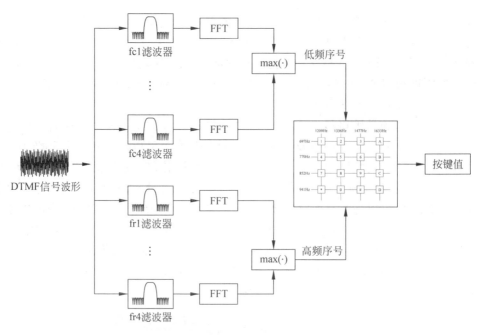

图 E11.3 滤波器法识别按键值

下面给出滤波器法识别单个按键值的 MATLAB 源代码。

```
% DTMF 信号的仿真与识别(滤波器法)
clear;
clc;
fs = 8000;                                          % 采样率
t = (0:800)/fs;                                     % 100ms 的按键
fc1 = 697; fc2 = 770; fc3 = 852; fc4 = 941;         % 低频组
fr1 = 1209;fr2 = 1336;fr3 = 1477;                   % 高频组
num0 = sin(fc4 * 2 * pi * t) + sin(fr2 * 2 * pi * t);   % 数字 0
num1 = sin(fc1 * 2 * pi * t) + sin(fr1 * 2 * pi * t);   % 数字 1
num2 = sin(fc1 * 2 * pi * t) + sin(fr2 * 2 * pi * t);   % 数字 2
num3 = sin(fc1 * 2 * pi * t) + sin(fr3 * 2 * pi * t);   % 数字 3
num4 = sin(fc2 * 2 * pi * t) + sin(fr1 * 2 * pi * t);   % 数字 4
num5 = sin(fc2 * 2 * pi * t) + sin(fr2 * 2 * pi * t);   % 数字 5
num6 = sin(fc2 * 2 * pi * t) + sin(fr3 * 2 * pi * t);   % 数字 6
num7 = sin(fc3 * 2 * pi * t) + sin(fr1 * 2 * pi * t);   % 数字 7
num8 = sin(fc3 * 2 * pi * t) + sin(fr2 * 2 * pi * t);   % 数字 8
num9 = sin(fc3 * 2 * pi * t) + sin(fr3 * 2 * pi * t);   % 数字 9
numStar = sin(fc4 * 2 * pi * t) + sin(fr1 * 2 * pi * t);% 符号 *
numJin  = sin(fc4 * 2 * pi * t) + sin(fr3 * 2 * pi * t);% 符号 #
blk = zeros(size(num1));                            % 拨号间隔时间

f_L = [fc1 fc2 fc3 fc4];                            % 低频组
f_H = [fr1 fr2 fr3];                                % 高频组
f   = [fc1 fc2 fc3 fc4 fr1 fr2 fr3];

% 设计带通滤波器(低频组)
N = 400;                                            % 滤波器阶数
```

```matlab
Bandwidth = 70;
B_L = zeros(4,N+1);              % 用于存放低频组滤波器系数
for i = 1:4
    Wo = f_L(i);
    wc1 = ( Wo - Bandwidth / 2 ) * 2 * pi/fs;
    wc2 = ( Wo + Bandwidth / 2 ) * 2 * pi/fs;
    B_L(i,:) = fir2(N,[0,wc1/pi,wc2/pi,1],[0,1,1,0]);
    % freqz(B_L(i,:),1);
end

% 设计带通滤波器(高频组)
N = 200;                         % 滤波器阶数
Bandwidth = 110;
B_H = zeros(3,N+1);              % 用于存放高频组滤波器系数
for i = 1:3
    Wo = f_H(i);
    wc1 = ( Wo - Bandwidth / 2 ) * 2 * pi/fs;
    wc2 = ( Wo + Bandwidth / 2 ) * 2 * pi/fs;
    B_H(i,:) = fir2(N,[0,wc1/pi,wc2/pi,1],[0,1,1,0]);
    % freqz(B_H(i,:),1);
end

DialNum = num2;                  % 按键
sound(DialNum);

% 计算当前信号与各个频点的距离(低频组)
Diatance_L = zeros(1,4);
for i = 1:4
    Out = filter(B_L(i,:),1,DialNum);
    Diatance_L(1,i) = max(abs(fft(Out)));
end
[maxnum_lo,index_lo] = max(Diatance_L(1,:));

% 计算当前信号与各个频点的距离(高频组)
Diatance_H = zeros(1,3);
for i = 1:3
    Out = filter(B_H(i,:),1,DialNum);
    Diatance_H(1,i) = max(abs(fft(Out)));
end
[maxnum_hi,index_hi] = max(Diatance_H(1,:));

% 判断按键值
if index_lo == 1 && index_hi == 1
    keynum = 1;
elseif index_lo == 1 && index_hi == 2
    keynum = 2;
elseif index_lo == 1 && index_hi == 3
    keynum = 3;
elseif index_lo == 2 && index_hi == 1
    keynum = 4;
elseif index_lo == 2 && index_hi == 2
```

```
        keynum = 5;
    elseif index_lo == 2 && index_hi == 3
        keynum = 6;
    elseif index_lo == 3 && index_hi == 1
        keynum = 7;
    elseif index_lo == 3 && index_hi == 2
        keynum = 8;
    elseif index_lo == 3 && index_hi == 3
        keynum = 9;
    elseif index_lo == 4 && index_hi == 2
        keynum = 0;
    elseif index_lo == 4 && index_hi == 1
        keynum = '*';
    elseif index_lo == 4 && index_hi == 3
        keynum = '#';
end
keynum
```

将输入值(DialNum)任意更改为电话机键盘上不同的按键值,逐个检验估计值(keynum)。我们发现利用滤波器法识别单个按键值并不能达到100%的准确率,识别效果对输入信号的时长、FFT点数、滤波器阶数等参数都比较敏感,利用滤波器法识别按键值的瓶颈在于各个带通滤波器的幅频特性并不理想。

```
% 比较不同带通滤波器的幅频特性
[H_L1,W_L1] = freqz(B_L(1,:),1); % fc1 = 697Hz
[H_L3,W_L3] = freqz(B_L(3,:),1); % fc3 = 852Hz
semilogy(W_L1 * fs/2/pi,abs(H_L1),W_L3 * fs/2/pi,abs(H_L3));
hold on;
semilogy(697 * [1,1],[1e-3,1],852 * [1,1],[1e-3,1]);
xlabel('频率/Hz');ylabel('幅频特性/dB');
legend('697Hz带通滤波器','852Hz带通滤波器');
axis([0 4000,1e-3, 1.5]);grid on;
```

图 E11.4 给出的是中心频率分别为 697Hz 和 852Hz 的带通滤波器的幅频特性,源代码中采用基于频率采样的方法设计 FIR 数字滤波器(函数 fir2)。从图 E11.4 可以看出,两个带通滤波器的通带大部分都重合在一起,852Hz 的单频信号能大部分通过 697Hz 的带通滤波器,换句话说,697Hz 的带通滤波器对 852Hz 的单频信号滤除效果并不理想。

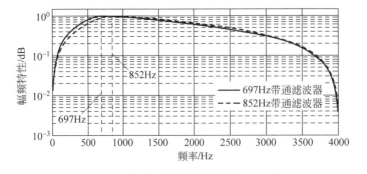

图 E11.4　带通滤波器幅频特性对比(697Hz 和 852Hz)

2. Goertzel 算法

理论上，DTMF 信号只会在两个固定的频率点上出现能量，如何准确、高效地估计这两个频率值是识别拨号音的关键所在。传统的频谱估计方法，得到的是一个频率区间内所有频率点的估计结果，而对于 DTMF 信号，我们只关心那 8 个固定频率点上的功率谱估计值。

Goertzel 算法是估计 DTMF 信号功率谱最经典、最实用的方法，该算法只估计 DTMF 信号特定频率点上的功率谱。该算法的具体流程和原理可参考有关文献[4,5]，在此仅给出 MATLAB 中利用 Goertzel 算法估计 DTMF 信号的一个演示程序。

```
% 利用Goertzel算法估计DTMF信号功率谱
clear;
clc;
Fs = 8000;
N = 205;
lo = sin(2*pi*697*(0:N-1)/Fs);
hi = sin(2*pi*1209*(0:N-1)/Fs);
data = lo + hi;                                %按键1
f = [697 770 852 941 1209 1336 1477];
freq_indices = round(f/Fs*N) + 1;
dft_data = goertzel(data,freq_indices);
subplot(2,1,1);
plot((0:N-1)/Fs,data);
title('按键1时域波形');
xlabel('时间/s');grid on;
subplot(2,1,2);
stem(f,abs(dft_data));
ax = gca;
ax.XTick = f;
title('Goertzel算法估计功率谱');
xlabel('频率/Hz');grid on;
```

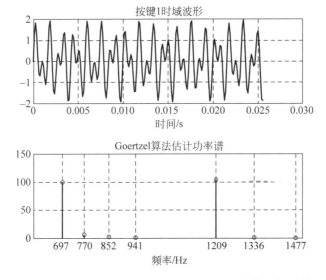

图 E11.5　利用 Goertzel 算法估计 DTMF 信号的功率谱（按键 1）

从图 E11.5 可以看出，Goertzel 算法只估计出事先给定的 7 个频率点上的功率谱（只需要 7 个频率值即可表示纯数字的按键）。此时只需要检测出最大的两个能量值对应的频率点，即可从键盘上频率阵列的对应关系反推出按键值。

下面给出利用 Goertzel 算法，通过拨号音识别手机号码的 MATLAB 源代码。

```matlab
% 利用拨号音识别手机号码 基于Goertzel算法
clear;
clc;
fs = 8000;                                      % 采样率
t = (0:2000)/fs;
fc1 = 697; fc2 = 770; fc3 = 852; fc4 = 941;     % 低频组
fr1 = 1209; fr2 = 1336; fr3 = 1477;             % 高频组
num0 = sin(fc4 * 2 * pi * t) + sin(fr2 * 2 * pi * t);   % 数字 0
num1 = sin(fc1 * 2 * pi * t) + sin(fr1 * 2 * pi * t);   % 数字 1
num2 = sin(fc1 * 2 * pi * t) + sin(fr2 * 2 * pi * t);   % 数字 2
num3 = sin(fc1 * 2 * pi * t) + sin(fr3 * 2 * pi * t);   % 数字 3
num4 = sin(fc2 * 2 * pi * t) + sin(fr1 * 2 * pi * t);   % 数字 4
num5 = sin(fc2 * 2 * pi * t) + sin(fr2 * 2 * pi * t);   % 数字 5
num6 = sin(fc2 * 2 * pi * t) + sin(fr3 * 2 * pi * t);   % 数字 6
num7 = sin(fc3 * 2 * pi * t) + sin(fr1 * 2 * pi * t);   % 数字 7
num8 = sin(fc3 * 2 * pi * t) + sin(fr2 * 2 * pi * t);   % 数字 8
num9 = sin(fc3 * 2 * pi * t) + sin(fr3 * 2 * pi * t);   % 数字 9
numStar = sin(fc4 * 2 * pi * t) + sin(fr1 * 2 * pi * t);  % 符号 *
numJin  = sin(fc4 * 2 * pi * t) + sin(fr3 * 2 * pi * t);  % 符号 #
blk = zeros(size(num1));                        % 拨号间隔时间

f = [fc1 fc2 fc3 fc4 fr1 fr2 fr3];
freq_indices = round(f/fs * length(t)) + 1;

% 郝云 歌曲《结了》 手机号 13910733521
CellNum = [num1 blk num3 blk num9 blk num1 blk num0 blk num7 blk...
    num3 blk num3 blk num5 blk num2 blk num1];
CellNum = 0.2 * randn(size(CellNum)) + CellNum;     % 传输噪声 + DTMF 拨号音

sound(CellNum);

for i = 1:2:21                                  % 手机号有11个数字,自动避开拨号间隔
    DialNum = CellNum(((i-1) * length(t) + 1):i * length(t));
    dft_data = goertzel(DialNum, freq_indices);
    % 寻找最大的两个频点值
    temp = sort(abs(dft_data), 'descend');
    temp_inex1 = find(abs(dft_data) == temp(1));
    temp_inex2 = find(abs(dft_data) == temp(2));
    % 保证 temp_inex1 代表低频序号, temp_inex2 代表高频序号
    if temp_inex1 < temp_inex2
        index_lo = temp_inex1;
        index_hi = temp_inex2;
    else
        index_lo = temp_inex2;
```

```
            index_hi = temp_inex1;
        end
    % 判断按键值
    if index_lo == 1 && index_hi == 5
        keynum = '1';
    elseif index_lo == 1 && index_hi == 6
        keynum = '2';
    elseif index_lo == 1 && index_hi == 7
        keynum = '3';
    elseif index_lo == 2 && index_hi == 5
        keynum = '4';
    elseif index_lo == 2 && index_hi == 6
        keynum = '5';
    elseif index_lo == 2 && index_hi == 7
        keynum = '6';
    elseif index_lo == 3 && index_hi == 5
        keynum = '7';
    elseif index_lo == 3 && index_hi == 6
        keynum = '8';
    elseif index_lo == 3 && index_hi == 7
        keynum = '9';
    elseif index_lo == 4 && index_hi == 6
        keynum = '0';
    elseif index_lo == 4 && index_hi == 5
        keynum = '*';
    elseif index_lo == 4 && index_hi == 7
        keynum = '#';
    end
    Cell_Indent(round(i/2)) = keynum;     % 手机号码识别结果
end
display(Cell_Indent) % 手机号码识别结果
```

程序运行结果如下：

```
Cell_Indent =
13910733521
```

利用 Goertzel 算法识别手机号码，识别效果远好于滤波器法，而且对于传输噪声等具有一定的抗干扰能力。需要注意的是，该程序直接把手机拨号音切分为 11 个 DTMF 信号后进行功率谱估计，省去了声音信号端点检测的过程，在实际应用中这些流程是必不可少的。

实验总结

在本书的"电话拨号音仿真"案例中，介绍了如何利用两个单频信号的组合来仿真电话拨号音，而本案例则是根据一段 DTMF 信号波形（电话拨号音），通过估计频率值推断按键值，这两个案例正好是相反的过程。

通过本案例，我们进一步理解了双音多频信号的原理，也认识到在现实生活中许多地方存在泄密的可能。例如，电视以及有声媒体采访公众人物时，注意不要把拨号声音也放出来。我们平常使用手机拨打电话(如手机银行)时,千万注意身旁是否有人录音,否则电话号码或密码很容易被还原出来,造成严重的隐患。为了防范密码泄露,在输入密码的时候电话银行系统一般会更改声调,使得拨号音听上去怪怪的,这样做的目的就是防止有人识别你的拨号音。

参考文献

[1] 中国新闻网. 大学生破译 360 总裁号码,李开复欲放"橄榄枝"[Z]. 2012.
[2] 徐明远,刘增力. MATLAB 仿真在信号处理中的应用[M]. 西安:西安电子科技大学出版社,2007.
[3] 林永照,黄文准,李宏伟. 数字信号处理实践与应用——MATLAB 话数字信号处理[M]. 北京:电子工业出版社,2015.
[4] Proakis John G. 数字通信(中译版)[M]. 4 版. 张立军,张宗橙,译. 北京:电子工业出版社,2003.
[5] 丁志中,夏杨,杨萍. 基于 Goertzel 算法的音阶频率分析[J]. 信息与电子工程. 2006,4(1):26-29.

案例12

卡尔曼滤波在机动目标跟踪中的应用

实验背景

1960年,卡尔曼(R. E. Kalman)克服了维纳滤波在工程应用上的缺陷,提出了一种离散线性滤波问题的递推算法[1],创立了卡尔曼滤波理论。卡尔曼滤波在通信、雷达、卫星导航等领域得到了极其广泛的应用,后来产生了各种各样改进的滤波算法,如推广的卡尔曼滤波(EKF)、自适应滤波、因式分解滤波等。

建模与滤波是单机动目标跟踪的重要理论基础。跟踪滤波的目的是根据已获得的目标观测数据对目标的状态进行精确估计,而跟踪滤波的主要困难在于跟踪设定的目标模型与目标实际的动力学模型的匹配问题。当目标做匀速直线运动时,加速度常常被看作具有随机特性的扰动输入(即状态噪声),并假设其服从零均值高斯白噪声,此时直接采用卡尔曼滤波即可获得最佳估计。当目标作机动时(如绕圈、急转弯),再将加速度假设为零均值高斯白噪声则不尽合理,机动加速度此时应该为非零值的时间相关的有色噪声过程。此时,为满足滤波要求常常需要采用白化噪声和状态增广方法,为满足跟踪要求需要建立能够更准确描述目标机动特性的目标模型及跟踪算法。机动目标模型的典型代表就是辛格(Singer)模型,而机动模型算法有辛格(Singer)算法、输入估计(IE)算法、变维(VD)滤波算法、交互多模(IMM)算法等[2]。

下面分别用一个匀速直线运动目标和机动目标的场景进行仿真,通过仿真进一步了解卡尔曼滤波算法的步骤和性能[2, 3]。

场景1(匀速直线运动)

假设有一个二坐标雷达对一平面上运动的目标进行观测。目标在$t=0\sim400$s沿Y轴做匀速直线运动,运动速度为-15m/s,目标的起始位置坐标为(2000m,10 000m)。雷达扫描周期为2s,X轴和Y轴独立进行观测,观测噪声标准差为100m。请建立雷达对目标的跟踪算法并进行仿真分析,给出目标的真实轨迹、观测轨迹和滤波轨迹。

场景2(机动)

假设有一个二坐标雷达对一平面上运动的目标进行观测。目标在$t=0\sim400$s沿Y轴做匀速直线运动,运动速度为-15m/s,目标的起始位置坐标为(2000m,10 000m)。目标在$t=400\sim600$s向X轴方向做90°的慢转弯,X轴和Y轴方向的加速度分别为0.075m/s^{2}和-0.075m/s^2,完成慢转弯后加速度降为0,从$t=610$s开始做90°的快转弯,X轴和Y轴方向的加速度分别为 -0.3m/s^2 和 0.3m/s^2，在 $t=660\text{s}$ 结束转弯，加速度降为 0，此时开始再次沿着 Y 轴做匀速直线运动，运动速度为 -15m/s，一直运动到 $t=1000\text{s}$ 结束。雷达扫描周期为 2s，X 轴和 Y 轴独立进行观测，观测噪声标准差为 100m。请建立雷达对目标的跟踪算法并进行仿真分析，给出目标的真实轨迹，观测轨迹和滤波轨迹。

基本原理

目标的信号模型可以用差分方程表示为

$$X(k) = \Phi X(k-1) + \Gamma W(k-1)$$

其中，$X(k) = \begin{bmatrix} x(k) \\ \dot{x}(k) \\ y(k) \\ \dot{y}(k) \end{bmatrix}$，$\Phi = \begin{bmatrix} 1 & T & 0 & 0 \\ 0 & 1 & 0 & 0 \\ 0 & 0 & 1 & T \\ 0 & 0 & 0 & 1 \end{bmatrix}$，$\Gamma = \begin{bmatrix} T^2/2 & 0 \\ T & 0 \\ 0 & T^2/2 \\ 0 & T \end{bmatrix}$，$W(k) = \begin{bmatrix} a_x(k) \\ a_y(k) \end{bmatrix}$。

目标的观察模型也可以用差分方程表示为

$$Z(k) = H(k)X(k) + V(k)$$

其中，$Z(k) = \begin{bmatrix} z_x(k) \\ z_y(k) \end{bmatrix}$，$H(k) = \begin{bmatrix} 1 & 0 & 0 & 0 \\ 0 & 0 & 1 & 0 \end{bmatrix}$，$V(k) = \begin{bmatrix} v_x(k) \\ v_y(k) \end{bmatrix}$。

卡尔曼滤波的基本计算过程可以归结为"预测—滤波—预测"的递推方式(见表 E12.1)。首先计算一步预测值 $\hat{X}(k/k-1)$；再根据新观测值 $Z(k)$，计算此时的新息 $v(k)$ 和卡尔曼增益 $K(k)$，其中新息 $v(k)=Z(k)-H(k)\hat{X}(k|k-1)$；最后利用新息对预测值进行修正得到更"准确"的滤波值 $\hat{X}(k/k)$。

表 E12.1 卡尔曼滤波递推公式

预测估计	$\hat{X}(k/k-1) = \Phi\hat{X}(k-1/k-1)$
预测误差	$P(k/k-1) = \Phi P(k-1/k-1)\Phi^T + \Gamma(k-1)Q(k-1)\Gamma^T(k-1)$
滤波增益	$K(k) = P(k/k-1)H^T(k-1)[H(k-1)P(k/k-1)H^T(k-1)+R(k-1)]^{-1}$
滤波估计	$\hat{X}(k/k) = \hat{X}(k/k-1) + K(k)[Z(k)-H(k-1)\hat{X}(k/k-1)]$
滤波误差	$P(k/k) = [I-K(k)H(k-1)]P(k/k-1)$

在整个递推过程中，一个非常特殊和重要的变量就是"新息"。直观的理解，新息就是新观测到的数据中"有用"的那一部分，正是这部分有用的信息改善了滤波估计值。新息之所以能改善滤波估计值，关键原因就在于"正交"。从新息的定义可以看出，新息其实是观测值的线性组合，或者说新息与观测张成的空间是相同的。由正交方程可知[4]，当前时刻的新息与过去时刻的观测值是正交的，对于新得到(当前时刻)的观测值，相当于根据观测值得到的估计值的状态空间又增加了一维正交基，这增加出来的基就是当前时刻的新息。

注意事项

在应用卡尔曼滤波算法时，需要指定滤波的初始条件，根据目标的初始状态建立滤波器的初始估计。然而在实际情况中，目标的初始状态一般是无法得知的，我们可以用前几个观测值建立的状态进行初始估计，例如用前两个观测值作为初始值，这称作"两点起始法"。

在本案例的场景中，X 轴和 Y 轴方向的观测值是独立的，因此在程序中 X 轴和 Y 轴方向的滤波也是独立进行的。在此仅以 X 轴方向的滤波为例进行说明,Y 轴方向的结论与此类似。

此时,X 轴方向的初始估计值 $\hat{X}(2/2)$ 为

$$\hat{X}(2/2) = \begin{bmatrix} z_x(2) \\ \dfrac{z_x(2) - z_x(1)}{T} \end{bmatrix}$$

X 轴方向的初始的估计误差为

$$\widetilde{X}(2/2) = X(2) - \hat{X}(2/2) = \begin{bmatrix} x(2) \\ \dot{x}(2) \end{bmatrix} - \begin{bmatrix} z_x(2) \\ \dfrac{z_x(2) - z_x(1)}{T} \end{bmatrix} = \begin{bmatrix} -v_x(2) \\ \dfrac{v_x(1) - v_x(2)}{T} \end{bmatrix}$$

X 轴方向初始的估计误差协方差矩阵为

$$P(2/2) = \begin{bmatrix} \sigma_x^2 & \sigma_x^2/T \\ \sigma_x^2/T & 2\sigma_x^2/T \end{bmatrix}$$

本案例介绍的目标信号模型,既可以应用于非机动情况(场景 1),也可以应用于机动情况(场景 2)。在非机动情况下,加速度恒为零;在机动情况下,不同方向的加速度在不同时刻(或时间段)取值非零。对于机动场景,也可以引入角速度或者加速度变量到状态矢量 $X(k)$ 中[2]。

实验结果与讨论

该案例有很多种实现的可能,例如编程语言可以选择 C 语言[3]也可以选择 MATLAB[2,5],交互方式可以选择 GUI 形式的[3,5]也可以选择源代码形式的,目标跟踪算法可以选择最小二乘(LS)算法[3,5],也可以选择 IMM 算法[5]、Singer 算法[2]、IE 算法[2]和 VD 算法[2]等。源代码篇幅较长,有兴趣的读者可扫描随书二维码获取相关文档,在此仅提供部分实验结果。

图 E12.1 给出了基于 MATLAB 的机动目标跟踪仿真实验结果[5],分别采用 IMM 算法和最小二乘算法,并给出了蒙特卡洛多次仿真后得出的滤波误差。

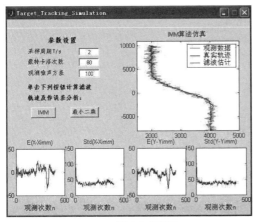
(a) IMM算法仿真结果

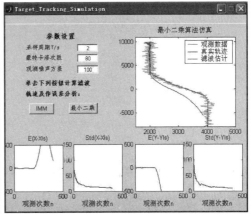
(b) 最小二乘算法仿真结果

图 E12.1　基于 MATLAB 的机动目标跟踪仿真实验

图 E12.2 给出了对机动和非机动两种场景的目标跟踪仿真实验结果,采用最小二乘算法,该程序可以用 C 语言[3]或 MATLAB 编程实现,在此给出的是 MATLAB 实现结果。

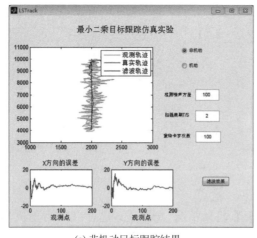
(a) 非机动目标跟踪结果

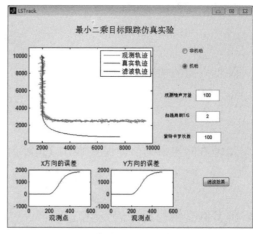
(b) 机动目标跟踪结果

图 E12.2　基于最小二乘算法的目标跟踪实验

也可以采用变维(VD)滤波算法进行仿真。VD 算法采用非机动模型和机动模型相互切换的思路,用一个机动检测器随时监测系统状态,其基本工作流程为:在非机动时滤波器处于正常工作状态,采用低阶卡尔曼滤波器;当机动检测器监测到系统处于机动状态时,系统模型中立即增加状态变量,此时采用高阶卡尔曼滤波器;系统一直采用高阶滤波器,直到机动检测器检测到系统处于非机动状态,系统此时退回正常工作状态,重新采用低阶卡尔曼滤波器。VD 算法的关键就在于机动检测器的设计以及低阶向高阶转化时滤波器的重新初始化问题[2]。

VD 算法的仿真参数设置为:非机动模型的系统扰动噪声方差为零,机动模型的系统扰动噪声方差为加速度估计的 5%,加权衰减因子为 0.8,机动检测门限为 40,退出机动检测门限为 20,开始阶段默认为非机动状态[2]。图 E12.3 给出了 MATLAB 仿真的轨迹图。

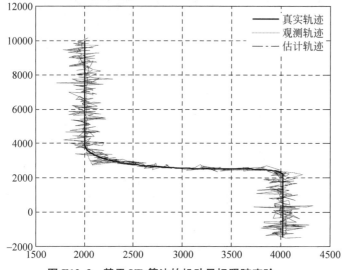

图 E12.3　基于 VD 算法的机动目标跟踪实验

从图 E12.3 的仿真结果可以看出：在开始阶段，估计轨迹离真实轨迹波动较大，随着时间的推移，估计轨迹逐渐逼近真实轨迹，当目标由非机动变为机动状态时，估计轨迹又再次偏离真实轨迹。把"逼近"与"偏离"的程度进行量化分析，就是位置估计的偏差程度。

图 E12.4 给出了 X 轴方向位置估计的标准差，横坐标表示的是采样点数，可以看出估计偏差较大的时刻对应的都是模型转换的时刻，即非机动状态与机动状态转换的时刻。

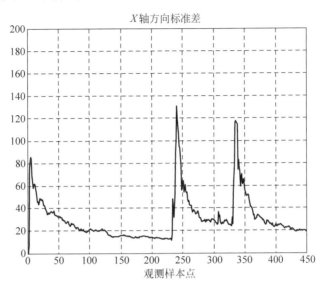

图 E12.4　X 轴方向位置估计的标准差

有兴趣的读者还可以尝试采用输入估计(IE)算法对本案例进行仿真，然后将得到的结果与前面几种算法相比较。总之，对机动目标跟踪的关键就在于所建立的目标模型要尽可能与实际的动力学模型相匹配，当然在实际应用中还得考虑模型复杂度和运算量的问题。

参考文献

[1] Kalman R E. A New Approach to Linear Filtering and Prediction Problems[J]. 1960.
[2] 万建伟,王玲. 信号处理仿真技术[M]. 长沙：国防科技大学出版社,2008.
[3] 许可,李敏,罗鹏飞. 基于 VC 的目标跟踪教学仿真实验的设计与实现[J]. 电气电子教学学报. 2006, 28(3)：48-50.
[4] 刘福声,罗鹏飞. 统计信号处理[M]. 长沙：国防科技大学出版社,1999.
[5] 李敏,许可,罗鹏飞. 基于 MATLAB 的卡尔曼滤波与最小二乘滤波仿真实验设计[J]. 中国教育教学杂志(高等教育版). 2006, 12(147)：94-96.

案例 13

倒 车 雷 达

应用背景

倒车雷达是汽车上一种重要的驾驶辅助工具,它可以通过声音实时提示驾驶者车尾距障碍物的距离,可有效避免倒车过程中的后视盲区造成的经济损失和人身安全问题。

倒车雷达利用超声波进行测距,在信号发生器的控制下发射超声波信号,在空气中传播并遇到障碍物后产生回波信号返回至接收器,再经过信号处理来判断是否存在障碍物,以及汽车与障碍物的距离。当汽车与障碍物接近至一定距离时,蜂鸣器发出不同频率的警示信号,并随着距离逐渐接近而产生变化,以提醒驾驶者及时减速或刹车。

工作原理

倒车雷达利用超声波进行测距,常用的方法包括脉冲测距法、共振法和频差法等。脉冲测距法因其测距原理简单,成本较低,因而被广泛应用于近距离超声波测距系统中。

倒车雷达系统工作原理如图 E13.1 所示。本案例中,超声波信号传感器发射单频脉冲复信号。假设在各个脉冲照射过程中,倒车雷达与障碍物的距离保持不变,即不考虑脉冲内的距离徙动。

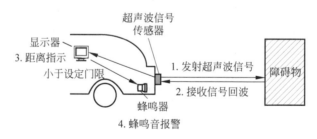

图 E13.1 倒车雷达系统工作原理

如不考虑信号衰减,可设倒车雷达发射信号 $x(t)$ 为

$$x(t) = \exp(\mathrm{j}2\pi f_c t)$$

其中,f_c 表示发射的超声波信号的中心频率,t 表示快时间,B 表示信号带宽,f_s 表示信号采样率,信号脉冲宽度为 t_c,脉冲重复间隔为 T。

设汽车与障碍物的初始距离为 d_0,汽车以速度 v 匀速倒车,整个倒车过程中雷达所发

射的脉冲数目为 N，发射第 n 个脉冲时汽车与障碍物的距离可以表示为
$$d = d_0 - vnT$$
其中 $n=1,2,\cdots,N$。此时，超声波信号回波对应的时延 τ 为
$$\tau = 2d/c$$
其中 c 表示空气中的声速，则超声波信号回波可表示为
$$y(t) = \exp[j2\pi f_c(t-\tau)]$$
经过匹配滤波后的信号为
$$z(t) = y(t) * \mathrm{conj}[x(t)]$$
其中 * 表示卷积运算，conj() 表示取共轭复数运算。

最终，通过分析 $z(t)$ 波形的峰值来估计汽车与障碍物的距离值，并预先设定在一定距离时发出蜂鸣音报警。

仿真实现

在本案例中，假设超声波中心频率为 40kHz，信号带宽为 5kHz，采样率为 50kHz，脉冲宽度为 1ms，脉冲重复间隔为 100ms，声速为 344m/s。

为了更"形象"地模拟汽车倒车雷达，程序中设定：当汽车与障碍物的距离小于 2m 且大于等于 1.5m 时，发出重复时间较长的频率为 2000Hz 的蜂鸣音，1～1.5m 时发出重复时间中等的频率为 2000Hz 的蜂鸣音，0.5～1m 时发出重复时间较短的频率为 2000Hz 的蜂鸣音，小于 0.5m 时发出几乎连续的频率为 2000Hz 的蜂鸣音。

下面给出用 MATLAB 仿真实现倒车雷达的源代码，在接收信号中加入了与信号回波幅度相同的高斯白噪声，即信噪比为 0dB。

```matlab
%% 倒车雷达案例 ReversingRadar.m %%
clear;
clc;
close all;

%% 全局参数设置 %%
fc = 40e3;                              % 超声波频率 40kHz
B = 5e3;                                % 信号带宽 5kHz
fs = 10 * B;                            % 采样频率
tc = 1e-3;                              % 一个脉冲宽度 1ms
T = 0.1;                                % 脉冲重复间隔 PRI 100ms
c = 344;                                % 空气中声速 344m/s
t = (0:1/fs:T-1/fs)';                   % 快时间
Nt = size(t,1);                         % 快时间点数

%% 信号回波仿真 %%
d0 = 3;                                 % 汽车与障碍物的初始距离 3m
v = 0.1;                                % 倒车速度 0.1m/s
dd = d0-(v*10*T):-(v*10*T):0;
        % 障碍物到汽车的距离从 3m 到 0m(乘以 10 表示按照每隔 10 个样本点进行计算与显示)
tt = 2*dd./c;                           % 倒车至接近障碍物的声波时延
N = length(dd);                         % 倒车过程中雷达发射脉冲数目
sigTxMatrix = repmat(exp(1i*2*pi*fc*t).*(t<=tc),1,N);   % 倒车雷达发射一个单频信号
```

```matlab
fsigTx = fft(sigTxMatrix,Nt,1);                    % 将发射信号变换至频域
df = fs/Nt;                                        % 频域点数
fv = (0:Nt-1)'*df;                                 % 频域轴步进长度
delay = exp(-1i*2*pi*fv*tt);                       % 将时延变换至频域
eco = ifft( fsigTx .* delay,Nt,1) + 1e0 * randn(Nt,N);  % 时域回波,加上高斯白噪声,信噪比为 0dB

%% 匹配滤波 %%
feco = fft(eco,[],1);
mf = ifft( feco .* conj(fsigTx),[],1 );
                                                    % 时域卷积等价于频域相乘,结果再变换至时域,以提高运算速度

%% 计算汽车到障碍物的实测距离 %%
dm = zeros(size(dd));                              % 设置存储实测距离的向量
for m = 1:length(dd)
    index = find(mf(:,m) == max(mf(:,m),[],1));
                                                    % 寻找匹配滤波结果最大值在向量中的对应位置
    dm(m) = c*t(index)/2;                          % 利用该位置计算实测距离
    if dm(m)>= 5
        dm(m) = 0;      % 若实测距离大于等于 5m,说明超过雷达测量边界,需将实测值校正到 0m
    end
end

%% 画出距离变化图像 %%
for n = 1:length(dd)
    plot(c.*t/2,abs(mf(:,n)./max(abs(mf(:,n)))));  % 从 3m 到 0m 每一帧距离变化图像
    set(gca,'xlim',[-0.5,5]);                      % 限制 x 轴显示范围
    set(gca,'ylim',[0,1.2]);                       % 限制 y 轴显示范围
    xlabel('距离(m)');
    ylabel('归一化幅度');
    title({['实际距离: ',num2str(dd(n)),'m',' 测量距离: ',num2str(dm(n)),'m']});
    grid on;
    Tsound = 0.5;                                  % 初始音长
    fssound = 44100;                               % 确定采样频率
    if dd(n)< 2 && dd(n)>= 1.5                     % 距离小于 2m 且大于等于 1.5m
        tsound = 0:1/fssound:Tsound;               % 发出相对低频的间断蜂鸣音
        ss = sin(2*pi*2000*tsound);                % 发出频率为 2000Hz 的蜂鸣音
        for Nsound = 1:(Tsound/tsound(end))        % 低频间断地发出蜂鸣音
            sound(ss,fssound)
            pause(2*Tsound)
        end
    elseif dd(n)< 1.5 && dd(n)>= 1                 % 距离小于 1.5m 且大于等于 1m
        tsound = 0:1/fssound:Tsound/2;             % 发出相对中频的间断蜂鸣音
        ss = sin(2*pi*2000*tsound);                % 发出频率为 2000Hz 的蜂鸣音
        for Nsound = 1:(Tsound/tsound(end))        % 中频间断地发出蜂鸣音
            sound(ss,fssound)
            pause(Tsound)
        end
    elseif dd(n)< 1 && dd(n)>= 0.5                 % 距离小于 1m 且大于等于 0.5m
        tsound = 0:1/fssound:Tsound/8;             % 发出相对高频的间断蜂鸣音
        ss = sin(2*pi*2000*tsound);                % 发出频率为 2000Hz 的蜂鸣音
        for Nsound = 1:(Tsound/tsound(end))        % 高频间断地发出蜂鸣音
            sound(ss,fssound)
            pause(Tsound/4)
```

```
            end
        elseif dd(n)< 0.5 && dd(n)> = 0      % 距离小于 0.5m 且大于等于 0m
            tsound = 0:1/fssound:2 * Tsound;  % 发出相对更高频的间断蜂鸣音
            ss = sin(2 * pi * 2000 * tsound); % 发出频率为 2000Hz 的蜂鸣音
            sound(ss,fssound)                 % 几乎连续地发出蜂鸣音
            pause(2 * Tsound)
        else
            pause(2 * Tsound)
        end
end
```

结果分析

倒车雷达测距的基本原理就是寻找匹配滤波的最大值,并根据其在匹配滤波向量中的位置来计算汽车与障碍物的实际距离。通过匹配滤波可有效减少噪声对测距的影响,从匹配滤波结果的图像中清楚地找到目标或障碍物。

图 E13.2 给出了汽车尾端与障碍物在不同距离下的匹配滤波结果,对应的实际距离分

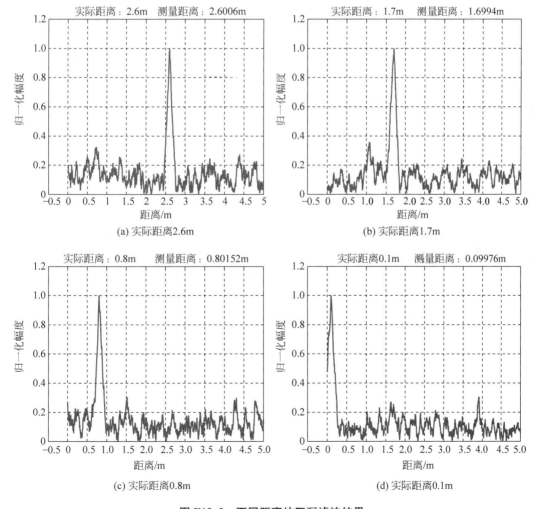

图 E13.2 不同距离的匹配滤波结果

别为2.6m、1.7m、0.8m和0.1m，实测距离分别为2.6006m、1.6994m、0.80152m和0.09976m，由此可知测量误差为毫米量级。

参考文献

[1] 姚曼. 汽车倒车雷达的Simulink仿真测试[J]. 中小企业管理与科技. 2010,15：244-245.
[2] Richards M A. 雷达信号处理基础[M]. 邢孟道,王彤,李真芳,等,译. 北京：电子工业出版社,2008.
[3] Jiahua Zhu, Yongping Song, Chongyi Fan, et al. Nonlinear Processing for Enhanced Delay-Doppler Resolution of Multiple Targets Based on an Improved Radar Waveform [J]. Signal Processing, 2017, 130：355-364.
[4] 冯云庚,王艳秋. 浅谈倒车雷达工作原理[J]. 汽车电器. 2011,3：18-20.
[5] 胡继胜,赵力. 汽车倒车雷达设计[J]. 测控技术与仪器仪表. 2010,36(9)：108-111.
[6] 汤传国. 基于超声波测距的倒车雷达系统研究[D]. 西安：长安大学,2015.
[7] 吴琼. 汽车倒车雷达系统的研究[D]. 南京：南京林业大学,2009.

案例14

Turbo迭代解码

背景知识

1948年,信息论的创始人香农(C. E. Shannon)指出[1]:如果采用正确的纠错码方案,数据可以以接近信道容量的速率几乎无错误地传输,而且只需要非常低的发射功率。在香农编码定理的指导下,信道编码理论和技术逐步发展成熟,发展出汉明码、循环码、BCH码、卷积码、级联码和RS码等编解码技术,并得到了广泛的应用,按照香农定理所需的发射功率也在一步一步地缩小[2,3]。

通过40多年的研究发现:无论怎么改进设计,最好的编码方案也需要香农定理两倍以上的功率才能达到一定程度的可靠传输。如果把理论数值和实际要求之间的差距用对数坐标来衡量,这个差距约为3.5dB。许多研究人员认为香农定理只是理论上的极限,实际的极限应该比香农极限高3.5dB,这个3.5dB的差距似乎是一道无法逾越的鸿沟。

直到1993年,在日内瓦召开的国际通信会议(ICC'93)上,C. Berrou等提出了一种新的编解码方案——Turbo码,获得了接近香农理论极限的惊人性能[4]。根据仿真结果,在采用大小为65536的随机交织器并迭代18次的情况下,在信噪比大于0.7dB并采用二元相移键控(BPSK)调制时,码率为1/2的Turbo码在加性高斯白噪声(AWGN)信道上的误比特率(Bit Error Ratio,BER)小于10^{-5},这与香农理论极限仅有0.7dB的差距。

Turbo码的诞生为信道编码理论和实践带来了一场革命,标志着长期将信道截止速率作为实际容量限的历史已经结束,使信道编码理论与技术的研究进入了一个崭新的阶段。

Turbo码基本原理

Turbo码作为3G和4G的信道编码标准之一,其取得巨大成功的原因在于编解码架构的设置和软信息的交互,巧妙地满足了有噪信道定理中的随机性编解码条件,这是Turbo码性能优异的最根本原因[5]。

1. Turbo码的编码结构

C. Berrou等提出的Turbo码是一种并行级联卷积码,并行Turbo码的编码器主要由分量编码器、交织器、删余模块和复接器等组成,如图E14.1所示。d_k表示需要传递的信息序列,p_k表示由分量编码器生成的校验码序列,x_k表示信道传输符号,两个分量编码器通过交织器相连,二者结构相同。

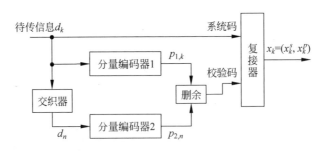

图 E14.1　Turbo 码的编码器结构

2. Turbo 码的迭代解码结构

Turbo 码的接收端主要由分量解码器、交织器、解交织器等组成，如图 E14.2 所示。x_k 表示信道传输符号，y_k 表示接收端接收到的信号，n_k 表示零均值，方差为 σ_n^2 的加性高斯白噪声。

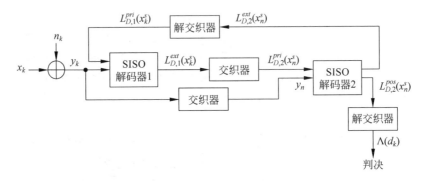

图 E14.2　Turbo 码的解码器结构

Turbo 码的分量解码器都是软输入软输出（Soft-in-Soft-out，SISO）的，所谓的"软"是指解码器不仅可以给出某符号位是 +1 还是 -1 的判断，而且给出了取 +1 和 -1 的对数似然比值（Log Likelihood Ratio，LLR）。每个 SISO 解码器都以信道输出和信息码字的先验 LLR 值作为解码器输入，输出为信息码字的外部 LLR 值和后验 LLR 值，经过交织或解交织操作后，外部 LLR 值又成为另外一个分量解码器的先验 LLR 值。

传统的似然比判决一般都是一次性完成的，称为"硬判决"，而 Turbo 码分量解码模块传递的只是某个码字为 +1 或 -1 的 LLR 值，经过多次迭代后才做出最终的判决，这种判决称为"软判决"，传递的 LLR 值也被看作迭代过程中的"软信息"。整个 Turbo 码解码端运作的流程如图 E14.3 所示[5]。

3. 迭代停止条件

在 Turbo 码的性能仿真评估中，也是利用"频率逼近概率"的思想：即在发送端随机发送 0/1 信息序列，在接收端解码恢复信息序列，将恢复的序列与原始信息序列进行对比，将误比特率（BER）作为 Turbo 码性能评估的重要指标。

值得注意的是，在 Turbo 码性能仿真中，一般不事先给定一个固定的仿真次数。以数据帧长度 512，码率 1/2，迭代 6 次后的 Turbo 码为例，信噪比为 1dB 时 BER 数值为 10^{-2} 量级，信噪比为 3dB 时 BER 数值为 10^{-5} 量级[5]。

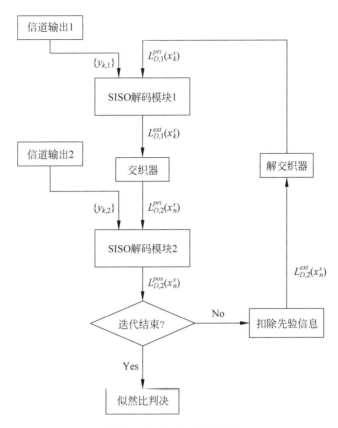

图 E14.3 Turbo 解码流程

BER 为 10^{-2} 量级时,意味着传送 100 个 0/1 信息码字,平均就会有 1 个码字传输错误。对于数据帧长度为 512 的情况,每帧序列平均会产生 5 个传输错误,此时计算机仿真 20 帧数据序列就会产生 100 个传输错误。当 BER 为 10^{-5} 量级时,意味着平均传送 10^5 个 0/1 信息码字才会产生 1 个错误,即计算机平均需要仿真 200 帧数据才会产生 1 个传输错误。此时如果预先设定一个固定的仿真次数(如仿真 100 帧停止),那么在接收端往往不会发现任何传输错误,就无法正确估计该信噪比下的 BER 数值。

因此,对不同信噪比环境下的 Turbo 码应该采用不同的仿真次数。在本案例中,迭代停止条件为:仿真从 0dB 开始,以 0.5dB 为步长,在每个信噪比仿真点上要 100 帧传送发生错误比特才停止[5]。

实验结果

Yufei Wu 博士编写的 MATLAB 仿真代码,是互联网上关于 Turbo 码仿真研究流传最为广泛的代码,本案例在此该代码基础上进行了改进和比较。

在此给出迭代次数、约束长度、数据帧的长度等解码参数对 Turbo 码性能的影响[6]。除此之外,迭代解码算法、交织器类型、编码码率等参数也会对 Turbo 码的性能产生重要影响,有兴趣的读者可参阅有关文献[6,7]。

1. 不同的迭代次数

Turbo 码采用迭代解码的方式来优化性能,因此迭代次数是决定 Turbo 码性能的关键因素之一。仿真参数为:数据帧长度 512,码率 1/2,生成矩阵(7,5),解码采用 Log-MAP 算法，仿真结果如图 E14.4 所示[5]。

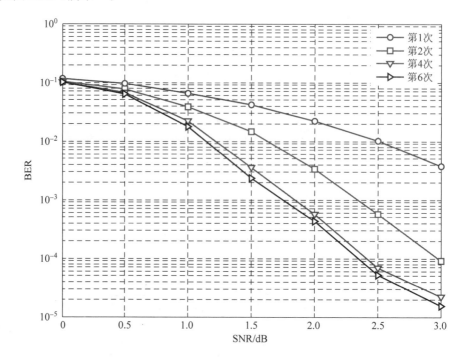

图 E14.4　不同迭代次数下 Turbo 码的 BER 性能曲线

从图 E14.4 可以看出，BER 仿真曲线基本呈现两种趋势：第一，BER 数值随信噪比值的增大而逐渐降低；第二，BER 数值随迭代次数的增加而逐渐降低。从直观上理解，噪声强度越小，或者迭代次数越多，解码越容易成功。

为了研究的方便，Turbo 码的 BER 性能曲线往往被人为地划分成三个典型区域。

BER 性能区域 I（BER≥10^{-2}），对应较低的信噪比。此时 BER 数值几乎不随迭代次数的增加而降低。对于这样的误比特率，一般的通信系统都是难以接受的。

BER 性能区域 II（10^{-5}≤BER≤10^{-2}），对应中等的信噪比。此时 BER 数值随迭代次数的增加而逐步降低，此区间又被称为瀑布区（Waterfall Region）。在这部分区域，Turbo 码的性能对参数的变化也比较敏感，而且正是在这个误比特率范围内 Turbo 码比其他纠错码优秀。

BER 性能区域 III（BER≤10^{-5}），对应较高的信噪比。此时 BER 数值随迭代次数的增加迅速降低，一般迭代 2～3 次后趋于收敛，再继续进行迭代所带来的增益是非常小的，此区间由被称为错误平层区（BER Floor Region），在工程上认为是近似无差错的数据传输。

2. 不同的约束长度

约束长度也对 Turbo 码性能产生重要影响。在此选取的分量码生成矩阵分别为(7,5)(15,17)和(37,21)，对应的约束长度分别为 3,4 和 5，数据帧长度为 512，码率 1/2，解码采用 Log-MAP 算法，图 E14.5 给出迭代 6 次以后的 BER 性能曲线[5]。

可以看出在相同的仿真参数下，不同约束长度的 Turbo 码性能随信噪比的增加而变化。当信噪比比较小时，约束长度对 Turbo 码性能的影响并不明显；随着信噪比的增加，约束长度的影响开始变大，3 条 BER 性能曲线出现交叉，而后约束长度大的 Turbo 码性能开始好于约束长度小的 Turbo 码，而且这种优势一般会越来越明显。

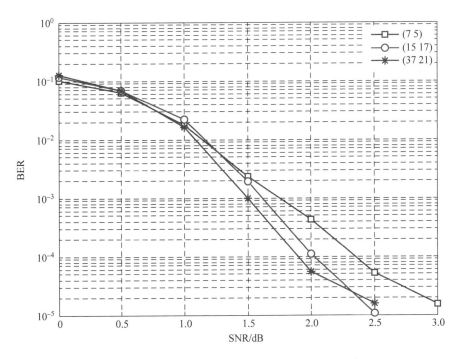

图 E14.5 迭代 6 次后，不同约束长度 Turbo 码性能

3. 不同的数据帧长度

数据帧长度也是决定 Turbo 码 BER 性能曲线关键因素之一。仿真参数为：数据帧长度分别为 128,256,512 等，码率 1/2，生成矩阵 (7,5)，解码采用 Log-MAP 算法，仿真结果如图 E14.6 所示[5]。

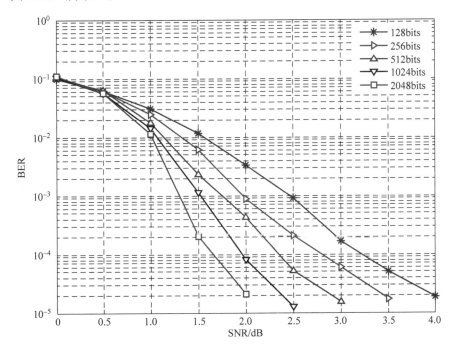

图 E14.6 迭代 6 次后，不同数据帧长度对应的 Turbo 码性能

从图 E14.6 可以看出,在相同的仿真参数下,迭代解码的 BER 数值都随数据帧长度的增加而降低,或者说数据帧越长 Turbo 迭代解码越容易收敛。同时也可以看出,在信噪比较低的区域,增加数据帧长度对 BER 性能改善作用不大。

参考文献

[1] Shannon C E. A Mathematical Theory of Communication[J]. 1948.
[2] 唐朝京,雷菁. 信息论与编码基础[M]. 长沙:国防科技大学出版社,2003.
[3] Proakis J G. 数字通信[M]. 5 版. 北京:电子工业出版社,2009.
[4] Berrou C,Glavieux A,Thitimajshima P. Near Shannon Limit Error-Correcting Coding and Decoding:Turbo-Codes(1)[C]. Geneva,Switzerland:1993.
[5] 许可. Turbo 解码与 Turbo 均衡关键技术研究[D]. 长沙:国防科技大学,2011.
[6] 刘东华,梁光明. Turbo 码设计与应用[M]. 北京:电子工业出版社,2011.
[7] 刘东华. Turbo 码原理与技术[M]. 北京:电子工业出版社,2004.

案例15

提取水声目标的GFCC特征

实验背景

随着海洋技术近年来突飞猛进的发展,水声目标识别技术被越来越多地应用于多个军民领域,例如鱼群检测、潜艇探测、水雷和潜水器的检测和识别等,这对于国民经济的发展和世界军事格局的影响将是重大而深远的[1]。

由于海洋环境复杂多变,且消噪技术迅猛发展,使得各类舰船的水下辐射噪声信号被大幅削弱,实际情况下水下目标辐射噪声往往淹没在复杂的背景噪声中,传统的特征提取方案已被逐步淘汰。因此基于声纳提取水声目标的有效特征,使之对目标特性的描述能力更强,成为目标识别的关键问题。

考虑到水声信号与语音信号发声机理类似,可以从仿生学的角度出发,研究人类听觉感知机理,进而开发出适用于水下目标自动识别的声学特征。Gammatone 滤波倒谱系数(Gammatone Filterbank Cepstral Coefficients,GFCC)是一种最早应用在语音领域的听觉特征[2],现已被广泛应用在水下目标识别领域,并取得了较好的效果[3]。在语音信号处理领域应用较为成功的改进型听觉感知特征——基于 Gammatone 滤波器组子带输出的倒谱系数[3,4,5],其主要实质是利用串联的 Gammatone 滤波器来构建 Gammatone 滤波器组,并取代 MFCC 提取方法中的三角滤波器组。由于原理上更加符合生物学上的听力感知实质,能够有效提高分类识别系统的稳健性[6]。

实验原理

1. 听觉滤波

耳蜗是人耳听觉感知系统的核心构件,其内部分布众多的毛细胞作为声音传感单元,对不同频率的声压信号呈现出各异的敏感度,因此每一个区域上对应不同的特定感知频率。同时,毛细胞能够刺激不同的听觉神经产生冲动,从而实现人对声音的感知。

从信号处理的角度,对于耳蜗的这种频响特性可以由多个滤波器级联构成滤波器组,由此发展而来的带通滤波器称为听觉滤波器。作为对耳蜗响应建模,听觉滤波器的特点为:滤波带宽各不相同,单个滤波器非对称,以及滤波器的频响同声压强度有关[7]。

2. ERB 频率尺度

等效矩形带宽(ERB)是指矩形带通滤波器的带宽,定义为滤波器的高度与某个特定滤波器的最大功率谱相同,并且通带和特定滤波器有相同的功率,如图 E15.1 所示为梅尔三角滤波器的等效带宽。

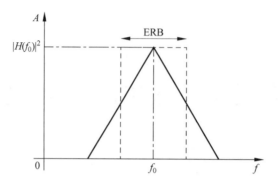

图 E15.1 三角滤波器的 ERB 直观模型

Moore 和 Glasberg 通过对耳蜗滤波器频响特性的分析,改进了 Bark 频域模型,给出了 ERB 频率尺度模型[8],其带宽和中心频率计算如下:

$$z = 13\arctan\left(\frac{0.76f}{1000}\right) + 3.5\arctan\left(\frac{f}{7500}\right)^2$$

$$\Delta f = 25 + 75\left[1 + 1.4\left(\frac{f_c}{1000}\right)^2\right]^{0.69}$$

式中,f_c 为滤波器中心频率,实际上 ERB 变换等效于物理频率上的非均匀采样,并且通过逐步稀疏的采样密度同时抑制高频部分,以突出中低频部分,这一特征与耳蜗的感知特性是吻合的,适用于人类听觉频率选择特性的描述。

3. Gammatone 滤波器组

Gammatone 滤波器最初于 1972 年被提出,应用于对听觉模型的脉冲响应函数的描述[9]。Gammatone 滤波器在时域中具有时域响应模型,因此其传递函数可以通过傅里叶变换导出,Gammatone 函数的时域表达式 $g(t)$ 如下:

$$g(t) = at^{n-1}\exp[-2\pi b\mathrm{ERB}(f_c)t]\cos(2\pi f_c t + \phi)u(t)$$

式中,a 为滤波器增益;n 为滤波器的阶数,一般设置为 4;b 为滤波器衰减因子,通常为 1.019;f_c 为滤波器的中心频率;ϕ 为相位,因与频响无关可设为 0;$u(t)$ 为单位阶跃函数;$\mathrm{ERB}(f_c)$ 为等效矩形带宽,模拟耳蜗听力临界频带。图 E15.2 给出了中心频率为 1400Hz 的 4 阶 Gammatone 滤波器时域波形和幅频响应。

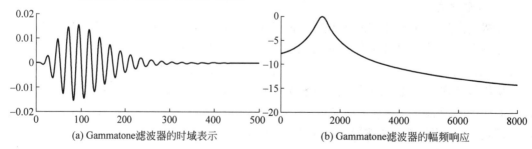

(a) Gammatone滤波器的时域表示   (b) Gammatone滤波器的幅频响应

图 E15.2 Gammatone 滤波器的时域表示和幅频响应

人耳耳蜗内相当于有 3500 个带通滤波器在工作，为避免计算成本过大，参考所研究的水下目标信号特征在频域上的分布，在此将 Gammatone 滤波器组的通道个数设置为 24，滤波器中心频率均匀分布在 50～5000Hz 范围内。本案例所使用的 Gammatone 滤波器组的详细中心频率设置如表 E15.1 所示。

表 E15.1　Gammatone 滤波器组的中心频率划分

滤波器通道	中心频率/Hz	滤波器通道数	中心频率/Hz	滤波器通道	中心频率/Hz
1	50.00	9	511.96	17	1739.29
2	86.22	10	608.20	18	1994.97
3	127.15	11	716.94	19	2283.86
4	173.40	12	839.80	20	2610.29
5	225.65	13	978.63	21	2979.12
6	284.70	14	1135.49	22	3395.87
7	351.41	15	1312.74	23	3866.76
8	426.79	16	1513.00	24	4398.82

确定了每一个 Gammatone 滤波器的中心频率，便可搭建 24 通道的 Gammatone 滤波器组，如图 E15.3 所示。

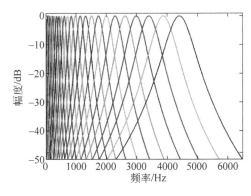

图 E15.3　24 通道 Gammatone 滤波器组的幅频响应

实验流程

基于 Gammatone 滤波倒谱系数的特征提取流程如图 E15.4 所示。

图 E15.4　GFCC 特征提取流程

(1) **预处理**。与 MFCC 特征提取方法中所采用的预处理相同，对原始信号加 Hamming 窗并分帧以减小截断效应。Hamming 窗表达式如下所示：

$$w(n) = 0.54 - 0.46\cos\left(\frac{2\pi n}{N-1}\right), \quad 0 \leqslant n \leqslant N-1$$

(2) **Gammatone 滤波**。使用 24 通道的 Gammatone 滤波器组对数据帧在时域做滤波处理。在每个通道对信号进行加权平方和处理，最终导出 24 维 Gammatone 滤波特征向

量 $s = [m_1, m_2, \cdots, m_{24}]^T$。

（3）**非线性压缩**。研究表明，声音感受细胞兴奋之后要激活听觉神经产生冲动才能最终产生听觉，而这一过程是非线性的。因此为了能够更好地模拟人耳对声音强度的非线性压缩功能，使用立方根操作对滤波器的输出进行非线性压缩。

（4）**离散余弦变换**。采用离散余弦变换（Discrete Cosine Transform，DCT）正交化非线性压缩得到的特征向量，同时去除第 0 阶系数，最终得到 Gammatone 滤波倒谱系数（GFCC）。

（5）**动态特征提取**。直接导出的 GFCC 特征向量仅仅描述了单个样本内的能量谱分布信息，为了表征水下目标的变化特性，同样需要引入动态特征以增强特征识别能力，一阶差分 GFCC 和二阶差分 GFCC 的定义为

$$\Delta C(n) = \frac{\sum_{w=1}^{W} w [C(n+w) - C(n-w)]}{2 \sum_{w=1}^{W} w^2}$$

$$\Delta \Delta C(n) = \frac{\sum_{w=1}^{W} w [\Delta C(n+w) - \Delta C(n-w)]}{2 \sum_{w=1}^{W} w^2}$$

$C(n)$ 表示静态准 GFCC 特征向量，窗长 $W=2$。最终所得到的 GFCC 特征向量分别由 12 维静态 GFCC、12 维一阶差分 GFCC 和 12 维二阶差分 GFCC 组合而成，总维数为 36。

由于提取过程中没有采用同态化操作，因此严格地说，提取出的 GFCC 特征并不能称之为倒谱系数。但研究表明 GFCC 特征的计算过程与传统倒谱系数特征的提取存在许多相似性和一致性，所以习惯上也把 GFCC 特征命名为倒谱系数[10]。虽然没有进行频谱分析，但从本质上来说，GFCC 特征向量同样表征了目标信号在频域上的能量分布。

代码实现与结果分析

在此给出提取水声目标 GFCC 特征的 MATLAB 源代码，其中 ERBFilterBank 和 MakeERBFilters 为自定义函数。

```
% 提取水声目标的 GFCC 特征
close all;
clear all;
clc;

load rawdata.mat                              % 载入数据(每行为一帧,最后列为标签)
N = 6;                                        % 共 6 类目标
label = rawdata(:, end);
for i = 1:N
    num(i) = length(find(label == i));        % 获取第 i 类的帧数
end
for i = 1:N
    data{i} = rawdata(1 + sum(num(1:i-1)):sum(num(1:i)),:);   % 取出 i 类的数据
end
for i = 1 : N                                 % 提取第 i 类
    X = data{i};
```

```matlab
% 求 Gammatone 滤波器频率响应
nwin = size(X,2);
bank = 24;
fs = 22050;
fcoefs = flipud(MakeERBFilters(fs, bank, 50));
adSumPower = zeros(bank, size(X, 1));
for Idx_frame = 1 : size(X, 1)
    GF = ERBFilterBank(X(Idx_frame, :) , fcoefs);
    ad_GF = GF.^2;
    adSumPower(:, Idx_frame) = sum(ad_GF, 2);
end
adSumPower = nthroot(adSumPower, 3);                    % 立方根操作
% 计算 GFCC
GFCC = zeros(bank, size(adSumPower, 2));                % 初始化 GFCC
for ii = 1 : size(adSumPower, 2)
    GFCC(:, ii) = dct(adSumPower(:, ii));               % 按照 DCT 定义计算出的 GFCC
end
GFCC = GFCC';
GFCC_static = GFCC(:, 2:13);
% 计算一阶动态系数
dtcc = zeros(size(GFCC));
for ii = 3 : size(GFCC, 2) - 2
    dtcc(:, ii) = (-2*GFCC(:,ii-2) - GFCC(:, ii-1) + GFCC(:, ii+1) + 2*GFCC(:, ii+2))./10;
end
dtcc(:, 23:24) = [];
dtcc(:, 1:2) = [];
% 计算二阶动态系数
accc = zeros(size(dtcc));
for ii = 3 : size(dtcc, 2) - 2
    accc(:, ii) = (-2*dtcc(:, ii-2) - dtcc(:, ii-1) + dtcc(:, ii+1) + 2*dtcc(:, ii+2))./10;
end
accc(:,19:20) = [];
accc(:,1:2) = [];
GFCC_std = [GFCC_static dtcc(:, 1:12) accc(:, 1:12)];   % 标准 GFCC
% GFCC 画图
figure
mesh(GFCC_std);
view(-19,46)
y = ylabel('帧数');
x = xlabel([ 'GFCC 阶数']);
zlabel(['幅值']);
set(x,'Rotation',9)
set(y,'Rotation',-58)
colormap jet
grid on
end
```

图 E15.5 所示为六类水声目标的 GFCC 特征,从六类目标最终提取的 GFCC 特征来看,同一类别目标下的数据均存在较为一致的 GFCC 分布,初步表现在图 E15.5(a)～(f)上的 GFCC 值随帧数变化较为稳定。然而不同类别目标之间则区别较大,表现在峰值范围差

异大,且在阶数上的分布有明显的差异(深度变化表示幅度差异)。

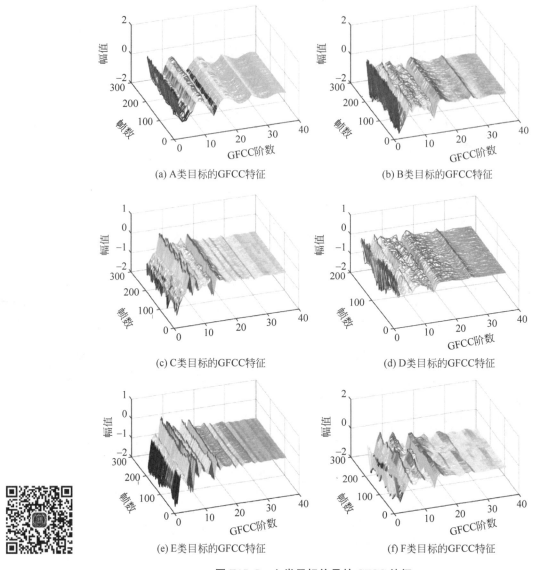

图 E15.5　六类目标信号的 GFCC 特征

因此,可以得出结论:GFCC 特征针对水下目标在类与类间的低频细节上具有较强的解析能力,有助于水下声学目标辐射噪声的识别。GFCC 可以视为信号在频谱上的分布特征,这类倒谱方法也为复杂条件下分析宽带信号提供了解决方案。

参考文献

[1] 韩云峰. 水声工程专业:探秘灵性的水之声[J]. 高考金刊:理科版,2014(6):44-44.
[2] Qi J, Wang D, Jiang Y, et, al. Auditory features based on Gammatone filters for robust speech recognition[A]. IEEE International Symposium on Circuits and Systems[C]. 2013:305-308.

[3] 吴姚振,杨益新,田丰,等. 基于 Gammatone 频率离散小波系数的水下目标鲁棒识别[J]. 西北工业大学学报,2014,32(6):906-911.
[4] 吴岳松. 基于听觉模型的水下目标识别研究[D]. 西北工业大学,2005.
[5] 王曙光,曾向阳,王征,等. 水下目标的 Gammatone 子带降噪和希尔伯特-黄变换特征提取[J]. 兵工学报,2015,36(9):1704-1709.
[6] Shao Y,Jin Z,Wang D L,et al. An auditory-based feature for robust speech recognition[A]. IEEE International Conference on Acoustics,Speech and Signal Processing[C]. 2009:4625-4628.
[7] 陈世雄,宫琴. 常见的听觉滤波器[J]. 北京生物医学工程,2008,27(1):94-99.
[8] Glasberg B R,Moore B C. Derivation of auditory filter shapes from notched-noise data[J]. Hearing research,1990,47(1):103-138.
[9] Johannesma P I. The pre-response stimulus ensemble of neurons in the cochlear nucleus[A]. Symposium on Hearing Theory[C]. Institute for Perception Research Eindhoven,Holland,1972:58-69.
[10] Zhao X,Wang D. Analyzing noise robustness of MFCC and GFCC features in speaker identification[A]. IEEE International Conference on Acoustics,Speech and Signal Processing[C]. 2013:7204-7208.

案例16

基于LOFAR谱的水声目标检测

实验背景

水下目标的检测识别在国防领域有着极高的重要性。水下航行器,其规律性的机械振动和周期性的螺旋桨工作均会产生频率相同或者相近的噪声,在频谱上表示为线谱,线谱在复杂的水下环境中具有相对稳定的特征,方便对其进行提取和辨识。频谱图上的线谱包含目标的大量信息,通过对螺旋桨转速、叶片数和特殊规律音频的分析,可以实现对水下目标的敌我识别和跟踪[1]。

基本原理

1. LOFAR 谱图

舰船的辐射噪声中既有机械噪声、螺旋桨噪声还有水动力噪声,既有宽带连续谱分量、较强的窄带线谱分量,又有明显的幅度调制成分[2,3]。其中窄带线谱中隐藏了目标种类、航行姿态等敏感信息[4]。舰船和鱼雷等水声目标的机械部件往复运动产生的线谱在 LOFAR (Low Frequency Analysis and Recording) 谱图中具有显著的特征,信号的窄带线谱在 LOFAR 谱图中表现为明显的亮线。线谱检测算法对于目标的检测、识别和跟踪都具有重要意义,对水下目标的检测可认为是对谱线的检测和参数估计问题[5,6]。

LOFAR 谱图是对被动声呐接收到的信号进行短时傅里叶变换得到功率谱图,反映信号在时、频两个维度上的性质。短时傅里叶变换是一种研究非平稳随机信号的时频分析方法。该变换算法将长时间信号分段为多个短时信号,并假设每个短时信号近似平稳,再利用傅里叶变换分别计算所有短时信号频谱,形成时间和频率二维谱图,最终得到 LOFAR 谱。

根据水下目标的声信号特征,将水声信号功率谱在时间、频率上投影,能将信号的主要特征直观的反映。在信噪比不佳的条件下,可从 LOFAR 谱中检测到水声目标的微弱噪声信息,并提取噪声信号形成的线谱分布特征参数。

LOFAR 谱的绘制过程如图 E16.1 所示。

图 E16.1　LOFAR 谱的绘制流程图

第一步，对原始信号 $x(t)$ 进行分帧处理，分成连续的 I 段，每段 L 个点，根据具体的情况来判断所分的数据段是否适当重叠（一般情况下不重叠）。

第二步，对信号 $x_i(n)$ 作短时傅里叶变换变换得到第 i 段信号的频谱，变换点数 L 等于帧长。

第三步，记 $X_i(k)$ 为第 i 帧信号短时频谱，求得其功率谱 $P_i(k)$ 并作归一化处理，以实现幅值分布在时间上均匀化。

第四步，将计算所得数据段 $\hat{P}_i(k)$ 以时间为顺序画出，可得到整段数据的 LOFAR 谱图。以 1000Hz 的单频信号为例，图 E16.2 给出了该信号的 LOFAR 谱图。

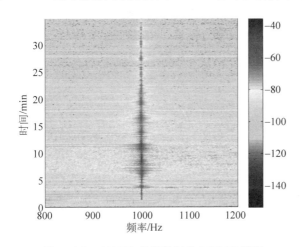

图 E16.2　1000Hz 单频信号的 LOFAR 谱图

得到完整段数据的 LOFAR 谱图后，就可以根据预先设置的阈值对其进行门限检测，做出目标存在与否的判决。

2. 检测性能评估

根据二元假设检测理论，可以用 0 假设表示"目标不存在"，1 假设表示"目标存在"，1|1 表示"目标存在，判断也是目标存在"，1|0 表示"目标不存在，判断却是目标存在"，0|0 表示"目标不存在，判断也是目标不存在"，0|1 表示"目标存在，判断却是目标不存在"。很显然，1|1 和 0|0 都是正确的判断，0|1 和 1|0 都是属于错误的判断，并且一般把 1|0 判断称为"虚警"，0|1 判断称为"漏报"。

对信号逐帧检测判决，那么总的检测概率 P_D 为

$$P_D = \frac{1|1 \text{判断的次数}}{1 \text{出现的次数}}$$

总的错误概率 P_e 为

$$P_e = \frac{1|0 \text{判断的次数} + 0|1 \text{判断的次数}}{\text{总的判决次数}}$$

源代码

本案例采用实测水声数据，信号源距离水听器 100m 处，声源信号为 123Hz 的连续单频信号，采样频率 8000Hz，持续时间约为 100s，在所采集的时间段内目标信号均存在。

水声目标检测 MATLAB 源代码如下。

```matlab
% 基于LOFAR谱的水声目标检测
clear;
clc;
close all;
% 载入待测数据,共计200帧,每帧长4096点,Fs = 8000Hz
load Data.mat;
threshold = 11;                                          % 设置门限阈值,单位dB

% 获取总帧数并分配帧序
frame_num = size(Data, 1);
frame_len = size(Data, 2);
frame = 1 : frame_num;

% 逐帧求LOFAR谱
for i = 1 : frame_num
    nfft = 2^nextpow2(frame_len);                        % fft点数
    ft = fft(Data(i, :), nfft);                          % 计算fft幅度谱
    f = Fs*(0 : 1/(nfft-1) : 0.5);                       % 求频率
    ft_normal = abs(ft./max(ft));                        % fft幅度谱归一化
    LOFAR(i, :) = ft_normal(1:nfft/2).*conj(1:nfft/2);   % 计算fft功率谱
    LOFAR(i, :) = 10.*log10(LOFAR(i, :));                % 得到LOFAR谱,单位dB
end
lofar = LOFAR(:, 62:616);        % 抽取第62~616条LOFAR谱值作分析,大致频率范围120~1200Hz

% 所抽取的LOFAR谱可视化
surf(f(62:616), frame, lofar, 'edgecolor', 'none')
xlabel('频率 / (Hz)');ylabel('帧数');zlabel('幅值');
title(strcat(' 待测信号LOFAR谱图'));
colormap jet;
view(0, 90);

%% 开始逐帧LOFAR谱检测
for i = 1:size(lofar, 1)
    if max(lofar(i, :)) > mean(lofar(i, :)) + threshold
                                 % 如果LOFAR最大值与均值之差大于阈值,判断为有目标
        target_has(1, i) = 1;            % 当前帧目标指示置1
        target_idx(1, i) = find(lofar(i, :) == max(lofar(i, :)));   % 求目标频率索引
        target_frq(1, i) = f(1, target_idx(1, i) + 61);
                       % 导出检测到的目标频率(LOFAR谱检测是从62开始,故此处需要加61)
    else
        target_has(1, i) = 0;
                   % 如果LOFAR最大值与均值之差小于阈值,判断为无目标,当前帧目标指示置0
    end
end
% 遍历所检测到的目标频率
for i = 1 : length(target_frq)
    if abs(target_frq(1, i) - 123) < 1
                   % 若所检测到的目标频率同真实频率之间的差值小于1Hz,则检测正确
        target_right(1, i) = 1;          % 检测正确指示置1
```

```
        else
            target_right(1, i) = 0;           % 否则检测错误,检测正确指示置 0
        end
    end
    % 统计检测率和错误率,频率逼近概率的思想
    DetectionRate = sum(target_has)/frame_num    % 检测率:1|1 的次数/总的判决次数
    FalseRate = (frame_num - sum(target_has))/frame_num
                                                  % 错误率:(0|1 的次数+1|0 的次数)/总的判决次数
```

结果分析

由于单频信号在水下传输过程中反射和叠加会出现倍频现象,得到待检测信号的 LOFAR 谱如图 E16.3 所示。

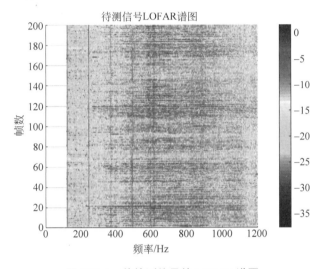

图 E16.3 待检测信号的 LOFAR 谱图

通过设置不同的阈值参数,得到一系列检测结果,如表 E16.1 所示。

表 E16.1 实验结果

阈值	6dB	7dB	8dB	9dB	10dB	11dB	12dB
检测概率	100.0%	99.00%	88.00%	63.00%	41.00%	20.50%	9.00%
错误概率	0.00%	1.00%	12.00%	37.00%	59.00%	79.50%	91.00%

从实验结果可以看出,当检测阈值为 6dB 时,检测概率达到 100%,但这并不意味着检测器性能优异,原因在于:水上试验时,声源开机时间比水听器开机时间长,那么真实情况全部为"目标存在",做出的一定是 1|1 或者 0|1 这两种判决,肯定无法做出 1|0 或 0|0 的判决。在这种场景下,只要门限足够低,那么检测概率一定会达到 100%。

水上试验的目的就在于检验和改进各种算法,因此在试验场景设置中还需要人为地让目标消失(声源关机),此时通过设置合理的门限阈值,统计 1|1,1|0,0|1 和 0|0 的出现次数,进而估计算法的检测概率和错误概率。

参考文献

[1] 方世良,杜栓平,罗昕炜,等. 水声目标特征分析与识别技术[J]. 中国科学院院刊,2019,34(3):297-305.

[2] 李亚安,冯西安,樊养余,等. 基于维谱的舰船辐射噪声低频线谱成分提取[J]. 兵工学报,2004,25(2):238-241.

[3] Gillespie D. Detection and classification of right whale calls using an'edge'detector operating on a smoothed spectrogram [J]. Can Acoust 2004;32:39-47.

[4] 刘伯胜,雷佳煜. 水声学原理[M].2版.哈尔滨:哈尔滨工程大学出版社,2009:264-267.

[5] 史广智,胡均川. 基于小波包和维谱的舰船辐射噪声频域特征提取及融合[J]. 声学技术,200423(1):4-7.

[6] 彭圆,申丽然,李雪耀,等. 基于双谱的水下目标辐射噪声的特征提取与分类研究[J]. 哈尔滨工程大学学报,2003,24(4):390-394.

案例 17

数字图像直方图均衡

实验背景

对图像的灰度直方图进行均衡处理,能够在整个灰度范围内对数字图像进行自动调整,改善视觉效果。尤其是当图像有用数据的对比度相当接近时,这个方法可有效增强图像局部的对比度而不影响整体的对比度,是一个非常典型而有效的图像处理方法。直方图均衡在医学图像增强、遥感图像处理等方面已经有广泛的应用,在著名的图像处理软件 Photoshop 和 ACDSee 中也有相应的功能。

实验原理

随机过程既可以是随时间变化的过程,也可以是随空间位置变化的过程。一副图像可以定义为一个二维函数 $g(x,y)$,函数值 g 表示在坐标 (x,y) 处该点图像的强度或灰度值,当 x,y 以及 g 的取值都是有限的离散数据时,该图像为数字图像。图像上某一点的灰度值可以看作一个随机变量,因此一副图像可以看作是随空间位置变化的随机序列。

所谓图像的灰度直方图,即反映一副图像中灰度值与出现这种灰度概率之间关系的图形。在此设变量 R 代表图像中像素的灰度级,R 的取值范围为 $[0, L-1]$,L 为总的灰度级数(设 L 为 256),具有 L 个灰度级的数字图像直方图是一个离散函数

$$h(r_k) = n_k, \quad k = 0, 1, \cdots, L-1$$

其中,r_k 是第 k 个灰度级,$r_k = 0$ 表示黑色,$r_k = 255$ 表示白色。n_k 表示图像中具有灰度级 r_k 的像素数目。对直方图归一化处理得到

$$f(r_k) = \frac{n_k}{N}, \quad k = 0, 1, \cdots, L-1$$

其中,N 表示该图像总的像素数目,$f(r_k)$ 是灰度级 r_k 出现的频率,即是对 r_k 出现概率的估计。

根据反函数法定理[1],若随机变量 X 具有连续分布函数 $F_X(x)$,而 r 是 $(0,1)$ 区间均匀分布的随机变量,则有

$$X = F_X^{-1}(r)$$

通过该定理可知:若要产生服从分布 $F_X(x)$ 的随机数,可先产生 $(0,1)$ 区间均匀分布的随机数 r,再通过逆映射 $F^{-1}(r)$ 得到随机数 x。反过来,随机数 x 经过映射 $F(x)$ 变换后也

可以得到均匀分布的随机数 r。这就是反函数法的正反两个过程,如图 E17.1 所示。

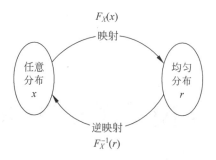

图 E17.1 反函数法的正反映射过程

由于数字图像的像素灰度值是离散值,因此需要用概率求和取代概率积分。同时,图像像素灰度值的概率分布函数是未知的,在本实验中用灰度出现的频率 $f(r_k)$ 代替它的概率。直方图均衡的具体变换如下式所示

$$s_k = T(r_k) = \sum_{j=0}^{k} f_R(r_j) = \sum_{j=0}^{k} \frac{n_j}{N}, \quad k = 0, 1, \cdots, L-1$$

通过上式的变换,原始像素 r_k 变成了 s_k,由于 S 服从均匀分布,因此该变换实现了数字图像的直方图均衡[2]。

源代码

```
% 数字图像直方图均衡程序
% 图像应该是灰度图,用 ACDSee 处理即可
clear;
clc;
x = imread('cameraman.tif');            % 图像尺寸为 hang * lie
y = double(x);                          % 从 unit8 转换为 double
size_pic = size(y);                     % 获取图像的长和宽
hang = size_pic(1);
lie = size_pic(2);

data_source = zeros(hang * lie,1);      % 初始化,没有这一行代码程序速度要慢很多
% 把矩阵转换为一列
for i = 1:hang
    for j = 1:lie
        data_source(j + (i-1) * lie) = y(i,j);
    end
end
% hist(data_source,256);

% 原始数据中每个灰度值的个数统计,找出每个灰度像素点的个数
% data_pixel(2)表示灰度为 1 的像素点个数
data_pixel = zeros(256,1);
for i = 1:256                           % 数组编号1~256,对应灰度是 0~255
    data_pixel(i) = length(find(data_source == (i-1)));
end

% 进行直方图均衡,即反函数定理的应用
```

```
data_pixel2 = zeros(256,1);
temp = 0;
for i = 1:256
    temp = temp + data_pixel(i);
    data_pixel2(i) = ceil((temp/hang/lie) * 255);     % 积分
end

% 进行逆映射,求出均衡后的数据
% 假如图像某个像素点的灰度为 2,就去 data_pixel2 中查找,看 data_pixel2(3)应该变为多少
data_proc = zeros(hang * lie,1);
for i = 1:hang * lie
    data_proc(i) = data_pixel2((data_source(i) + 1));
end

% 反过来把一列数据转换为矩阵,便于绘图
data_pic = uint8(zeros(size(y)));
for i = 1:hang
    for j = 1:lie
        data_pic(i,j) = uint8(data_proc(j + (i-1) * lie));
    end
end

% axis square;
% 绘图
figure;
imshow(x);
figure;
imshow(data_pic);

% 绘制直方图
figure;
hist(data_source,50);                      % 原始图像的直方图
figure;
hist(data_proc,50);                        % 均衡后图像的直方图
```

实验结果

在此仅给出 MATLAB 图像处理工具箱中"cameraman.tif"图像文件的实验结果,图 E17.2 给出均衡前后的图像,图 E17.3 比较均衡前后的灰度直方图。通过该实验结果,可以得到两个较为直观的认识:

(1) 均衡处理后,该男子大衣和草地的纹理较为清晰地显现了出来。实际上这些纹理特征本来就存在于图像中,只不过和相邻像素的灰度值过于接近而导致肉眼无法将其识别出来。

(2) 该图像背景本来是较为均匀和柔和的,均衡处理后似乎变得不美观了。实际上均衡处理后把天空中太阳光晕显现出来了,均衡后的图像虽然没有均衡前美观,但我们获得了更加丰富的图像信息。

注意事项

(1) 在实验中还需要注意图像灰度值的数据格式。

MATLAB 中 imread 函数读取出来的数据格式为 unit8,在程序中使用的数据类型一般

(a) 均衡前　　　　　　　　　　　　　　(b) 均衡后

图 E17.2　均衡前后的图像（cameraman.tif）

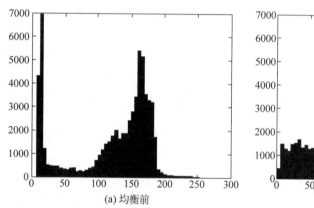 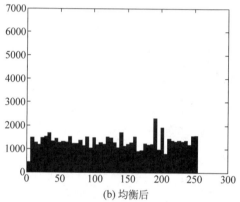

(a) 均衡前　　　　　　　　　　　　　　(b) 均衡后

图 E17.3　均衡前后的灰度直方图（cameraman.tif）

为 double，用 imshow 函数将均衡后的灰度值进行显示所需要的格式为 unit8，因此在数据读入、数据处理以及图像显示的操作中需要注意 uint8 和 double 这两种数据类型的转换。

（2）是不是直方图均衡处理后图像就一定会变"好看"？

一般会主观地认为均衡后图像效果肯定会变好，但是在实验后又会觉得均衡后图像好像"变丑"了。直方图均衡并不以图像保真为准则，其本质是有选择地增强图像中占有较多像素的灰度值，抑制占有较少像素的灰度值，通过减少灰度等级来换取对比度的加大。由于直方图均衡并不区分有用信号和噪声，因此均衡后并不意味着图像就会变清晰或者质量提高。

参考文献

[1] 罗鹏飞,张文明. 随机信号分析与处理.[M].2版. 北京：清华大学出版社，2016.
[2] 许可,罗鹏飞,万建伟. 基于 Matlab 的数字图像直方图均衡教学实验[J]. 电气电子教学学报，2014，36(1)：87-89.

案例 18

基于图像模式识别的多元假设检验

实验背景

在模式识别中,我们要在多类模式中确定是哪一种模式出现。例如,在计算机视觉的应用中,在记录的图像中确定目标的位置是很重要的。如果目标与背景灰度值不同,那么通过区分灰度就可以达到识别目标的目的。

但是在实际图像中,测量得到的像素点的灰度值会受外界光线、记录设备的朝向等不可控制的因素,以及图像自身固有的变化影响,因此我们把像素值看作一个随机矢量。我们考虑图 E18.1 的合成图像,它是由 4 个灰度的 64×64 像素构成的一幅图像,灰度分别为 0(白)、76(浅灰)、128(深灰)、255(黑)[1, 2]。

噪声图像如图 E18.2 所示,它是通过对每个像素值加上特定大小方差的高斯白噪声得到的。我们希望把图像中的每一个像素点分类成已知的 4 个灰级中的一个。也就是通过对含背景噪声的图像信号进行处理,得到原始像素的类别,实现图像恢复或增强的目的。

(a) $\sigma^2=10\times10$

(b) $\sigma^2=20\times20$

(c) $\sigma^2=30\times30$

图 E18.1 原始图像　　　　图 E18.2 加入噪声的图像

实验原理

可以把像素点灰度值看作一个随机变量 z,假设 $z \sim N(m_j, \sigma^2)$,判断不同的类归属就是通过它的均值 m_j 来区分的。假定观测空间中 M 个类的先验概率 $P(H_j)$ 相等,在先验概率相同的情况下,最大后验概率准则(MAP)等价于最大似然准则(ML),判决表达式为

$$f(z \mid H_j) = \frac{1}{(2\sigma^2)^{N/2}} \exp\left\{-\frac{1}{2\sigma^2} \| z - m_j \|^2\right\}$$

其中 $\| \cdot \|$ 表示范数,令 $D_j^2 = \| z - m_j \|^2$,可以将 D_j 看作随机变量 z 和第 j 类中心 m_j 的距离,此时的最佳分类器就等价于最小距离接收机[1,3]。

实验要求我们把图像中的所有像素点分类到已知的 4 种灰度等级中,也就是通过对含

背景噪声的图像信号进行处理,得到每个像素点灰度值的原始类别,实现图像恢复或增强的目的。实验的关键在于判断每个像素点本来的灰度值。合理的方法就是根据观测到的像素点与邻近像素的灰度值对这个像素点进行分类。通俗的解释就是当前点受到污染了,我们没有足够的信息来判断污染之前的状态,但是可以用某个像素点的"左邻右舍"对其进行估计。毕竟污染一片的可能性比污染一个点的"难度"要小许多,这其实就是典型的"加窗"处理的思想[4]。

设 $z(m,n)$ 表示图像中第 m 行、第 n 列的像素点灰度值,取一个 3×3 的窗口,则我们可以根据下面这个区域的样本对这个像素点进行分类判决。

$$z(m,n) = \begin{bmatrix} z(m-1,n-1) & z(m-1,n) & z(m-1,n+1) \\ z(m,n-1) & z(m,n) & z(m,n+1) \\ z(m+1,n-1) & z(m+1,n) & z(m+1,n+1) \end{bmatrix}$$

为了对像素点 $z(m,n)$ 进行分类判决,必须计算 $z(m,n)$ 与第 j 类中心 m_j 的距离。

$$D_j(m,n) = \sqrt{\sum_{a=m-1}^{m+1}\sum_{b=n-1}^{n+1}[z(a,b)-m_j]^2}$$

在计算出来的 4 个距离 $D_j(m,n)$ 中($j=0,1,2,3$),如果 $D_k(m,n)$ 最小就判断 $z(m,n)$ 属于第 k 类,然后我们就将第 k 类的灰度值赋给这个像素点,这就实现了像素点灰度值的恢复。以此类推,对所有像素点进行如此处理,就可以对整幅图像进行恢复。整个实验的流程图如图 E18.3 所示[4]。

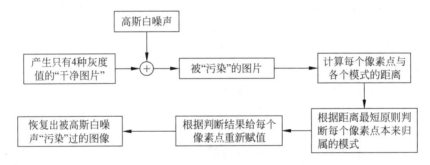

图 E18.3 图像模式识别流程图

源代码

首先给出图 E18.1 和图 E18.2 生成原始图像以及带噪声图像的 MATLAB 源代码。

```
% 生成图像 GenerPic.m
clear;
clc;
N = 128;                        % 图像大小 N * N
pic = zeros(N,N);
pic(1:N/2,1:N/2) = 255;          % RGB 255 黑色
pic(N/2:N,1:N/2) = 76;           % RGB 76 浅灰色
pic(1:N/2,N/2:N) = 128;          % RGB 128 深灰色
pic(N/2:N,N/2:N) = 0;            % RGB 0 白色
pic = uint8(pic);                % 将数据 double 转换为 uint8
imshow(pic);                     % 显示处理后的图片
figure;
```

```
var_noise = 10;                        %噪声方差
pic2 = AddWGN(pic,var_noise);
imshow(pic2);
```

给图像加高斯白噪声的 MATLAB 源代码。

```
% 加入高斯白噪声 AddWGN.m
function[NoisedData] = AddWGN(PurData,Error);
noise = randn(size(PurData));
noise = Error * noise;
noise = floor(noise);                  %取整
% noise = abs(noise);
NoisedData = double(PurData) + noise;  %把 PurData 数据从 uint8 类型转换为 double
NoisedData = abs(NoisedData);
NoisedData = uint8(NoisedData);
```

带噪声图像恢复的 MATLAB 源代码。

```
% 对加噪声图像进行恢复 main.m
clear;
clc;
pic = imread('sou.bmp');
Error = 15;                            %加入白噪声的方差
data = AddWGN(pic,Error);
N = 64;                                %图像大小

%窗口为 3×3
WindowSize = 3;                        %模板的大小
outdata3 = data;                       % pic 为原始图像,data 为加噪声图像,outdata 为识别后的图像
for i = ceil(WindowSize/2):N - ceil(WindowSize/2);       %50 * 50 的图像,图像的周边不作判断
    for j = ceil(WindowSize/2):N - ceil(WindowSize/2);
        distance1 = Distance(WindowSize,0,i,j,data);     %与 0 Pattern 的 F 范数距离
        distance2 = Distance(WindowSize,76,i,j,data);    %76 Pattern
        distance3 = Distance(WindowSize,128,i,j,data);   %128 Pattern
        distance4 = Distance(WindowSize,255,i,j,data);   %255 Pattern
        Dis = [distance1,distance2,distance3,distance4];
        MinDistance = min(Dis);
        if distance1 == MinDistance;
            outdata3(i,j) = 0;                           %分类决策
        elseif distance2 == MinDistance;
            outdata3(i,j) = 76;
        elseif distance3 == MinDistance;
            outdata3(i,j) = 128;
        else distance4 == MinDistance;
            outdata3(i,j) = 225;
        end;
    end;
end;

%窗口为 5×5
WindowSize = 5;                        %模板的大小
outdata5 = data;                       %pic 为原始图像,data 为加噪声图像,outdata 为识别后的图像
```

```matlab
    for i = ceil(WindowSize/2):N - ceil(WindowSize/2);      %50*50 的图像,图像的周边不作判断
        for j = ceil(WindowSize/2):N - ceil(WindowSize/2);
            distance1 = Distance(WindowSize,0,i,j,data);    %与 0 Pattern 的 F 范数距离
            distance2 = Distance(WindowSize,76,i,j,data);   %76 Pattern
            distance3 = Distance(WindowSize,128,i,j,data);  %128 Pattern
            distance4 = Distance(WindowSize,255,i,j,data);  %255 Pattern
            Dis = [distance1,distance2,distance3,distance4];
            MinDistance = min(Dis);
            if distance1 == MinDistance;
                outdata5(i,j) = 0;                          %分类决策
            elseif distance2 == MinDistance;
                outdata5(i,j) = 76;
            elseif distance3 == MinDistance;
                outdata5(i,j) = 128;
            else distance4 == MinDistance;
                outdata5(i,j) = 225;
            end;
        end;
end;

%窗口为 9×9
WindowSize = 9;                                             %模板的大小
outdata9 = data;                                            %pic 为原始图像,data 为加噪声图
                                                            %像,outdata 为识别后的图像
for i = ceil(WindowSize/2):N - ceil(WindowSize/2);          %50×50 的图像,图像的周边不作判断
    for j = ceil(WindowSize/2):N - ceil(WindowSize/2);
        distance1 = Distance(WindowSize,0,i,j,data);        %与 0 Pattern 的 F 范数距离
        distance2 = Distance(WindowSize,76,i,j,data);       %76 Pattern
        distance3 = Distance(WindowSize,128,i,j,data);      %128 Pattern
        distance4 = Distance(WindowSize,255,i,j,data);      %255 Pattern
        Dis = [distance1,distance2,distance3,distance4];
        MinDistance = min(Dis);
        if distance1 == MinDistance;
            outdata9(i,j) = 0;                              %分类决策
        elseif distance2 == MinDistance;
            outdata9(i,j) = 76;
        elseif distance3 == MinDistance;
            outdata9(i,j) = 128;
        else distance4 == MinDistance;
            outdata9(i,j) = 225;
        end;
    end;
end;

%画出处理前的图像
subplot(1,4,1);
imshow(uint8(data));xlabel('待恢复图像');
subplot(1,4,2);                                             %画出处理后的图像 3×3
imshow(uint8(outdata3));xlabel('窗口 3\times3');
subplot(1,4,3);                                             %画出处理后的图像 5×5
imshow(uint8(outdata5)); xlabel('窗口 5\times5');
subplot(1,4,4);                                             %画出处理后的图像 9×9
imshow(uint8(outdata9));xlabel('窗口 9\times9');
```

计算与各个类 F 范数的子函数 MATLAB 源代码。

```
% 计算 F 范数
% WindowSize 模板的大小
% Pattern 分类模式
% row,col 待分类数据数组中行列号
% PicData 待分类数据数组(加噪声的图像)
function[distance] = Distance(WindowSize,Pattern,row,col,PicData);
distance = 0;                              % 必须初始化
for i = -floor(WindowSize/2):floor(WindowSize/2);
    for j = -floor(WindowSize/2):floor(WindowSize/2);
        distance = distance + (PicData(row+i,col+j) - Pattern)^2;
    end;
end;
```

实验结果

图 E18.4 和图 E18.5 给出了不同大小噪声方差，以及不同尺寸窗口的图像恢复情况。由实验结果可以看出，窗口尺寸越大，分类效果越好，但此时不能处理的像素点就越多。当窗口从 3×3 增加到 5×5 时，恢复得到的原始图像更加准确、清晰(那是因为窗口越大，代表噪声需要同时污染的区域越大，当然可能性就越小)，但是同时边缘误差也随之增加。很显然，为了得到较好的噪声平滑效果，窗口需要大一点；但是，为了提取较好的边缘，窗口应该小一点。在实际中，我们应该在这两个矛盾的要求中进行折中。

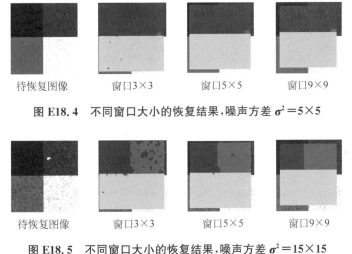

| 待恢复图像 | 窗口3×3 | 窗口5×5 | 窗口9×9 |

图 E18.4 不同窗口大小的恢复结果，噪声方差 $\sigma^2 = 5 \times 5$

| 待恢复图像 | 窗口3×3 | 窗口5×5 | 窗口9×9 |

图 E18.5 不同窗口大小的恢复结果，噪声方差 $\sigma^2 = 15 \times 15$

同时还可以看出，在两类模式的边界上进行判决的错误率很高。这是因为在加窗处理时，边界上像素点本来就不是一类的，用不同类的像素点组成的数据块来计算距离，就会有很大可能性出现误判的结果。但在实际情况中，我们并不知道类与类的边界到底在哪里，因此这种误判也是算法本身的局限导致的。

注意事项

(1) 灰度值的格式与计算距离时用的数据格式不同，灰度值的数据类型为 int8，而计算用的数据类型为 double，二者必须相互转换后才能处理。

(2) 为了保证待判决的像素点位于数据块的中心位置,窗口尺寸必须为奇数,而且整个图像边缘的像素点没有进行判决和赋值。以 3×3 窗口为例,程序只处理第 2~63 行,以及第 2~63 列的像素点。

参考文献

[1] 罗鹏飞,张文明. 随机信号分析与处理. [M]. 2 版. 北京:清华大学出版社,2016.

[2] Kay Steven M. 统计信号处理基础——估计与检测理论[M]. 罗鹏飞,张文明译. 北京:电子工业出版社,2006.

[3] 刘福声,罗鹏飞. 统计信号处理[M]. 长沙:国防科技大学出版社,1999.

[4] 许可,李敏,罗鹏飞. 基于图像模式识别的多元假设检验教学实验[J]. 电气电子教学学报,2008,30(5):51-53.

案例 19

汽车号牌自动识别

实验背景

随着国民经济的飞速发展,人民生活水平不断提高,我国的汽车保有量急剧提高,但交通拥挤、交通事故频发、车位紧张、停车难等现象成为"新常态"。为了更加准确、更加智能地管理交通秩序,各种车牌识别系统应运而生。汽车号牌自动识别的主要任务就是通过分析处理汽车图像,达到确认汽车号牌及身份的目的。

随着计算机视频处理、人工智能以及大数据分析等技术的发展,汽车号牌自动识别系统成为现代智能交通系统中的重要组成部分[1],已广泛应用于高速公路不停车收费、道路交通秩序监控、小区出入管理、停车场管理与收费等需要车牌认证的重要场合,这大大降低了人力成本,减少乃至杜绝了出错的可能,极大提高了交通运行效率。

实验原理

一个典型的汽车号牌自动识别系统,其基本处理流程如图 E19.1 所示[2,3],包括从一幅图像中提取车牌图像,对车牌进行定位和校正,对车牌字符进行分割,对单个字符进行识别,最终对整个车牌号码进行识别。

图 E19.1 车牌识别流程

车牌定位

车牌定位是整个车牌识别系统的首要步骤,就是把车牌图像从含有汽车和背景杂物的图像中提取出来,定位准确与否直接影响到后续的车牌分割和识别效果。

目前常用的车牌定位方法包括基于边缘特征的定位方法、基于形态学的定位方法、基于纹理特征的定位方法和基于颜色划分的定位方法等[2,4]。无论采用什么样的方法,这些方法都涉及车牌的纹理信息、图像灰度信息和几何形状信息等。

本案例采用的是基于边缘特征的车牌定位算法。该算法的主要思路为检测数字图像中有明显变化的边缘或者不连续区域,突出车牌轮廓和字符的边缘信息,充分利用车牌图像所具有的灰度信息完成定位。由于车牌号码、底色和车身的颜色差异较大,所以能够比较容易确定车牌区域的位置。在车牌定位方法中,基于边缘特征的定位方法时间复杂度低、效果好,是目前比较成熟的方法之一。

车牌校正

当汽车经过收费站、停车场时,可能会因为路面的坡度或汽车本身的拐弯,牌照没有正对着摄像机镜头,导致拍摄到的牌照图片存在一定程度的倾斜。任何方向的倾斜都会降低系统识别字符的准确率,所以在字符分割前必须对车牌进行倾斜校正,这样可以大大提高车牌识别的准确性。常见的车牌校正方法有 Hough 变换法、旋转投影法、最近邻聚类法等[4-6],本案例采用的是一种基于车牌投影的倾斜校正算法,也称作 Radon 变换法。

Radon 变换是一种重要的图像重建方法,不需要知道图像内部的细节,利用图像的摄像值就可以很好地反演出原图像[7]。用二维函数 $f(x,y)$ 表示车牌图像在点 (x,y) 处的像素值,车牌图像沿着某个方向上的投影就是在该方向上的积分,积分公式如下

$$R(\theta, x') = \int_{-\infty}^{\infty} f(x'\cos\theta - y'\sin\theta, x'\sin\theta - y'\cos\theta) \mathrm{d}y'$$

其中坐标变换公式为

$$\begin{cases} x' = x\cos\theta + y\sin\theta \\ y' = -x\sin\theta + y\cos\theta \end{cases}$$

Radon 变换检测的直线对应于 $R(\theta,x')$ 在坐标 (θ,x') 处的峰值,根据 θ 和 x' 的值确定一条直线。从积分公式可以看出 $R(\theta,x')$ 是 θ 的周期函数,周期为 π,因此在寻找直线时,可限制 θ 为 $0\sim\pi$。

字符分割前的预处理

由于受车牌图像背景复杂、光照不均、车牌模糊等因素的影响,会导致车牌定位的精确性不高。此外,受到定位算法性能的限制,定位后得到的车牌图像不一定能精确到车牌上的字符区域。在字符分割之前,还需要对车牌定位后得到的结果进行预处理,这些预处理一般包括图像二值化操作、去噪声处理、去除边框操作等[3,8]。

二值化操作,即将彩色图像转换为黑白图像,黑色像素点灰度级为 0,白色像素点灰度级为 255。二值化操作会使得整个图像的灰度对比大,目标轮廓醒目,便于后续处理。

由于摄像头传感器的非理想特性,获取的车牌图像会带有一定的残留噪声,同时二值化处理也会引入随机噪声。为了提高后续处理的性能,还需要对图像噪声进行预处理,常用的方法包括均值滤波、中值滤波和形态学滤波等。

对车牌区域图像进行二值化操作和滤波处理之后,得到的结果仍然会包含车牌边框,这也会干扰字符的正确分割。因此,还需要进一步对车牌进行精确划分,得到车牌区域的上下左右边框的精确位置,并去除车牌的上下左右边框。进行垂直方向的投影,就可以得到车牌上下边框的准确位置;进行水平方向的投影,就可以得到车牌左右边框的准确位置。

车牌字符分割

为了最终识别车牌号码,还需要将字符从整个车牌图像中分割出来。常用的车牌字符分割方法包括模板匹配法、聚类分析法、投影法等[2]。本案例采用基于垂直投影的方法,即用一条垂直线自左向右扫描车牌图像,根据该垂直线在扫描过程中是否遇到白像素点来决定这一位置是否有字符,图 E19.2 就是对某车牌(测试集图像文件 1.jpg)图像垂直投影后的结果。

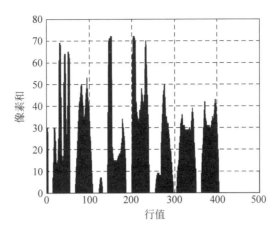

图 E19.2　垂直投影后的像素点统计

从图 E19.2 可以看出,字符与字符之间存在着明显的局部极小值,这些字符之间的间隙也就是字符之间的分界线,这样就通过垂直投影实现了对车牌字符的分割。

但由于车牌的特点以及车牌图像本身的噪声会导致车牌字符分割并不理想,主要原因在于:①对于车牌中的部分汉字字符,字符内部本身就存在小的间隔,如果只进行简单的垂直投影分割,就有可能将其分成几个字符,例如"川""渝"等。②部分车牌由于污损、车主私自加装车牌框,以及图像本身存在噪声,导致字符之间存在粘连的情况。

为了更好地把车牌上的字符分割开来,可以尝试结合待分割车牌的实际构造特点,如车牌字符的宽度、数量、字符排列规律等,有兴趣的读者可以参考有关文献[9]。

车牌字符识别

字符识别是整个车牌自动识别系统的核心模块。常用的车牌字符识别方法包括基于模板匹配的方法、基于神经网络的方法、基于特征统计的方法[1-4, 10],本案例采用基于神经网络的字符识别算法。神经网络的方法可处理环境信息复杂、背景知识不清楚、推理规则不明确等问题,允许样本有较大的缺损和畸变,这些特点正是识别存在较大噪声干扰的车牌字符所需要的。

我们设计了一个单隐含层的三层结构的 BP(Back propagation)神经网络进行字符识别。对单个字符图像利用全像素法提取 800 维的特征向量,因此,BP 神经网络的输入层有 800 个节点。

BP 神经网络的输出端有 65 个节点。这是因为我国现行车牌一般由汉字、阿拉伯数字和英文字母组成。汉字有 31 个,表示的是各个省份的简称(不包括港澳台地区),阿拉伯数字 0~9 共 10 个,英文字母共 24 个(不包括字母 I 和 O,因为字母 I 和数字 1 相似,字母 O 和数字 0 相似),因此,总共需要识别出的字符共 65 种。

本案例调用 BP.m 文件来建立和训练神经网络。实验中隐含层神经元个数确定为 34 个,利用近 400 个训练样本对 BP 神经网络进行训练,最大训练步数为 5000 步,误差设定为 10^{-10}。图 E19.3 为调用 MATLAB 神经网络工具箱后的训练结果。

训练得到的神经网络数据保存为 net.mat 文件,在车牌识别主程序 main.m 中直接调用该文件数据。把训练和识别分成两个部分,不仅可以提高系统运行效率,更有利于后续的改进和提高。

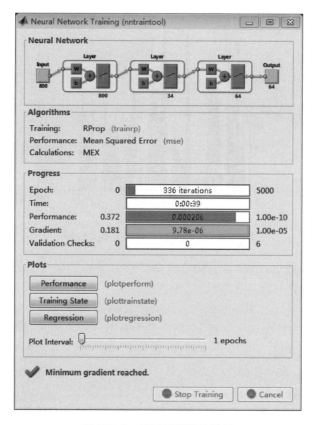

图 E19.3　神经网络训练结果

源代码

```
% 汽车号牌自动识别
clear;
clc;
% step 1 图像输入
I = imread('./test/12.jpg');
% step 2 车牌区域定位
[I1, judge1] = licenceCut(I);
if judge1 == 1                    % judge1 = 1 定位成功
    % step 3 车牌校正
    I2 = vcorrection(I1);         % 水平校正与水平切割
    I3 = vcut(I2);
    I4 = hcorrection(I3);         % 垂直校正与垂直切割
    I5 = hcut(I4);
    imwrite(I5,'cut_correction.jpg');
    figure;
    imshow(I5);
    title('校正后车牌图像');
    % step 4 字符切割
    I6 = characterCut(I5);
    [feature,word1,word2,word3,word4,word5,word6,word7,judge2] = getword(I6);
    if judge2 == 1                % judge2 = 1 分割成功
```

```
            load('-mat','net');
            %step 5 字符识别,利用神经网络
            s = recognize(feature,net);
        else
            disp('分割失败');                % judge2 = 0 分割失败
        end
    else
        disp('定位失败');                    % judge1 = 0 定位失败
    end
end
```

实验结果

运行源代码,将图像输入更改为任意车辆图像。图 E19.4(a)表示汽车原始图像,图 E19.4(b)表示对汽车号牌进行定位和校正后的结果,图 E19.4(c)表示该系统的识别结果。从运行结果可以看出,本案例的系统对该车牌进行了成功识别。

(a) 原始图像　　　　　　　　(b) 车牌定位/校正结果

(c) 识别结果

图 E19.4　对车牌"湘 A·Z3Q99"的识别处理结果(识别成功)

图 E19.5 给出的也是一个成功识别汽车号牌的例子。

图 E19.5　对车牌"川 A·KS067"的识别处理结果(识别成功)

在此给出系统对车牌识别失败的两个例子。从图 E19.6 所示的结果可以看出,本案例设计的系统对该车牌没有进行正确的识别,把汉字"鲁"误识别为了"粤"。

(a) 原始图像　　　　　　　　(b) 车牌定位/校正结果

(c) 识别结果

图 E19.6　对车牌"鲁 H·C9669"的识别处理结果(识别失败)

再给出一个系统对车牌识别失败的例子,如图 E19.7 所示,系统对该车牌也没能进行正确的识别,把英文字母"U"误识别为了数字"0"。

(a) 原始图像　　　　　　　　(b) 车牌定位/校正结果

(c) 识别结果

图 E19.7　对车牌"桂 U·K6239"的识别处理结果(识别失败)

为了验证车牌识别系统的性能,我们对测试样本库中的 40 幅车牌图像进行了识别试验,测试结果如表 E19.1 所示。

表 E19.1　车牌识别结果

测试样本	定位正确	分割正确	车牌识别	车牌识别率	字符识别	字符识别率
40	38	34	20	50%	217	77.5%

对一个车牌进行正确识别,需要对车牌中 7 个字符都正确识别。对其中一个字符误识别,都会导致对整个车牌的误识别(如图 E19.6 和图 E19.7 的识别结果),因此本系统的车牌识别率仅为 50%,而字符识别率为 77.5%。

除了对车牌字符的误识别外,本系统也不能全部正确定位或正确分割含有车牌背景的图像,本系统对车牌定位正确率为 95%,分割正确率为 85%。

本系统的车牌识别率仅为 50%,如果从实用的角度而言,这肯定不是一个合格的系统,实用化的车牌识别系统准确率应该到达 99% 以上。但"麻雀虽小,五脏俱全",本案例给出的是一个典型的、完整的车牌自动识别系统,实用化的系统运行流程与本案例介绍的基本一致,仅在训练库的规模大小、算法(定位、分割、识别)的优劣上有区别而已。

通过实验,发现本系统对于背景较为简单的车牌图像有着较好的识别效果,但是对于背景较为复杂的情况,识别率就会比较低,原因主要在于:

(1) 训练样本太少,这是系统识别率低的最主要原因。汽车号牌有 65 种待识别的字符,但训练库中一共只有 388 个训练样本,平均每个字符对应的训练样本不足 6 个。其中阿拉伯数字的训练样本有 215 个,平均每个汉字/字母对应的训练样本仅为 3.15 个。

(2) 图像背景较为复杂。用于测试的车牌图像并不是同一个设备拍摄的,有的是用手机拍摄的,有的是用相机拍摄的,还有从网上下载的。这些图片中车牌区域的边缘特征不明显,车牌与车身的位置关系和比例关系不固定,这些因素都会对车牌定位造成不良影响。

(3) 车主私自加装的车牌框也对车牌定位产生了影响。这些多出来的边框,和车牌本身的边框紧密相连,甚至还遮挡了部分车牌,给边框切割造成了一定的阻碍,从而影响了字符分割。

改进措施

针对这些实际问题,可以从以下几个方面对汽车号牌自动识别系统进行改进。

(1) 提高神经网络的训练质量。可以从两方面进行提高:一方面增大训练样本库规模,但这需要进行大量的图像收集和处理工作;另一方面就是采用现成的网络训练结果(如现成的 net.mat 文件),这需要购买或授权使用一些商用产品。

(2) 提高车牌图像拍摄质量。可以采用一些诱导的手段拍摄高质量的车牌背景图像。如停车场摄像头拍摄车牌图像时,需要汽车摆正并靠近一定的距离才进行拍摄和识别,这样就会保证车牌与汽车位置关系和比例关系相对固定,此时得到的图像背景也会相对简单一些,不会出现其他车辆或者杂物。此外,还可以在摄像头上加装照明装置来对拍摄进行补光操作,这样做的目的也同样是为了得到高质量的车牌背景图像,为后续的定位、分割、识别流程提供帮助。

(3) 禁止私自加装车牌框,禁止遮挡号牌。在汽车年检时,交管部门一般都会强制要求去除车牌框,同时严厉打击故意遮挡、修改汽车号牌的行为,这样做也可以提高车牌自动识别系统的性能。

(4) 充分利用车牌字符的先验信息。本案例设计的系统对车牌上待识别的 7 个字符"一视同仁",也就是说每个字符都是在这 65 种训练样本里面进行分类判别,但其实车牌本身的先验信息可以给分类提供辅助。例如第一个车牌字符是省份的缩写,一定是汉字字符,那么第一个字符的训练库规模只需要 31 个即可;第二个车牌字符是英文大写字母,那么第二个字符的训练库规模只需要 24 个即可;后面的 5 个字符是数字和英文大写字母的混合,训练库规模 34 个即可。这种改进,就把 7 个"65 选 1"的判决,拆分成了 1 个"31 选 1",1 个"24 选 1",以及 5 个"34 选 1"的判决,这样在不增加系统复杂度的前提下就可以大幅提高判决准确率。

(5) 充分利用车牌尺寸信息[9]。一般来说,标准的车辆牌照(军车、警车、教练车、领事馆车除外)上有 7 个字符(不包括小圆点),首位为省名缩写(汉字),次位为英文字母,末五位为英文大写字母或阿拉伯数字,字符总长度为 409mm,单个字符宽度为 45mm,高 90mm,第二个和第三个字符间隔为 34mm，其余字符间隔为 12mm。充分利用这些先验知识，也可以提供系统对字符分割的准确率。

参考文献

[1] 杨大力. 基于神经网络的车牌汉字识别方法[J]. 中国人民公安大学学报（自然科学版）. 2009(3)：56-58.

[2] 康健新. 基于图像的车牌识别系统的设计和实现[D]. 吉林：吉林大学，2014.

[3] 魏承文. 汽车牌照识别技术的研究[D]. 广州：华南理工大学，2014.

[4] 张超平. 汽车牌照识别技术研究[D]. 武汉：武汉理工大学，2010.

[5] 赵麒瑞. 基于手持终端的车牌号码识别系统[D]. 长沙：国防科技大学，2017.

[6] 周科伟. Matlab 环境下基于神经网络的车牌识别[D]. 西安：西安电子科技大学，2009.

[7] 张岩. MATLAB 图像处理超级学习手册[M]. 北京：人民邮电出版社，2017.

[8] 王璐. 基于 MATLAB 的车牌识别系统研究[D]. 上海：上海交通大学，2009.

[9] 高勇. 车牌识别系统中的字符分割与识别[D]. 合肥：安徽大学，2007.

[10] 高鹏毅. BP 神经网络分类器优化技术研究[D]. 武汉：华中科技大学，2012.

案例20

手写数字的智能识别

应用背景

手写数字识别是利用机器或计算机自动辨认手写体阿拉伯数字的一种技术,是光学字符识别技术的一个分支[1]。该技术可以应用于邮政编码、财务报表、税务系统数据统计、银行票据等手写数据的自动识别录入。由于不同的人所写的字迹都不相同,对大量的手写体数字实现完全正确地识别不是一件简单的事情。随着全球信息化的飞速发展和对自动化程度要求的不断提高,手写数字识别的应用需求急迫[2],因此,研究一种准确又高效的识别方法有着重要的意义。

传统的识别方法如最近邻算法[3]、支持向量机[4]、神经网络[5-7]等,对复杂分类问题的数学函数表示能力以及网络的泛化能力有限,往往不能达到高识别精度的要求。随着科技的发展和科学研究的不断深入,卷积神经网络[8-10](Convolutional Neural Networks,CNN)的出现为解决这个问题提供了可能。它由纽约大学的Yann LeCun教授[11]于1989年提出,是一种专门为处理高维网格型数据而设计的神经网络。卷积神经网络最擅长处理图像数据,例如用二维矩阵表示的灰度图像,用三维数组(长、宽、RGB通道)表示的彩色图像等。在2012年ILSVRC(ImageNet Large Scale Visual Recognition Challenge)图像识别竞赛中,Alex Krizhevsky基于卷积神经网络设计的分类模型AlexNet大放异彩,以压倒性优势赢得了当年的冠军,体现了CNN在图像识别问题上的强大能力。

实验要求

本实验将基于卷积神经网络对手写数字进行识别,所采用的手写数字数据集为MNIST(Mixed National Institute of Standards and Technology)。MNIST数据集由125位美国高中学生和125位美国人口普查局的工作人员的手写数字构成。整个MINST数据被划分为训练集和测试集,其中训练集60000例,测试集10000例。

在其官网(http://yann.lecun.com/exdb/mnist/)中有如表E20.1所示的4个文件可供下载,分别为训练集、训练集标签、测试集和测试集标签。其中标签文件对应于数据集中每一例表示的具体内容。图E20.1中的2、7、3、9即为MNIST数据集中包含的样本。

图 E20.1　待识别的手写数字

表 E20.1　MNIST 数据集所含文件清单

文　件	文　件　名	样 本 数
训练集	train-images-idx3-ubyte.gz	60000
训练集标签	train-labels-idx1-ubyte.gz	60000
测试集	t10k-images-idx3-ubyte.gz	10000
测试集标签	t10k-labels-idx1-ubyte.gz	10000

CNN 的基本结构和工作原理

CNN 是一个多层的神经网络,由多个卷积层、池化层交替组成,并在后端接入几个全连接层,一个简单的 CNN 结构如图 E20.2 所示。

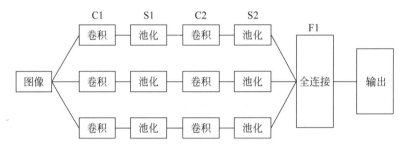

图 E20.2　CNN 结构示意图

C 标识的为卷积层,也称为特征提取层,每个神经元的输入与前一层的局部感受野(Local Receptive Fields)相连,并提取该局部的特征。C 层中有多个不同的二维特征图,一个特征图提取的是一种特征,这表示提取多种不同的特征。在提取特征时,同一特征图使用相同的卷积核,不同特征图使用不同的卷积核。C 层将不同的局部特征保存下来,使得提取出的特征具有旋转、平移不变性。

S 标识的层是池化层,也称为特征映射层,它负责将 C 层获得的特征进行池化,使提取的特征具有缩放不变性。S 层只是做简单的缩放映射,需要训练的神经元权值相对较小,计算也比较简单。在 CNN 的末端一般接上几个由 F 标识的全连接层,最终输出节点个数就是分类目标数。

卷积神经网络的输入通常为原始图像 $\boldsymbol{X}$。本文用 $\boldsymbol{H}_i$ 表示卷积神经网络第 i 层的特征图($\boldsymbol{H}_0 = \boldsymbol{X}$)。假设 $\boldsymbol{H}_i$ 是卷积层,$\boldsymbol{H}_i$ 的产生过程可以描述为

$$\boldsymbol{H}_i = f(\boldsymbol{H}_{i-1} \otimes \boldsymbol{W}_i + \boldsymbol{b}_i)$$

其中,$\boldsymbol{W}_i$ 表示第 i 层卷积核的权值向量,运算符号 $\otimes$ 代表卷积核与第 $i-1$ 层图像或特征图进行卷积操作,卷积的输出与第 i 层的偏移向量 $\boldsymbol{b}_i$ 相加,最终通过非线性的激励函数 $f(\cdot)$ 得到第 i 层的特征图 $\boldsymbol{H}_i$。

池化层通常跟随在卷积层之后,依据一定的池化规则对特征图进行池化。池化层的功能主要有两点:①对特征图进行降维;②在一定程度上保持特征的缩放不变特性。假设 $\boldsymbol{H}_i$ 是池化层

$$\boldsymbol{H}_i = \text{Pooling}(\boldsymbol{H}_{i-1})$$

经过多个卷积层和池化层的交替传递,卷积神经网络依靠全连接层对提取的特征进行分类,得到基于输入的概率分布 $\hat{\boldsymbol{Y}}(i) = P(L = l_i | \boldsymbol{H}_0; (\boldsymbol{W}, \boldsymbol{b}))$,其中 l_i 表示第 i 个标签类别。卷积神经网络本质上是使原始矩阵 $\boldsymbol{H}_0$ 经过多个层次的数据变换或降维,映射到一个新的

特征表达$\hat{\boldsymbol{Y}}$的数学模型。

卷积神经网络的训练目标是最小化网络的损失函数 $L(\boldsymbol{W},\boldsymbol{b})$。常见的损失函数有均方误差(Mean Squared Error,MSE)函数、交叉熵损失(Cross Entropy Cost,CEC)函数等

$$\mathrm{MSE}(\boldsymbol{W},\boldsymbol{b}) = \frac{1}{|\boldsymbol{H}_0|}\sum_{\boldsymbol{H}_0}\sum_{i=1}^{|\boldsymbol{Y}|}[\boldsymbol{Y}(i)-\hat{\boldsymbol{Y}}(i)]^2$$

$$\mathrm{CEC}(\boldsymbol{W},\boldsymbol{b}) = -\frac{1}{|\boldsymbol{H}_0|}\sum_{\boldsymbol{H}_0}\sum_{i=1}^{|\boldsymbol{Y}|}\boldsymbol{Y}(i)\log\hat{\boldsymbol{Y}}(i)$$

训练过程中,卷积神经网络常用的优化方法是梯度下降方法。残差通过梯度下降进行反向传播,逐层更新卷积神经网络各层的可训练参数 $\boldsymbol{W}$ 和 $\boldsymbol{b}$。学习速率参数 η 用于控制残差反向传播的强度。

$$\boldsymbol{W}_i = \boldsymbol{W}_i - \eta\frac{\partial E(\boldsymbol{W},\boldsymbol{b})}{\partial \boldsymbol{W}_i}$$

$$\boldsymbol{b}_i = \boldsymbol{b}_i - \eta\frac{\partial E(\boldsymbol{W},\boldsymbol{b})}{\partial \boldsymbol{b}_i}$$

卷积操作的直观理解

本质上来说,每张图像都可以表示为像素值的矩阵。考虑如图 E20.3 所示的一个 5×5 的图像 $\boldsymbol{A}$,它的像素值仅为 0 或 1(注意对于灰度图像而言,像素值的范围是 0～255,下面像素值为 0 和 1 的图像仅为特例)。

同时,考虑另一个 3×3 的矩阵 $\boldsymbol{B}$,如图 E20.4 所示。

1	1	1	0	0
0	1	1	1	0
0	0	1	1	1
0	0	1	1	0
0	1	1	0	0

图 E20.3　图像 *A*

1	0	1
0	1	0
1	0	1

图 E20.4　矩阵 *B*

接下来,图像 $\boldsymbol{A}$ 和矩阵 $\boldsymbol{B}$ 的卷积如按图 E20.5 所示。我们用矩阵 $\boldsymbol{B}$ 在图像 $\boldsymbol{A}$ 上滑动,每次滑动一个像素,也叫做"步长"。在每个位置上,我们计算对应元素的乘积(两个矩阵间),并把乘积的和作为最后的结果,得到输出矩阵 $\boldsymbol{C}$ 中的每一个元素的值。

1	1	1	0	0
0	1	1	1	0
0	0	1	1	1
0	0	1	1	0
0	1	1	0	0

A

*

1	0	1
0	1	0
1	0	1

B

=

4	3	4
2	4	3
2	3	4

C

图 E20.5　二维卷积操作示意图

在 CNN 的术语中,3×3 的矩阵 B 叫做"滤波器"(filter)或者"核"(kernel)或者"特征检测器"(feature detector),通过在图像 A 上滑动滤波器并计算点乘得到矩阵 C 叫做"卷积特征"(Convolved Feature)或者"激活图"(Activation Map)或者"特征图"(Feature Map)。

在实践中,CNN 会在训练过程中学习到这些滤波器的值(尽管我们依然需要在训练前指定滤波器的个数、滤波器的大小、网络架构等参数)。我们使用的滤波器越多,提取到的图像特征就越多,网络所能在未知图像上识别的效果也就越好。

池化操作的直观理解

池化操作降低了各个特征图的维度,但仍然可以保持大部分重要的信息。空间池化有下面几种方式:最大化、平均化、加和等。对于最大池化(Max Pooling),我们定义一个空间邻域(如 2×2 的窗口),并从窗口内的修正特征图中取出最大的元素。除了取最大元素,也可以取平均(Average Pooling)或者对窗口内的元素求和。在实际中,最大池化被证明效果更好一些。图 E20.6 展示了使用 2×2 窗口在特征图 D 使用最大池化的例子。

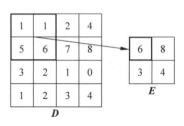

图 E20.6　池化操作示意图

池化操作最直接的作用是引入了不变性,如图 E20.6 的最大池化,因为取一片区域的最大值,所以这个最大值无论在该区域内的任何位置,最大池化之后都是它,所以在池化区域大小内的任何位移都不会对结果产生影响,相当于对微小位移的不变性。

工具箱及源代码

DeepLearnToolbox 是一个深度学习的 MATLAB/Octave 工具箱,包括深层信念网络、叠式自编码器、卷积神经网络、卷积自编码器和 vanilla 神经网络,下载地址为 https://github.com/rasmusbergpalm/DeepLearnToolbox。CNN 文件夹中主要包含的函数如表 E20.2 所示。

表 E20.2　DeepLearnToolbox 工具箱主要函数

函　　数	功　　能
cnnsetup.m	建立卷积神经网络的函数
cnntrain.m	使用训练样本对卷积神经网络进行训练的函数
cnntest.m	使用测试样本对卷积神经网络进行测试的函数
cnnff.m	卷积神经网络的前向计算过程
cnnbp.m	计算目标函数值,以及目标函数对权值和偏置的偏导数
cnnapplygrads.m	更新网络的权值和偏置

下面将利用 DeepLearnToolbox 工具箱搭建一个简易的卷积神经网络,以实现对手写数字的识别。对于如何使用 DeepLearnToolbox 工具箱以及如何加深对卷积神经网络基本原理的理解,读者可以查阅相关文献来搭建更为复杂的卷积神经网络结构以提升识别准确度。

实验主要分为三步。第一步,搭建网络:根据 MNIST 数据集的特点,设计网络深度,以及各层的功能。第二步,训练网络:通过反向传播算法调节网络的权值与偏置。第三步,测试网络:利用测试集测试网络的识别性能。实验流程如图 E20.7 所示。

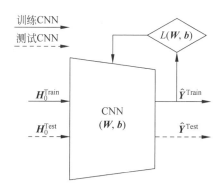

图 E20.7　CNN 训练过程示意图

下面给出基于卷积神经网络的手写数字识别 MATLAB 源程序。

```
clear;
clc;
close all;
% 导入数据集
load mnist_uint8;
% 数据预处理
train_x = double(reshape(train_x',28,28,60000))/255;
test_x = double(reshape(test_x',28,28,10000))/255;
train_y = double(train_y');
test_y = double(test_y');
rand('state',0)
% 第一步:搭建 CNN(网络结构为 6C-2S-12C-2S)
cnn.layers = {
    struct('type', 'i')                              % 输入层
    struct('type', 'c', 'outputmaps', 6, 'kernelsize', 5)
                                                     % 卷积层,输出 6 个特征图,卷积核大小为 5×5
    struct('type', 's', 'scale', 2)                  % 下采样层,滑动窗口大小为 2×2
    struct('type', 'c', 'outputmaps', 12, 'kernelsize', 5)
                                                     % 卷积层,输出 12 个特征图,卷积核大小为 5×5
    struct('type', 's', 'scale', 2)                  % 下采样层滑动窗口大小为 2×2
};
opts.alpha = 3;                                      % 学习率
opts.batchsize = 100;                                % 每次参数调优所用的样本数
opts.numepochs = 10;                                 % 训练次数
cnn = cnnsetup(cnn, train_x, train_y);               % 把 cnn 的结构设置给 cnnsetup,它会据此构建一个
                                                     %   完整的 CNN 网络
% 第二步:用训练样本训练 CNN
cnn = cnntrain(cnn, train_x, train_y, opts);
% 第三步:用测试样本测试 CNN
[er, bad] = cnntest(cnn, test_x, test_y);
figure;
plot(cnn.rL);                                        % 作图,画出训练曲线
disp([num2str(er * 100) '%']);
```

实验结果及分析

整个实验中 opts.alpha、opts.batchsize、opts.numepochs 等参数的设定极为重要。以学习率 opts.alpha 为例,图 E20.8 分别考察了其在 1、3、5 取值时的训练曲线,对应的测试集识别错误率如表 E20.3 所示。

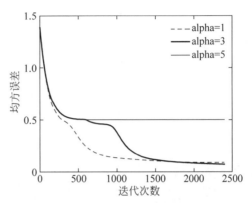

图 E20.8　不同学习率下的训练曲线

表 E20.3　识别错误率

学 习 率	测试集识别错误率
1	4.56%
3	2.66%
5	90.18%

实验结果表明,学习率决定了网络的收敛速度,学习率设置得太小会使得收敛速度太慢,学习率设置得太大会造成网络不收敛(如设定学习率 alpha=5),所以设置合适的学习率对于网络训练的时效性极为重要。

读者还可以尝试调节 opts.batchsize、opts.numepochs 等参数,以及每个卷积层的卷积面个数、卷积核大小和滑动窗口大小等,尝试卷积神经网络在不同参数情况和不同网络结构情况下的识别性能有何变化。对于学有余力的读者,建议使用 Caffe、TensorFlow、Keras 等深度学习平台,它们相比于 DeepLearnToolbox 更为便捷高效,训练速度会有较大幅度的提升。

从整个实验过程来看,基于卷积神经网络的手写数字识别相比于传统的手写数字识别方案,省去了人工提取特征的环节,真正实现了特征的自动提取,不仅节省了人工特征提取所需的大量人力物力,也在一定程度上保障了自动提取特征的完备性,有助于手写识别性能的进一步提升。

基于卷积神经网络的手写数字识别要取得良好的效果,往往需要大量的训练样本,但在实际分类问题中,难以获取到大量的样本,在样本数量有限的情况下,如何提高网络的识别性能还有待进一步研究。

参考文献

[1] 关保林,巴力登.基于改进遗传算法的 BP 神经网络手写数字识别[J].化工自动化及仪表,2013,40(6):774-778.

[2] 马宁,廖慧惠. 基于量子门神经网络的手写体数字识别[J]. 吉林工程技术师范学院学报,2012,28(4):71-73.
[3] BABU U R, CHINTHA A K, VENKATESWARLU Y. Handwritten digit recognition using structural, statistical features and k-nearest neighbor classifier[J]. International Journal of Information Engineering & Electronic Business,2014,6(1):62-68.
[4] GORGEVIK D, CAKMAKOV D. Handwritten digit recognition by combining SVM classifiers[C]. The International Conference on Computer as a Tool. IEEE,2005:1393-1396.
[5] 杜敏,赵全友. 基于动态权值集成的手写数字识别方法[J]. 计算机工程与应用,2010,46(27):182-184.
[6] 刘炀,汤传玲,王静. 一种基于BP神经网络的数字识别新方法[J]. 微型机与应用,2012,31(7):36-39.
[7] ZHANG X, WU L. Handwritten digit recognition based on improved learning rate bp algorithm[C]. Information Engineering and Computer Science (ICIECS),2010 2nd International Conference on IEEE,2010:1-4.
[8] BARROS P, MAGG S, WEBER C. A multichannel convolutional neural network for hand posture recognition[C]. International Conference on Artificial Neural Networks. Springer International Publishing,2014:403-410.
[9] 宋志坚,余锐. 基于深度学习的手写数字分类问题研究[J]. 重庆工商大学学报(自然科学版),2015,32(8):49-53.
[10] 吕国豪,罗四维,黄雅平. 基于卷积神经网络的正则化方法[J]. 计算机研究与发展,2014,51(9):1891-1900.
[11] CUN Y L, BOSER B, DENKER J S. Handwritten digit recognition with a back-propagation network[C]. Advances in Neural Information Processing Systems 2. Morgan Kaufmann Publishers Inc,1990:396-404.

案例21

人脸朝向识别

应用背景

人脸识别作为一个复杂的模式识别问题,近年来受到了广泛的关注。识别领域的各种方法在这个问题上各显所长,大大丰富和拓宽了模式识别的方向。人脸识别、检测、跟踪、特征定位等技术一直是研究的热点[1]。由于人脸形状的不规则性以及光线和背景条件多样性,现有的人脸识别算法都是在试图解决某些特定实验环境下的一些具体问题,对人脸位置和状态都有一定的要求[2]。而在实际应用中,大量图像和视频源中人脸的位置、朝向和旋转角度都不是固定的,这就大大增加了人脸识别的难度。

为了解决光线差异或脸部位置的差异导致的识别失败,本案例研究人脸朝向的识别。因为同样的人脸拍摄角度不同,得到的特征向量也会有较大的差别,所以同一张人脸稍有偏向,计算机有可能会当成是不同的人;如果拍摄角度相同,那么同样的人脸对应的特征向量变化不大,所以人脸位置朝向问题的分析研究对于整个人脸识别问题具有重要的意义[3]。

当人脸朝向不同的方向时,眼睛在图像中的位置差别较大。现采集到一组人脸朝向不同角度时的图像数据集,来自不同的 10 个人,每人 5 幅图像。人脸的朝向分别为左方、左前方、前方、右前方和右方,如图 E21.1 所示。

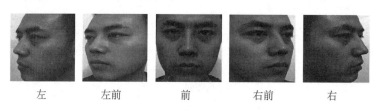

左　　　左前　　　前　　　右前　　　右

图 E21.1　人脸识别原始图像

可以通过创建一个 LVQ(Learning Vector Quantization,学习向量量化)神经网络,实现对任意给出的人脸图像进行朝向预测和识别。LVQ 是一种混合前向神经网络,通过有监督及无监督的学习来形成新的聚类,需要数据样本带有类别标记,学习过程中需要利用这些监督信息来辅助聚类。

基本原理

1. LVQ 神经网络

LVQ 神经网络由三层组成，即输入层、隐含层和输出层，网络在输入层与隐含层间为完全连接，而在隐含层与输出层间为部分连接，每个输出层神经元与隐含层神经元的不同组相连接[4]。隐含层和输出层神经元之间的连接权值固定为1，如图 E21.2 所示。输入层和隐含层神经元间连接的权值建立参考矢量的分量。

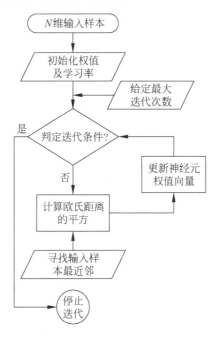

图 E21.2 LVQ 神经网络流程框图

在网络训练过程中，这些权值被修改。隐含层神经元和输出层神经元都具有二进制输出值。当某个输入模式被送至网络时，参考矢量最接近输入模式的隐含神经元因获得激发而赢得竞争，因而允许它产生一个"1"，而其他隐含层神经元都被迫产生"0"。与包含获胜神经元的隐含层神经元组相连接的输出神经元也发出"1"，而其他输出神经元均发出"0"。产生"1"的输出神经元给出输入模式的类，由此可见，每个输出神经元被用于表示不同的类。

从图 E21.1 可以看出，当人脸面向不同方向时，眼睛在图像中的位置差距较大，因此，可以考虑提取图片中描述眼睛位置的特征信息，作为 LVQ 神经网络的输入。5 种朝向分别用 1/2/3/4/5 表示，作为 LVQ 神经网络的输出，通过对训练集的图像进行训练，得到具有预测功能的网络，便可以实现人已给出的人脸图像朝向识别。根据上述思路，人脸朝向识别主要包括人脸特征向量提取、训练集/测试集产生、网络创建、网络训练等步骤，流程如图 E21.3 所示。

2. 人脸特征向量提取

如设计思路中所述，当人脸朝向不同时，眼睛在图像中的位置会有明显的差别。因此，只需要将描述人眼位置信息的特征向量提取出来即可。方法是将整幅图像划分成 6 行 8 列，人眼的位置信息可以用第 2 行的 8 个子矩阵来描述（注意：针对不同大小的图像，划分的网格需稍作修改），边缘检测后 8 个子矩阵中的值为"1"的像素点个数与人脸朝向有直接

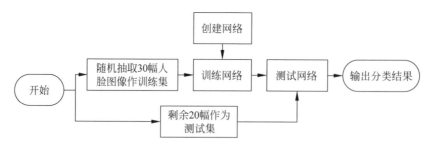

图 E21.3　网络训练与测试流程图

关系,只要分别统计出第 2 行的 8 个子矩阵中的值为"1"的像素点个数即可。

3. 训练集/测试集产生

为了保证训练集数据的随机性,随机选取图像库中的 30 幅人脸图像提取出的特征向量作为训练集数据,剩余的 20 幅人脸图像提取出来的特征向量作为测试集数据。

4. LVQ 神经网络创建与训练

LVQ 神经网络的优点是不需要将输入向量进行归一化、正交化,利用 MATLAB 自带的神经网络工具箱函数 newlvq() 可以创建一个 LVQ 神经网络。

网络创建完毕后,便可以将训练集数据进行预测,即对测试集的图像进行人脸朝向识别,对于任意给出的图像,只需将其特征向量提取出来,便可对其进行识别,网络训练结果如图 E21.4 所示。

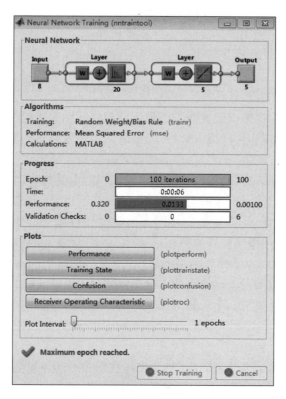

图 E21.4　网络训练结果图

源代码

网络训练收敛后,便可以对数据集进行预测,即对测试集的图像进行人脸朝向识别,对于任意给定的图像,只需要将其特征向量提取出来,便可以进行识别,其中人脸图像库的图片放在文件名为 Images 的文件夹中,图片的命名规则为"i_j.bmp",其中 i 表示人的编号,j 表示人脸朝向的编号。

人脸朝向识别 MATLAB 源代码如下。

```matlab
%% LVQ神经网络的预测——人脸朝向识别
clear all
clc
%% 人脸特征向量提取
M = 10;                                    % 人数
N = 5;                                     % 人脸朝向类别数
% 特征向量提取
pixel_value = feature_extraction(M,N);

%% 训练集/测试集产生
rand_label = randperm(M*N);                % 产生图像序号的随机序列
direction_label = repmat(1:N,1,M);         % 人脸朝向标号
% 训练集
train_label = rand_label(1:30);
P_train = pixel_value(train_label,:)';
Tc_train = direction_label(train_label);
T_train = ind2vec(Tc_train);
% 测试集
test_label = rand_label(31:end);
P_test = pixel_value(test_label,:)';
Tc_test = direction_label(test_label);

%% 创建LVQ网络
for i = 1:5
    rate{i} = length(find(Tc_train == i))/30;
end
net = newlvq(minmax(P_train),20,cell2mat(rate),0.01,'learnlv1');
% 设置训练参数
net.trainParam.epochs = 100;
net.trainParam.goal = 0.001;
net.trainParam.lr = 0.1;

%% 训练网络
net = train(net,P_train,T_train);

%% 人脸识别测试
T_sim = sim(net,P_test);
Tc_sim = vec2ind(T_sim);
result = [Tc_test;Tc_sim]

%% 结果显示
```

```matlab
% 训练集人脸标号
strain_label = sort(train_label);
htrain_label = ceil(strain_label/N);
% 训练集人脸朝向标号
dtrain_label = strain_label - floor(strain_label/N) * N;
dtrain_label(dtrain_label == 0) = N;
% 显示训练集图像序号
disp('训练集图像为:');
for i = 1:30
    str_train = [num2str(htrain_label(i)) '_'...
        num2str(dtrain_label(i)) ' '];
    fprintf('%s',str_train)
    if mod(i,5) == 0
        fprintf('\n');
    end
end
% 测试集人脸标号
stest_label = sort(test_label);
htest_label = ceil(stest_label/N);
% 测试集人脸朝向标号
dtest_label = stest_label - floor(stest_label/N) * N;
dtest_label(dtest_label == 0) = N;
% 显示测试集图像序号
disp('测试集图像为:');
for i = 1:20
    str_test = [num2str(htest_label(i)) '_'...
        num2str(dtest_label(i)) ' '];
    fprintf('%s',str_test)
    if mod(i,5) == 0
        fprintf('\n');
    end
end
% 显示识别出错图像
error = Tc_sim - Tc_test;
location = {'左方' '左前方' '前方' '右前方' '右方'};
for i = 1:length(error)
    if error(i) ~= 0
        % 识别出错图像人脸标号
        herror_label = ceil(test_label(i)/N);
        % 识别出错图像人脸朝向标号
        derror_label = test_label(i) - floor(test_label(i)/N) * N;
        derror_label(derror_label == 0) = N;
        % 图像原始朝向
        standard = location{Tc_test(i)};
        % 图像识别结果朝向
        identify = location{Tc_sim(i)};
        str_err = strcat(['图像' num2str(herror_label) '_'...
            num2str(derror_label) '识别出错.']);
        disp([str_err '(正确结果: 朝向' standard...
            '; 识别结果: 朝向' identify ')']);
```

```
            end
        end
    % 显示识别率
    disp(['识别率为: ' num2str(length(find(error == 0)))/20 * 100) '%']);
```

特征提取子函数 feature_extraction 的 MATLAB 源代码如下。

```
% 特征提取子函数
function pixel_value = feature_extraction(m,n)
pixel_value = zeros(50,8);
sample_number = 0;
for i = 1:m
    for j = 1:n
        str = strcat('Images\',num2str(i),'_',num2str(j),'.bmp');
        img = imread(str);
        [rows cols] = size(img);
        img_edge = edge(img,'Sobel');
        sub_rows = floor(rows/6);
        sub_cols = floor(cols/8);
        sample_number = sample_number + 1;
        for subblock_i = 1:8
            for ii = sub_rows + 1:2 * sub_rows
                for jj = (subblock_i - 1) * sub_cols + 1:subblock_i * sub_cols
                    pixel_value(sample_number,subblock_i) = ...
                        pixel_value(sample_number,subblock_i) + img_edge(ii,jj);
                end
            end
        end
    end
end
```

结果分析

运行主程序 direct_recg_lvq，得到结果如下。可以看出，当训练目标 net.trainParam.goal 设为 0.001 时，用 30 张随机人脸方向图对网络进行训练，用 20 张人脸方向图进行测试，只有一张方向照片识别出现错误，识别率在 90% 以上，甚至可以达到 100%。

训练集图像为：

```
1_1   1_2   1_3   2_1   2_4
2_5   3_1   3_2   3_3   3_4
3_5   4_2   4_3   4_4   4_5
5_1   5_2   5_4   6_1   6_2
6_4   6_5   7_1   7_2   9_1
9_2   9_4   9_5   10_1  10_5
测试集图像为：
1_4   1_5   2_2   2_3   4_1
5_3   5_5   6_3   7_3   7_4
7_5   8_1   8_2   8_3   8_4
8_5   9_3   10_2  10_3  10_4
图像 1_4 识别出错。(正确结果: 朝向右前方; 识别结果: 朝向左方)
识别率为: 95%
```

通过更换非标准训练集和测试集，可以发现，如果训练数据所输入的不是某几个人的五个方向照片，而是随机人员的随机几个方向照片，则测试效果并不理想。因此，在防止过拟合出现的同时，应该尽量增加训练集的样本，且尽可能规范训练集的选取。

参考文献

[1] 朱宇鑫. 基于神经网络的人脸朝向识别问题研究[D]. 苏州：苏州大学，2014.
[2] 陈锐,李辉,侯义斌,等. 由人脸朝向驱动的多方向投影交互系统[J]. 小型微型计算机系统，2007，28(4)：706-709.
[3] 张勇,李辉,侯义斌,等. 一种基于人脸识别与面部朝向估计的新型交互式环绕只能显示技术[J]. 电子器件，2008，31(1)：359-364.
[4] 唐秋华,刘保华,陈永奇,等. 结合遗传算法的LVQ神经网络在声学底质分类中的应用[J]. 地球物理学报，2007，50(1)，313-319.